Leitfaden der gesamten Naturwissenschaft
für Mittelschulen
insbesondere
für höhere Töchterschulen.
Von Dr. G. Krebs und Dr. F. Kinkelin.

Leitfaden der Physik
und
astronomischen Geographie
für Mittelschulen
insbesondere
für höhere Töchterschulen.

Von

Dr. G. Krebs,
Oberlehrer an der Musterschule, Realschule I. O.
in Frankfurt a. M.

Mit 231 Abbildungen im Text und einer Spektraltafel.

Leipzig,
Verlag von Veit & Comp.
1881.

Druck von Metzger & Wittig in Leipzig.

Vorwort.

Das Bedürfnis nach einem Leitfaden der gesamten Naturwissenschaft in dem Umfange, wie er für Mittelschulen, insbesondere für höhere Töchterschulen, einschließlich der Lehrerinnenseminare, wünschenswert ist, hat die Unterzeichneten veranlaßt, sich einer Bearbeitung des gesamten naturwissenschaftlichen Lehrstoffes zu unterziehen.

Aus praktischen Gründen ist der Stoff in fünf Bändchen zerlegt, welche die Botanik, die Zoologie, die Mineralogie nebst dem Wesentlichsten der Geologie, die Chemie, sowie endlich die Physik nebst astronomischer Geographie enthalten.

Die Verfasser haben sich von dem Gedanken leiten lassen, daß vor allem eine Überfülle des Lesestoffes zu vermeiden und nur soviel aufzunehmen sei, als sich in der gegebenen Zeit ohne Schwierigkeit bewältigen läßt. Zugleich haben sie versucht, durch Einfachheit der Darstellung, wie es für die Schulen bezeichneter Art notwendig erscheint, das Verständnis zu erleichtern; nichtsdestoweniger wird man finden, daß das Ganze auf streng wissenschaftlicher Basis ruht, und daß den neueren Ideeen, soweit sie in einem solchen Buche überhaupt aufgenommen werden können, gebührend Rechnung getragen ist.

Auf die Auswahl charakteristischer Figuren und Tafeln, welche zur Erläuterung des Textes erforderlich sind, ist besondere Sorgfalt, die sich nicht minder auf die Herstellung derselben erstreckt, verwandt worden.

In der Hoffnung, im ganzen das Richtige getroffen zu haben, und in dem Wunsche, daß das Buch in den Schulen, für welche es bestimmt ist, Eingang finden und Nutzen stiften werde, richten die Verfasser an die Herren Fachkollegen noch die freundliche Bitte, ihnen etwaige Verbesserungsvorschläge zukommen lassen zu wollen.

Frankfurt a./M., im März 1881.

Dr. G. Krebs. Dr. F. Kinkelin.

Inhalt.

I. Mechanik.

a. Die allgemeinen und besonderen Eigenschaften der Körper.

b. Die Lehre vom Gleichgewicht (Statik) der festen Körper.

1. Zusammensetzung und Zerlegung der Kräfte.

2. Von den einfachen Maschinen.

II. Die Lehre von der Wärme.

a. Ausdehnung der Körper durch die Wärme.

b. Veränderung des Aggregatzustandes durch die Wärme.

c. Von den Dampfmaschinen.

d. Fortpflanzung der Wärme.

e. Meteorologie.

III. Magnetismus.

I. Mechanik.

a. Die allgemeinen und besonderen Eigenschaften der Körper.

§. 1. Die allgemeinen Eigenschaften der Körper. Alles, was man mit den Sinnen wahrnehmen kann, wird Natur genannt. Die Natur besteht aus zahllosen, deutlich von einander unterscheidbaren Teilen, welche Naturkörper oder kurzweg Körper heißen. Jeder Körper nimmt einen gewissen Raum ein; das den Raum Erfüllende heißt Stoff oder Materie. §. 1. Die allgemeinen Eigenschaften der Körper.

Die Eigenschaften (Merkmale) der Körper sind zweierlei Art: diejenigen, welche allen Körpern zukommen, nennt man allgemeine, und diejenigen, welche nur einzelne besitzen, heißen besondere. So nehmen z. B. alle Körper einen bestimmten Raum ein, haben alle das Bestreben nach der Erde zu fallen und lassen sich in Teile zerlegen. Dagegen haben nicht alle Körper dieselbe Gestalt und dieselbe Farbe; der eine ist hart, der andere weich ꝛc.

Die allgemeinen Eigenschaften der Körper sind: Größe, Teilbarkeit, Porosität, Zusammendrückbarkeit und Ausdehnbarkeit, Undurchdringlichkeit, Beweglichkeit, Trägheit oder Beharrungsvermögen und Schwere.

§. 2. Größe. Alle Körper nehmen einen bestimmten Raum ein, haben eine gewisse Ausdehnung (Volumen). Die Körper dehnen sich nach drei Richtungen, Länge, Breite und Höhe aus. §. 2. Größe.

Das Längenmaß war früher der Fuß, welcher in 10 oder 12 Zoll, von denen jeder wieder 10 oder 12 Linien betrug, geteilt war. Das jetzige Längenmaß aber ist der Meter (m), der vierzigmillionste Teil eines Erdmeridians (Fig. 1).

1 Meter (m) = 10 Decimeter = 100 Centimeter (cm) = 1000 Millimeter (mm).

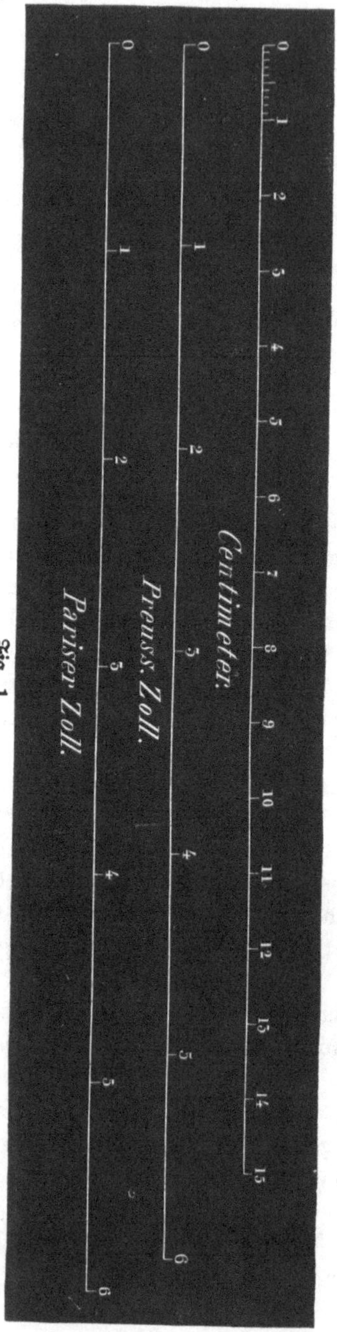

Fig. 1.

1 Meter = $\frac{1}{10}$ Dekameter = $\frac{1}{100}$ Hektometer = $\frac{1}{1000}$ Kilometer (km).

1 Meile = $7^1/_2$ Kilometer.

Zum Messen der Flächen bedient man sich des Quadratmeters (qm), welcher 100 Quadratdecimeter ꝛc. besitzt. Größere Flächenmaße sind das Ar (a) = 100 Quadratmeter, das Hektar (ha) = 100 Are, und die Quadratmeile = 5625 Hektare. Will man einen Körper messen, so bedient man sich dazu des Kubikmeters (cbm), welcher 1000 Kubikdecimeter ꝛc. besitzt.

Als Hohlmaße gelten: 1 Liter (l) = 1 Kubikdecimeter = 2 Schoppen; 1 Hektoliter (hl) = 100 Liter = 2 Scheffel.

§. 3. Teilbarkeit. **§. 3. Teilbarkeit.** Ein Stein läßt sich in Stücke zerschlagen, Holz läßt sich zerschneiden. Alle Körper sind teilbar und zwar bis zu einem sehr hohen Grade; die feinsten Teilchen, welche wir durch mechanische Teilung erhalten können, lassen unter dem Mikroskop erkennen, daß sie noch weiterer Zerlegung fähig wären. Doch aber kann man nicht annehmen, daß die Teilbarkeit, selbst die durch chemische Mittel, unbegrenzt wäre, weil man sonst auf nichts käme. Man ist deshalb der Ansicht, daß es kleinste Teilchen, sogenannte Atome gäbe, von denen man indessen glaubt, daß sie nicht frei existieren können, sondern daß immer mehrere derselben zu einem Molekül vereinigt sind.

Weitere Beispiele von Teilbarkeit sind: eine Spur von Chamäleonsalz färbt mehrere Liter Wasser deutlich violett; eine einzige Krone reicht hin, um die Statue eines Reiters zu Pferde in Lebensgröße zu vergolden; ein Pfund Baumwolle läßt sich zu einem Faden von 40 Meilen Länge spinnen.

§. 4. Porosität. **§. 4. Porosität.** Brot, Schwamm, spanisches Rohr und viele andere Körper zeigen Zwischenräume zwischen ihrer Masse — Poren —, die oft eine beträchtliche

Größe haben; bei manchen Körpern aber sind sie so klein, daß man sie selbst mit dem Vergrößerungsglase kaum bemerken kann und künstliche Hilfsmittel anwenden muß, um ihr Vorhandensein zu beweisen. Durch hohen Druck läßt sich Wasser durch die Wände eines Metallgefäßes und Quecksilber durch Leder und Holz pressen; diese und zahlreiche andere Erfahrungen belehren uns, daß jeder Körper Poren hat.

§. 5. Ausdehnbarkeit und Zusammendrückbarkeit. Man kann durch verschiedene Mittel, wie Zug, Druck, Erwärmung und Abkühlung, das Volumen eines Körpers vergrößern und verkleinern: alle Körper sind ausdehnbar und zusammendrückbar. Auch diese Eigenschaft weist darauf hin, daß alle Körper porös sind, denn man ist der Meinung, daß nur die Zwischenräume zwischen der Masse und nicht diese selbst zusammendrückbar seien.

Die Masse eines Körpers kann hiernach einen bald größeren, bald kleineren Raum einnehmen; auf einen je kleineren Raum ein Körper zusammengepreßt ist, um so dichter ist er. Die Dichtigkeit oder Dichte bezeichnet das Verhältnis zwischen der Menge des Stoffs und dem Raume, welchen derselbe einnimmt.

§. 6. Undurchdringlichkeit. Man kann nicht durch eine Mauer hindurch, ohne eine Öffnung in dieselbe gemacht zu haben; will man Wasser mittels eines Trichters in eine Flasche gießen, so gelingt dies um so weniger, je genauer der Trichter in den Hals der Flasche paßt; erst wenn man den Trichter hebt, so daß die Luft seitlich entweichen kann, läuft die Flüssigkeit rasch hinab: Wo ein Körper ist, kann der andere nicht sein, alle Körper sind undurchdringlich (Taucherglocke).

§. 7. Schwere und Gewicht. 1. Jeder Körper fällt, wenn er nicht unterstützt wird, nach der Erde hin (ein loser Dachziegel, ein aus der Hand gelassener Stein): alle Körper sind schwer. Verfolgt man die Richtung, in welcher ein Körper fällt, so findet man, daß sie nach dem Mittelpunkte der Erde geht und auf der Oberfläche des ruhig stehenden Wassers senkrecht steht. Die Ebene des ruhig stehenden Wassers nennt man horizontal (wagrecht) und die darauf senkrechte Richtung, in welcher die Körper fallen, vertikal (lotrecht).

Das Senkblei (Fig. 2), ein Faden, an welchem ein schwerer Körper hängt, giebt die vertikale Richtung an; die Maurer bedienen sich desselben, um zu untersuchen, ob Thürpfosten u. dgl. vertikal stehen. Die Setzwage (Fig. 3) ist ein gleichschenkeliges Dreieck, an dessen Spitze ein kleines Senkblei angebracht ist. Setzt man dieselbe auf einen Gegenstand, z. B. auf eine Fensterbrüstung, und geht dabei der Faden des Senkbleis gerade durch die Mitte der Grundlinie der Setzwage, so ist die Fensterbrüstung horizontal; im anderen Falle nicht.

2. Im lufterfüllten Raume fallen die Körper verschieden schnell; dies rührt daher, daß die Luft mehr oder minder großen Widerstand leistet (Papier-

blatt und Papierkügelchen); im luftleeren Raume dagegen fallen alle Körper gleich schnell; sie sind also alle gleichschwer.

3. Legen wir einen Stein auf die Hand, so verspüren wir einen Druck, was davon herrührt, daß der Stein von der Erde angezogen wird. Jeder Körper übt einen Druck auf seine Unterlage aus, d. h. er hat ein bestimmtes Gewicht. Die Einheit des Gewichtes war früher das Pfund und ist jetzt das Gramm, welches das Gewicht eines Kubikcentimeters Wasser im Zustande seiner größten Dichtigkeit (bei $+ 4^0$ C.) angiebt.

Fig. 2.

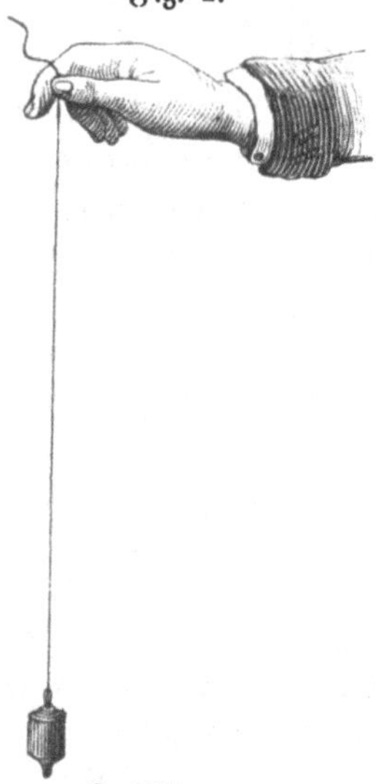

Senkblei.

1 Gramm (g) = 10 Decigramm = 100 Centigramm = 1000 Milligramm (mg).

1 Gramm = $\frac{1}{10}$ Dekagramm = $\frac{1}{100}$ Hektogramm = $\frac{1}{1000}$ Kilogramm (kg).

1 Tonne (t) = 1000 Kilogramm.

Von dem gewöhnlichen oder absoluten Gewichte ist das specifische oder das Volum-Gewicht zu unterscheiden, welches die Zahl angiebt, wie vielmal ein Körper schwerer ist als ein gleiches Volumen Wasser (bei $+ 4^0$ C). Ein Kubikcentimeter Eisen z. B. wiegt $7^1/_2$ Gramm, 1 cbcm Silber $10^1/_2$ Gramm, 1 cbcm Buchenholz $^3/_4$ Gramm; das specifische Gewicht des Eisens ist danach $7^1/_2$, des Silbers $10^1/_2$ und des Buchenholzes $^3/_4$. Die Gewichte der gasförmigen Körper vergleicht man, um nicht zu kleine Zahlen zu erhalten, mit dem Gewichte eines gleichen Volumens Luft.

Die Luft ist 773 mal leichter als Wasser; 1 Liter Luft wiegt $1^1/_3$, genauer 1,293 Gramm.

Die Bestimmung des specifischen Gewichtes wird später gelehrt werden.

Merke aus der Tabelle die specifischen Gewichte der gewöhnlichsten Körper.

Fig. 3.

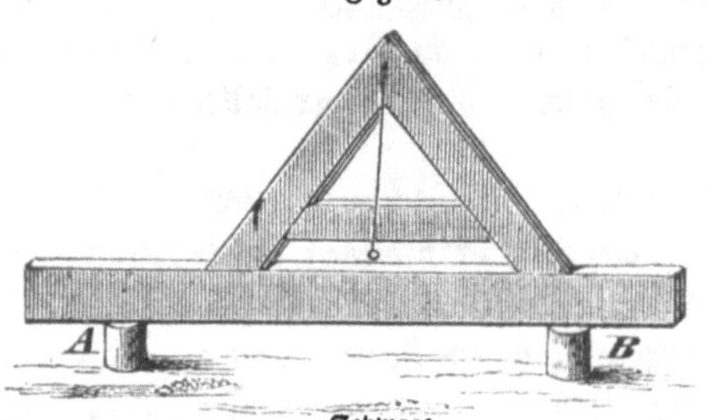

Setzwage.

§. 8. Beweglichkeit, Trägheit oder Beharrungsvermögen.

§. 8. Beweglichkeit, Trägheit oder Beharrungsvermögen.

Jeder Körper läßt sich von einem Orte nach einem anderen bringen — jeder Körper ist beweglich. Dies gelingt jedoch nicht ohne Anwendung einer äußeren Kraft (Druck, Stoß, Zug). Liegt eine Kugel auf horizontaler Bahn, so kommt sie niemals von selbst in Bewegung; ist sie dagegen bereits in Bewegung, so kommt sie scheinbar von selbst allmählich zur Ruhe; dies hat aber seinen Grund darin, daß die Bewegung durch die Unebenheiten des Bodens gehemmt wird; je glatter die Bahn, um so weiter rollt die Kugel. Wären keine Bewegungshindernisse vorhanden, so würde sich die Kugel stets in derselben Richtung und mit unverminderter Geschwindigkeit weiter bewegen, wie dies z. B. bei den Himmelskörpern stattfindet.

Hieraus ergibt sich: Jeder Körper verharrt in dem Zustande, sei es Ruhe oder Bewegung, in welchem er ist; nur durch äußere Kräfte kann der Zustand eines Körpers (Ruhe oder Bewegung) geändert werden.

b. Die Lehre vom Gleichgewicht (Statik) der festen Körper.

1. Zusammensetzung und Zerlegung der Kräfte.

§. 9. Die Beschaffenheit der festen, flüssigen und gasförmigen Körper. Bei manchen Körpern (Holz, Eisen) kostet es eine bedeutende Anstrengung sie zu zerbrechen — feste Körper —, bei anderen (Wasser, Petroleum) lassen sich die Teilchen sehr leicht verschieben oder von einander trennen — flüssige Körper — und bei einer dritten Art von Körpern (Luft, Wasserdampf) gehen die Teilchen von selbst auseinander, sie scheinen einander zu fliehen — gas- oder luftförmige Körper. §. 9. Die Beschaffenheit der festen, flüssigen und gasförmigen Körper.

Daß die Teilchen der festen und flüssigen Körper sich nur mit einiger Anstrengung von einander trennen lassen, schreibt man einer besonderen Kraft, der Kohäsion zu, welche die einzelnen Teilchen zusammenhält. Die Kohäsion wirkt nur, wenn die Teilchen sehr nahe bei einander sind; die Stücke einer zerbrochenen Siegellackstange wollen, aneinandergehalten, nicht mehr aneinander haften; erst wenn man sie durch Erwärmen weich macht, lassen sie sich durch Druck so nahe bringen, daß sie, wie früher, zusammenhalten.

Bei den gasförmigen Körpern herrscht keine Kohäsion zwischen den Molekülen; daß sie einander zu fliehen scheinen, erklärt man, gestützt auf zahlreiche Erfahrungen, dahin, daß sie in ständiger Bewegung seien und in gerader Linie fortfliegen, bis sie gegen ein anderes Molekül oder gegen die Wände des einschließenden Gefäßes prallen und, zurückgeworfen, wieder nach einer anderen Richtung fliegen.

Die festen Körper verändern ihr Volumen (durch Druck, Zug, Erwärmung) nur unbedeutend: sie haben eine bestimmte Gestalt und ein bestimmtes Volumen. Die Teilchen der Flüssigkeiten haften so wenig aneinander, daß sie auseinanderfließen, und daß die ganze Flüssigkeit die Gestalt des Gefäßes annimmt, in welchem sie ist; ihr Volumen dagegen behalten die Flüssigkeiten bei, wenn sie auch aus einem Gefäß in ein anderes gegossen werden. Die luftförmigen Körper aber haben weder eine bestimmte Gestalt, noch ein bestimmtes Volumen. Je nach der Stärke der Kohäsion und der Art der Zusammenfügung der Moleküle sind die festen Körper hart oder weich, dehnbar oder spröde, elastisch oder unelastisch. Lassen sich die Teilchen nur mit größter Anstrengung verschieben, so ist der Körper hart (Eisen, Glas), im anderen Falle weich (Wachs, Butter). Wenn selbst bei großer Anstrengung der Zusammenhang der Teilchen nicht reißt, sondern nur eine Formveränderung eintritt, so heißt der Körper dehnbar (Gold, Kupfer); zerspringt der Körper aber, wenn man die Teilchen in größerem Maß verschieben will, so heißt er spröde (Glas). Elastisch wird ein Körper genannt, wenn er seine frühere Gestalt, sein früheres Volumen wieder einzunehmen strebt, nachdem dieselben durch Druck oder Zug verändert worden sind (Stahl). Alle Körper, auch die weichen und spröden sind bis zu einem gewissen Grade elastisch.

Vollkommen elastisch (innerhalb bestimmter Grenzen) ist ein Körper, wenn er sein Volumen dem Drucke oder Zuge genau proportional ändert (Elfenbein, Stahl, Gummi und besonders luftförmige Körper).

Fig. 4.

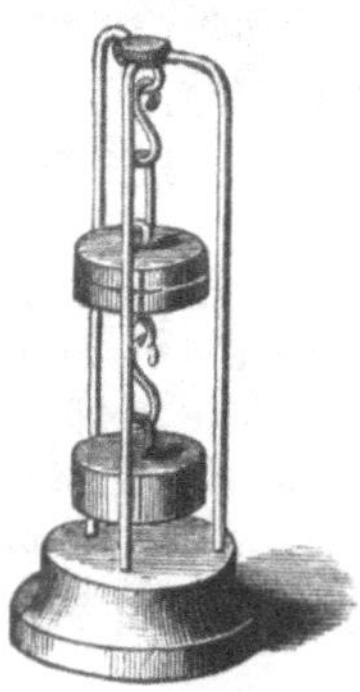

Adhäsionsplatten.

Fig. 5.

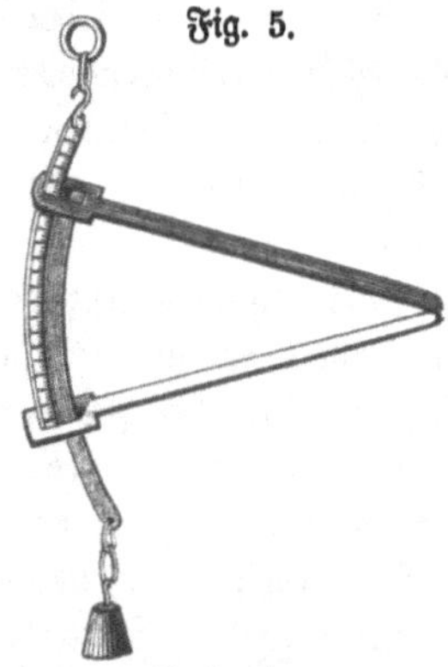

Kraftmesser.

Auch die Teilchen verschiedener Körper ziehen einander an — Adhäsion; zwei Spiegelplatten haften so fest aneinander, daß, wenn man die obere in die Höhe hebt, die untere daran hängen bleibt (Adhäsionsplatten Fig. 4). Auch zwischen festen und flüssigen Körpern herrscht Adhäsion; eine Spiegelplatte, welche so gehalten wird, daß sie eine Wasseroberfläche eben berührt, läßt sich nur mit einiger Mühe von derselben abreißen.

Auf der Adhäsion beruht das Schreiben mit Kreide, Bleifeder, Tinte, das Leimen und Löten; der Staub haftet an der Zimmerdecke durch Adhäsion, das Eis an den Fensterscheiben u. s. w. Da die beiden Kräfte Kohäsion und Adhäsion nur zwischen den kleinsten Teilchen der Körper wirken, so nennt man sie Molekularkräfte.

§. 10. Begriff und Maß der Kraft.

§. 10. Begriff und Maß der Kraft. Jede Veränderung des Bewegungszustandes eines Körpers kann nur durch eine Einwirkung von seiten eines anderen Körpers hervorgebracht werden (§. 8); eine solche Einwirkung nennen wir Kraft.

Der Punkt eines Körpers, an welchem die Einwirkung zunächst erfolgt, heißt der Angriffspunkt, und die Richtung, in welcher sie wirkt, die Richtung der Kraft.

Jede Kraft hat eine bestimmte Größe, welche mit Hilfe eines Kraftmessers

(Dynamometers) bestimmt werden kann. Der Kraftmesser (Fig. 5) besteht aus einem winkelförmig gebogenen Stahlstreifen, an dessen Enden je ein Metallbogen befestigt ist, der durch einen Schlitz am anderen Ende frei hindurchgeht. Der eine Bogen ist eingeteilt und trägt am freien Ende einen Ring, mittels dessen der Apparat irgendwo angehängt werden kann. Am Ende des anderen Bogens wirkt die Kraft; die Einteilung geschieht, indem man an diesem Bogen nach der Reihe 1, 2, 3.. kg anhängt und die Stellen an dem ersten Bogen markiert, welche gerade am oberen Schlitz sich befinden. Zieht man nach Entfernung der Gewichte an dem Ende des zweiten Bogens und biegt er sich bis zum Teilstrich 6, so hat man mit einer Kraft von 6 kg gezogen. Man kann also die Größe einer Kraft durch ein Gewicht ausdrücken.

Fig. 6.

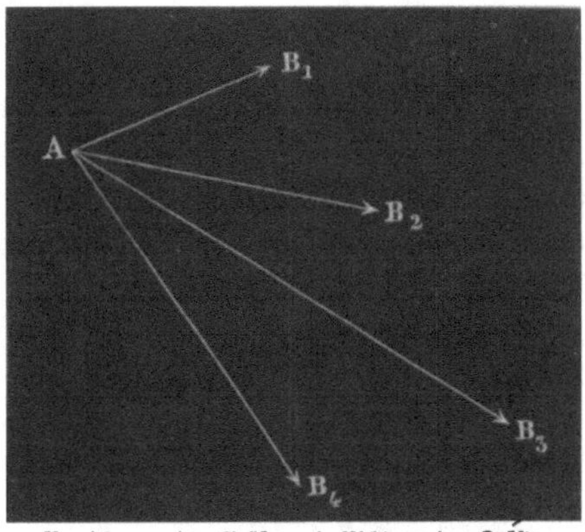

Bezeichnung der Größe und Richtung der Kräfte.

Will man die Größe und Richtung einer Kraft graphisch (durch eine Zeichnung) darstellen, so zieht man von dem Angriffspunkte eine gerade Linie, welche die Richtung der Kraft bezeichnet und schneidet auf derselben eine Strecke ab, welche der Größe der Kraft entspricht. Greifen z. B. an dem Punkte A vier Kräfte an (Fig. 6), welche nach den Richtungen AB_1, AB_2, AB_3, AB_4 wirken, und welche der Reihe nach gleich 2, 3, 5, 4 kg sind, so trägt man auf den zugehörigen Richtungen Strecken ab, welche sich wie 2:3:5:4 verhalten.

§. 11. Gleiche und entgegengesetzte Kräfte. Wirken an einem ruhenden Punkte mehrere Kräfte, so bringen sie entweder Bewegung hervor, oder der Punkt bleibt trotz der Wirkung der Kräfte in Ruhe; im letzteren Falle sagt man, die Kräfte hielten einander das Gleichgewicht. Solche im Gleichgewichte stehende Kräfte können auch an einem in Bewegung befindlichen Körper angebracht werden, ohne daß sie den Bewegungszustand desselben verändern. §. 11. Gleiche u. entgegengesetzte Kräfte.

Fig. 7.

Gleiche und entgegengesetzte Kräfte an demselben Punkte.

Zwei an einem Punkte wirkende Kräfte, welche gleich groß und entgegengesetzt gerichtet sind, stehen im Gleichgewichte (Fig. 7); desgleichen zwei ebenso beschaffene Kräfte, welche an zwei fest verbundenen Punkten A und B (Fig. 8

Fig. 8.

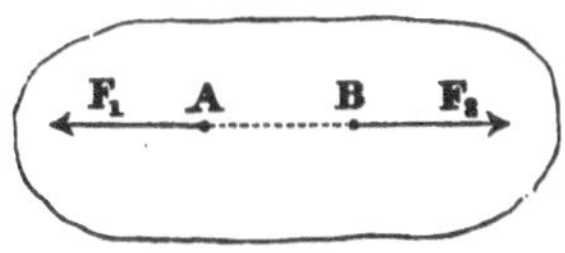

Gleiche und entgegengesetzte Kräfte an fest verbundenen Punkten.

und 9) angreifen. Zwei Punkte heißen fest verbunden, wenn sie sich weder einander nähern, noch von einander entfernen lassen. Diese Beschaffenheit besitzen z. B. die Punkte eines festen Körpers, vorausgesetzt, daß nicht zu starke Kräfte wirken, welche den Zusammenhang der Teilchen zerstören.

Fig. 9.

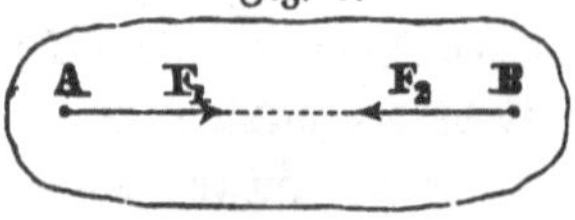

Gleiche und entgegengesetzte Kräfte an fest verbundenen Punkten.

Anmerkung. Die Mechanik zerfällt in die Lehre vom Gleichgewichte (Statik) und der Bewegung (Dynamik): Statik und Dynamik der festen Körper (Statik und Dynamik schlechtweg), der flüssigen Körper (Hydro-Statik und Hydro-Dynamik) und der gasförmigen Körper (Aero-Statik und Aero-Dynamik).

§. 12. Das Princip von der gleichen Wirkung u. Gegenwirkung.

§. 12. Das Princip von der gleichen Wirkung und Gegenwirkung.

Zieht man an dem Dynamometer (Fig. 5) mit einer gewissen Kraft, z. B. von 5 kg, so biegt sich dasselbe soweit aus, daß der Zeiger auf 5 steht. Zugleich verspürt man einen sehr lebhaften Gegenzug, und da Gleichgewicht herrscht, indem das Dynamometer in dieser Ausbiegung verharrt, so muß es mit einer Kraft zurückziehen, welche gleich 5 kg ist. Dasselbe gilt, wenn man gegen irgend einen Körper drückt oder an demselben zieht; er biegt sich bis zu einem gewissen Grade ein oder aus und leistet einen Gegendruck oder Zug, welcher dem an ihm wirkenden gleich und entgegengesetzt ist. Man pflegt diesen Satz folgendermaßen auszudrücken: Mit derselben Kraft, mit welcher ein Punkt A auf einen Punkt B wirkt, wirkt der Punkt B auf den Punkt A zurück, oder kürzer: Die Wirkung ist gleich der Gegenwirkung (die Aktion ist gleich der Reaktion).

§. 13. Resultierende beliebig vieler Kräfte.

§. 13. Resultierende beliebig vieler Kräfte.

Wenn mehrere Kräfte gleichzeitig an einem Punkte wirken, so schlägt derselbe, wenn nicht zufällig Gleichgewicht herrscht, eine bestimmte Richtung mit einer bestimmten Geschwindigkeit ein. Diese Bewegung hätte man aber auch durch eine einzige Kraft bewirken können, welche gerade nach dieser Richtung mit einer gewissen Stärke gewirkt hätte. Man kann also stets statt mehrerer an einem Punkte wirkender Kräfte eine einzige Kraft setzen, welche dieselbe Bewegung hervorbringt; man nennt sie Resultierende oder Mittelkraft, während man die ursprünglichen Kräfte Seitenkräfte oder Komponenten heißt.

Stehen Kräfte miteinander im Gleichgewicht, so ist ihre Resultierende gleich Null.

Wirken mehrere Kräfte an einem Punkte genau nach derselben Richtung, so ist die Resultierende gleich ihrer Summe.

Wirken zwei Kräfte nach genau entgegengesetzter Richtung, so ist die Resultierende gleich dem Unterschiede derselben; sie wird gleich Null, wenn die Kräfte gleich sind.

Wirken eine Anzahl Kräfte teils nach derselben, teils nach entgegengesetzter

Richtung, so findet man die Resultierende, wenn man die Summe der nach der einen Richtung wirkenden von der Summe der nach der anderen Richtung wirkenden Kräfte abzieht; die Resultierende wirkt nach der Richtung hin, nach welcher die Summe der Komponenten am größten ist.

Beispiele: Eine Billardkugel, welche mehrere Stöße gleichzeitig nach verschiedenen Richtungen empfängt; ein Wagen, an dem mehrere Pferde angespannt sind; ein Schiff, welches stromaufwärts fahren will und in dessen Segel der Wind in einer Richtung bläst, welche der des Stromes entgegengesetzt ist.

§. 14. Das Parallelogramm der Kräfte. Wenn der Wind quer über einen Fluß streicht, so wird ein Schiff, auf welchem ein Segel sich befindet, weder genau dem Strome, noch dem Winde folgen, sondern eine Richtung einschlagen, welche zwischen den Richtungen des Stromes und des Windes liegt. Sei A B (Fig. 10) die Richtung und Stärke des Stromes und A C diejenige des Windes, so läßt sich zeigen, daß das Schiff in der Diagonale A D des Parallelogramms fährt, welches man aus den Kräften A B und A C konstruieren kann; eine einzige Kraft, welche nach Größe und Richtung gleich A D wäre, würde dasselbe bewirken, wie die zwei gleichzeitig thätigen Kräfte A B und A C. §. 14. Das Parallelogramm der Kräfte.

Fig. 10.

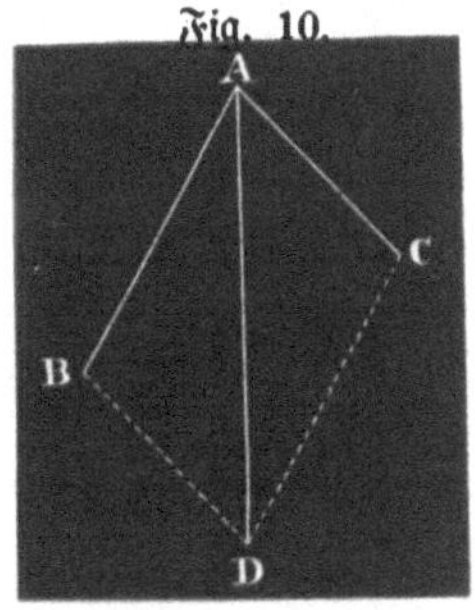

Parallelogramm der Kräfte.

Man kann nämlich in betreff der Wirkungsweise der Kräfte den Grundsatz annehmen, daß es einerlei ist, ob dieselben eine gewisse Zeit gleichzeitig miteinander, oder ebensolange nach einander wirken; der Körper kommt doch schließlich an derselben Stelle an. Angenommen das Schiff folge erst der Richtung des Stromes allein und zwar solange, bis es die Strecke AB zurückgelegt hat; folgt es als dann ebenso lange der Richtung des Windes, so legt es die Strecke BD # AC zurück und kommt im Punkte D an. An demselben Punkte würde es auch angekommen sein, wenn beide Kräfte gleichzeitig an dem Schiffe A gewirkt hätten, in welchem Falle es den Weg AD zurückgelegt hätte.

Fig. 11.

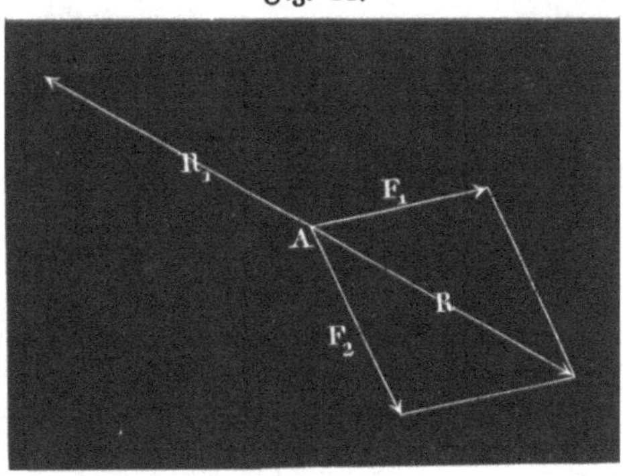

Gegenresultierende.

Eine einzige Kraft AD wäre also im Stande gewesen dasselbe zu bewirken, wie die zwei Kräfte AB und AC. Nun ist aber ABCD ein Parallelogramm, denn BD # AC, und AD ist die Diagonale desselben.

Die Resultierende zweier an einem Punkt angreifender Kräfte ist gleich der Diagonale des Parallelogramms, welches man aus den zwei Kräften konstruieren kann (Satz vom Parallelogramm der Kräfte).

Fig. 12.

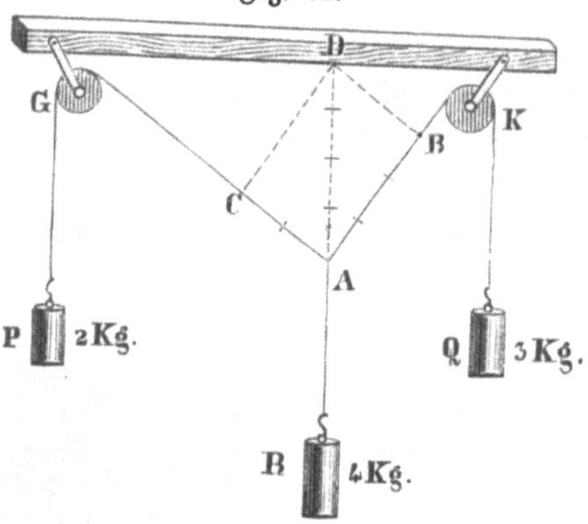

Apparat für das Parallelogramm der Kräfte.

Hat man zu zwei unter einem Winkel auf einen Punkt A (Fig. 11) wirkenden Kräften F_1 und F_2 die Resultierende R gesucht und bringt an dem Punkte A noch eine Kraft R_1 an, welche der Resultierenden gleich und entgegengesetzt ist — Gegenresultierende —, so hebt diese die Resultierende auf und es tritt Gleichgewicht ein (F_1, F_2 und R_1 stehen im Gleichgewichte).

Über zwei Rollen G und K (Fig. 12) geht eine dreischenklige Schnur; an die drei Enden hängt man drei Gewichte P = 2 kg, Q = 3 kg und R = 4 kg; die Schnur zieht sich nun so, daß ihr mittlerer Teil, an welchem das Gewicht R hängt, in die Verlängerung d. Diagonale des Parallelogramms fällt, dessen Seiten in die Richtungen der zwei anderen Schnüre fallen, wie man mittels eines auf Papier in dieser Weise gezeichneten und hinter die Schnüre gehaltenen Parallelogramms ABCD zeigen kann. (R ist die Gegenresultierende von P und Q.)

Fig. 13.

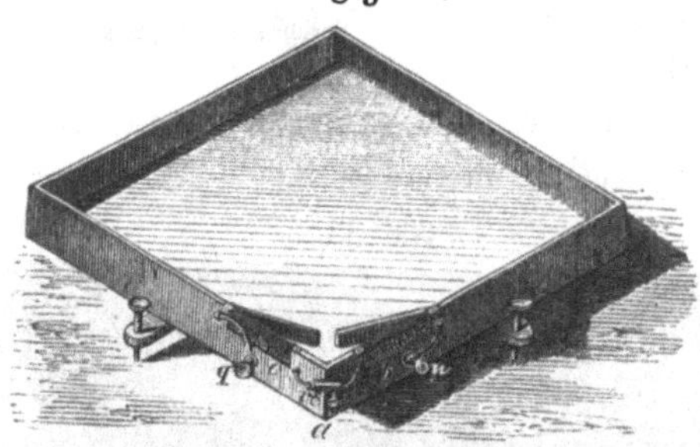

Diagonalmaschine von Krebs.

Eine quadratische Spiegelglasplatte von ca. 50 cm Seite, welche in einen Holzrahmen gefaßt ist (Fig. 13), läßt sich mittels dreier Stellschrauben genau horizontal stellen. An einer Ecke des Holzrahmens ist rechts und links je ein halbcylindrischer Elektromagnet b und c eingelassen. Dem Elektromagneten stehen zwei an starken Federn befestigte Anker gegenüber. Führt man die Poldrähte eines galvanischen Elementes bei p und q ein, drückt die Anker an, schiebt eine Elfenbeinkugel in die Ecke fest gegen die Anker und unterbricht den Strom, so reißen die Anker ab und werfen die Kugel nach der gegenüberliegenden Ecke.

§. 15. Zusammensetzung paralleler Kräfte. **§. 15. Zusammensetzung paralleler Kräfte.** Wenn wir an einer Stange AB (Fig. 14) in der Mitte C eine Schnur befestigen und sie über eine Rolle O gehen lassen, so würde, wenn wir vom Gewichte der Stange absehen, die

Stange schweben bleiben, auch ohne daß wir am Ende der Schnur ein Gegengewicht anbringen (in Wirklichkeit aber muß ein Gegengewicht angehängt werden, da es keine gewichtlose Stange giebt). Hängen wir nun an die Endpunkte A und B der Stange zwei gleiche Gewichte P und Q z. B. von je 100 Gramm, so müssen wir, damit die Stange schweben bleibt, ein Gewicht S von 200 Gramm an das Ende der Schnur anhängen. Das Gewicht S hält P und Q das Gleichgewicht; es ist die Gegenresultierende derselben. Die Richtungen der drei Kräfte P, Q und S sind vertikal, also einander (nahezu) parallel. Die Resultierende R aber von P und Q ist der Gegenresultierenden gleich und entgegengesetzt und deswegen den Richtungen von P und Q parallel. Hieraus folgt: Die Resultierende zweier gleicher und gleichstimmig paralleler Kräfte hat mit diesen einerlei Richtung, ist gleich der Summe derselben und ihr Angriffspunkt liegt in der Mitte zwischen deren Angriffspunkten.

Fig. 14.

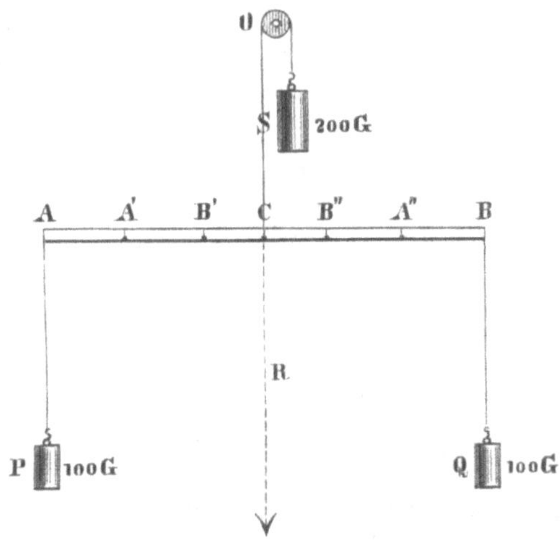

Zusammensetzung paralleler Kräfte.

Hängt man an dieselbe Stange in je zwei von dem Aufhängepunkte C gleichweit entfernten Punkten A′ und A″, B′ und B″ 2c. je zwei gleiche Gewichte, so schwebt die Stange im Gleichgewichte, wenn man an das Ende der Schnur ein Gewicht anhängt, welches der Summe aller an der Stange ziehender Gewichte gleich ist.

Hängen wir eine überall gleich dicke und gleich schwere Stange in der Mitte auf, so müssen wir, damit sie schweben bleibt, an das Ende der Schnur ein Gewicht anhängen, welches dem Gesamtgewichte der Stange gleich ist; denn wir könnten uns die Stange gewichtlos und in zahllose kleine Stücke zerteilt denken, so aber, daß an jedem Stücke ein Gewicht hinge, welches dem Gewichte des Stückes gleich wäre; die Resultierende muß alsdann gleich der Summe aller einzelnen Gewichte, d. h. gleich dem Gesamtgewichte der Stange sein.

Hängt man eine (gewichtlos gedachte) Stange an einem Punkte C (Fig. 15) auf und bringt rechts und links an den Punkten A und B zwei Gewichte von 300 und 400 Gramm und an die Schnur ein Gewicht von 700 Gramm, so schwebt die Stange im Gleichgewichte, wenn

$$CA : CB = 4 : 3.$$

Hieraus folgt:

Die Resultierende zweier ungleicher, nach derselben Richtung paralleler Kräfte ist gleich ihrer Summe, hat dieselbe Richtung wie diese und greift in einem Punkte an, dessen Entfernungen von den Angriffspunkten der Komponenten sich umgekehrt wie diese verhalten.

Fig. 15.

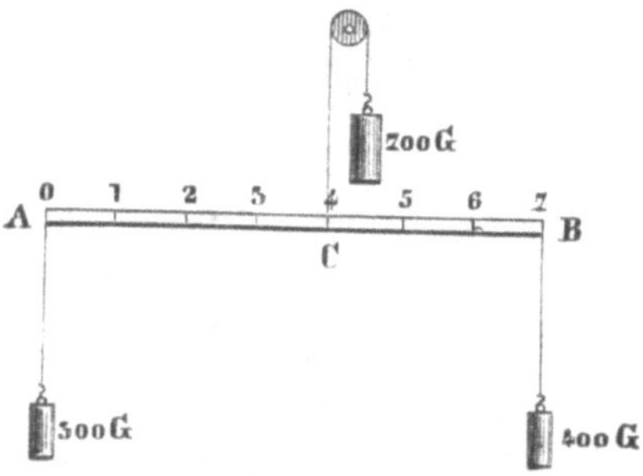

Zusammensetzung paralleler Kräfte.

Aufgabe: An den Punkten A und B einer Stange wirken zwei Kräfte von 200 und 500 Gramm; es ist die Größe, die Richtung und der Angriffspunkt der Resultierenden zu finden.

Auflösung: Teile die Strecke AB in 7 Teile, so liegt der Angriffspunkt der Resultierenden im Teilungspunkte 5 u. s. w.

§. 16. Schwerkraft.

§. 16. Schwerkraft. Es ist schon bemerkt worden (§. 7), daß alle Körper schwer sind, d. h. das Bestreben haben zu fallen, und daß die Ursache hiervon einer Anziehung zugeschrieben wird, welche die Erde auf die in ihrer Nähe befindlichen Körper ausübt. Einen weiteren Beleg hierzu liefert die Beobachtung, daß ein langes Senkblei in der Nähe einer steilen Felswand aufgehängt eine Abweichung von der vertikalen Richtung nach dem Berge hin zeigt. Nach dem Princip von der gleichen Wirkung und Gegenwirkung (§. 12) muß aber auch der Stein die Erde anziehen. Fällt auch die Erde nach dem Steine?

Newton stellte die Ansicht auf, daß alle Körper überhaupt einander anziehen und zwar direkt proportional dem Produkte ihrer Massen und umgekehrt proportional dem Quadrate der Entfernung. Ohne diese Annahme würde es nicht möglich sein die Bewegung der Himmelskörper zu erklären; auch weist die Erscheinung der Ebbe und Flut besonders deutlich auf eine solche Anziehung hin. Der Mond bewegt sich in 27 Stunden einmal um die Erde und nun bemerkt man an den Küsten des Meeres, daß das Wasser an den Orten ansteigt, welche den Mond im Zenith und Nadir (vertikal über und unter dem Kopfe) haben; an den um einen Erdquadranten entfernten Orten herrscht dagegen durch den Abfluß des Wassers Ebbe. — Ebbe und Flut folgen dem Laufe des Mondes.

Die Anziehung, welche alle Körper aufeinander ausüben, bezeichnet man mit dem Namen allgemeine Schwere oder Gravitation; von dieser ist die

Anziehung, welche die Erde auf die in ihrer Nähe befindlichen Körper ausübt, und die man irdische Schwere nennt, nur ein besonderer Fall.

§. 17. Schwerpunkt. Alle Körper fallen in einer Richtung, welche nach dem Mittelpunkte der Erde geht; dies erklärt sich daraus, daß die Erde Kugelgestalt hat und man annehmen kann, daß die Masse derselben gleichmäßig um den Mittelpunkt verteilt ist. Denken wir uns zunächst einen schweren Punkt statt eines ganzen Körpers, so müssen die Anziehungen, welche alle Punkte der Erde auf ihn ausüben, eine Resultante besitzen, welche nach dem Mittelpunkte der Erde hin gerichtet ist. Stellen wir uns nun einen ganzen Körper vor, so wird jeder einzelne Punkt desselben nach dem Mittelpunkte der Erde gezogen; ist dabei der Körper von geringer Ausdehnung, so kann man wegen der bedeutenden Größe der Erde annehmen, daß die Richtungen der an den einzelnen Punkten des Körpers wirkenden Schwerkräfte einander parallel seien. Die Resultierende aller dieser parallelen Schwerkräfte ist gleich der Summe derselben und der Punkt G (Fig. 16), an welchem sie angreifen, wird Schwerpunkt des Körpers genannt. — Der Schwerpunkt einer überall gleichschweren Stange liegt in ihrer Mitte, einer kreisförmigen, überall gleichschweren Scheibe oder eines Ringes im Mittelpunkte, eines Rechtecks im Durchschnittspunkte der Diagonalen, eines Prismas oder Cylinders in der Mitte der Achse. — Wenn man in einem Dreiecke ABC (Fig. 17) die eine Spitze A mit der Mitte D der gegenüberliegenden Seite verbindet, so halbiert diese Linie das Dreieck und es muß der Schwerpunkt auf derselben liegen; verbindet man nun eine andere Spitze B mit der Mitte E ihrer Gegenseite, so liegt der Schwerpunkt auch auf dieser Verbindungslinie; er muß also im Durchschnittspunkte S von AD und BE gelegen sein.

Fig. 16.

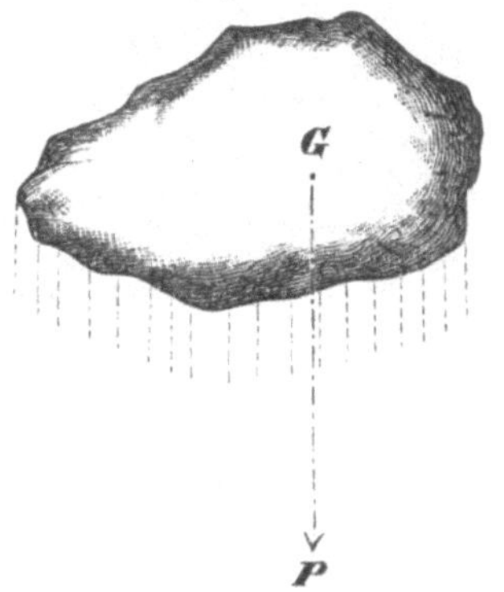

Schwerpunkt.

Fig. 17.

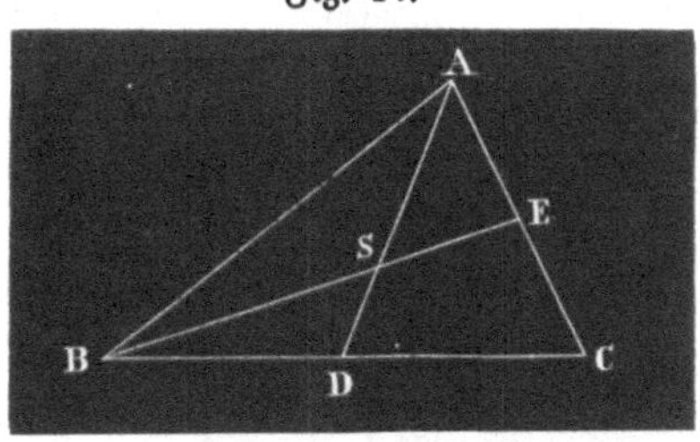

Schwerpunkt eines Dreiecks.

§. 18. Stabiles, labiles und indifferentes Gleichgewicht. Hängt man einen Körper an einem Punkte auf und stellt sich vor, die ganze Masse sei im Schwerpunkte vereinigt, so bewirkt die Anziehungskraft der Erde, daß der Körper sich so lange dreht, bis der Schwerpunkt die möglichst tiefste Stelle einnimmt; die möglichst tiefste Stelle aber hat der Schwerpunkt erreicht, wenn er vertikal unter dem Aufhängepunkte A liegt (Fig. 18). Bringt man den Körper aus dieser Lage heraus, so daß der Schwerpunkt in S' zu liegen kommt, so bewegt sich der Körper wieder nach der früheren Lage zurück; er befindet sich im stabilen Gleichgewicht.

Fig. 18.

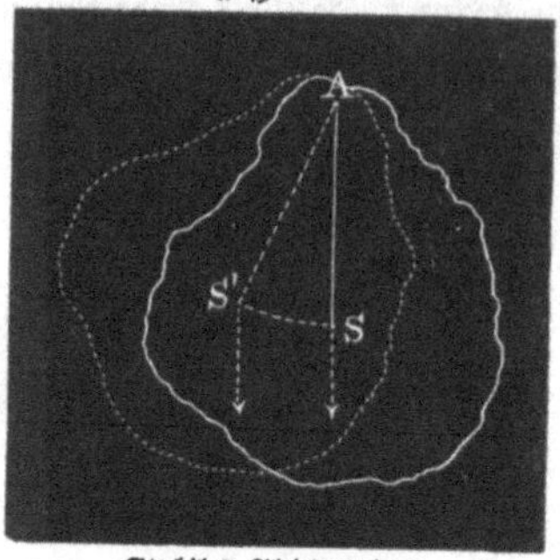

Stabiles Gleichgewicht.

Hält man einen Körper im Schwerpunkte selbst fest, faßt man z. B. ein breites Lineal zwischen den Fingern in der Mitte, so kann man ihm jede Lage geben, ohne daß es das Bestreben zeigte, eine andere Lage einzunehmen. Da die Gesamtanziehung, welche die Erde ausübt, im Schwerpunkte angreift und dieser fest ist, so zieht die Schwerkraft vergebens — sie wird aufgehoben. Dieses Gleichgewicht heißt indifferent. Stellt man einen Körper mit einem Punkte A (Fig. 19) auf eine feste Unterlage, so bleibt der Körper im Gleichgewichte, wenn sein Schwerpunkt S sich vertikal über dem Unterstützungspunkte A befindet; die Schwerkraft drückt (in der Richtung SA) vergebens gegen den festen Punkt A. Bringt man den Körper nur im geringsten aus dieser Lage, so fällt er ganz herum bis der Schwerpunkt vertikal unter dem Unterstützungspunkte liegt — labiles Gleichgewicht.

Fig. 19.

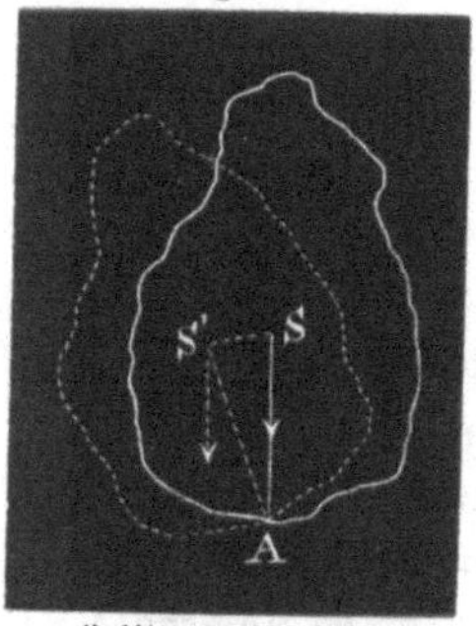

Labiles Gleichgewicht.

Hängt man einen Körper nach der Reihe an 2 Punkten (Fig. 20) an einem Faden auf und merkt sich, welche Richtung der Faden in jedem Falle hat, so wird man nach dem Vorstehenden leicht begreifen, daß sich der Schwerpunkt des Körpers in dem Punkte G befindet, wo sich die beiden Richtungen schneiden.

Fig. 20.

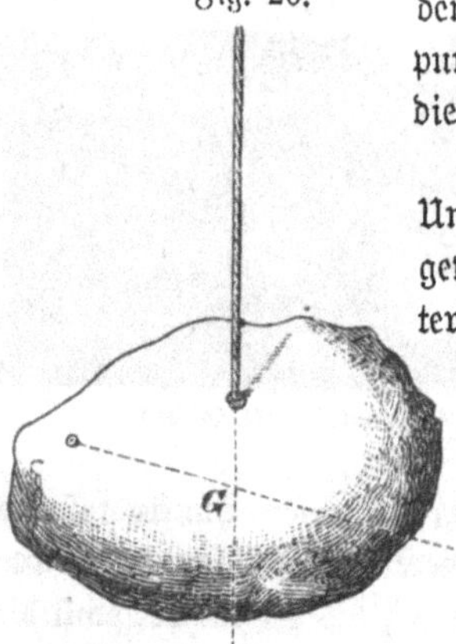

Praktische Auffindung des Schwerpunktes.

Steht ein Körper mit einem Punkte auf einer festen Unterlage, so herrscht, wie wir gesehen, (labiles) Gleichgewicht, wenn der Schwerpunkt vertikal über dem Unterstützungspunkte liegt.

Steht der Körper auf zwei Punkten auf, so muß für den Fall des Gleichgewichtes der Schwerpunkt vertikal über der Geraden liegen, welche die 2 Unterstützungspunkte verbindet.

Steht ein Körper auf mehr als 2 Punkten auf, so ist zum Gleichgewichte erforderlich, daß der Schwerpunkt vertikal über der Fläche liegt, welche durch die

Verbindungslinien der Unterstützungspunkte bestimmt ist. Will man den Körper über eine dieser Verbindungslinien umwerfen, so gelingt dies um so weniger leicht 1) je schwerer der Körper ist, 2) je tiefer der Schwerpunkt liegt, 3) je weiter die vom Schwerpunkte aus gezogene Vertikale von der Verbindungslinie entfernt ist. Liegt in dem Prisma (Fig. 21) der Schwerpunkt im s‴ so, daß die Vertikale s‴g‴ jenseits der Unterstützungsfläche auftrifft, so fällt das Prisma von selbst um; liegt der Schwerpunkt in s″, wobei die Vertikale s″g″ die eine Kante cd trifft, so kann man mit der geringsten Kraft den Körper über cd umwerfen; liegt der Schwerpunkt endlich in s′, so muß man schon mit einiger Kraft das Prisma drehen, bis es um cd umfällt, noch mehr aber, wenn man es über ab umwerfen will.

Fig. 21.

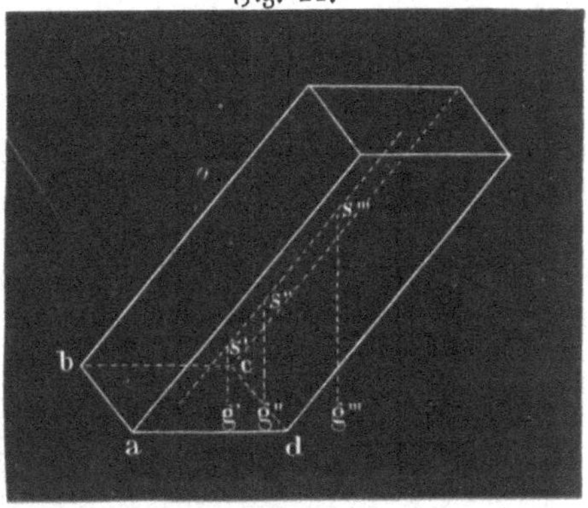

Standfähigkeit.

Die Sohlengänger (Mensch, Bär, Dachs) können leichter auf zwei Füßen gehen, als die Zehengänger; warum? Die Kunst des Gehens besteht überhaupt darin, den Schwerpunkt des Körpers vertikal über der von den Füßen gebildeten Vierecksfläche zu erhalten. Trägt man eine Last auf dem Rücken, so muß man den Körper nach vorn beugen, trägt man sie in der rechten Hand, so muß man sich nach links beugen rc. Seiltänzer tragen eine Balancierstange in den Händen, welche sie nach der einen Seite hin bewegen, wenn sie in Gefahr sind nach der anderen zu fallen. Gegenstände, welche nicht umfallen sollen, wie Lampen rc., werden mit einem breiten und schweren Fuße versehen.

§. 19. Vom Hebel. Legt man einen Balken über einen Baumstamm und setzen sich zwei Personen auf denselben, und zwar die eine rechts, die andere links von der Auflagestelle, so muß, wenn Gleichgewicht herrschen soll, die leichtere Person weiter von der Auflagestelle sitzen, als die schwerere. §. 19. Vom Hebel.

Fig. 22.

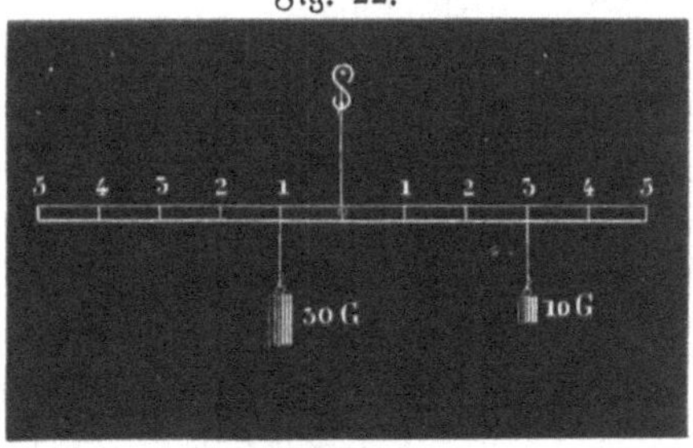

Zweiarmiger Hebel.

Hängt man eine überall gleich schwere Stange (Fig. 22) in der Mitte auf, so bleibt sie horizontal schweben — sie befindet sich im stabilen Gleichgewichte. Ist die Stange rechts und links vom Drehungspunkte in gleiche Teile geteilt und hängt man am Teilungspunkte 1 auf der einen Seite 30 Gramm und am Teilungspunkte 3 auf der anderen Seite 10 Gramm an, so bleibt auch jetzt das Gleichgewicht erhalten. Schiebt man die 30 Gramm weiter vom Aufhängepunkte weg, so geht die Stange auf dieser Seite nieder; das Umgekehrte geschieht, wenn man die 30 Gramm näher an den Aufhängepunkt bringt.

Ebenso herrscht Gleichgewicht, wenn man an den Teilungspunkt 2 auf der einen Seite 500 Gramm und an den Teilungspunkt 5 auf der anderen Seite 200 Gramm aufhängt.

Es herrscht also Gleichgewicht, wenn sich die Abstände der Aufhängepunkte der Gewichte vom Drehungspunkte der Stange umgekehrt wie die Gewichte selbst verhalten.

Fig. 23.

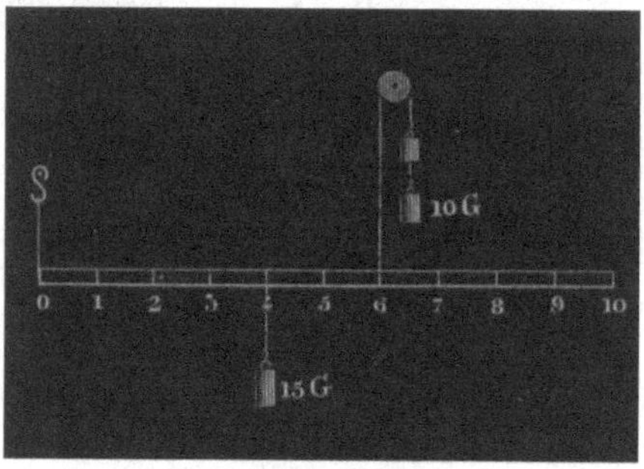

Einarmiger Hebel.

Hängt man eine Stange an dem Nullpunkte der Teilung (Fig. 23) auf und befestigt an dem Teilungspunkte 6 eine Schnur, welche über eine Rolle geht, so kann man zunächst am Ende der Schnur ein Gewicht anbringen, welches genügt, um die Stange horizontal schweben zu machen. Hängt man nun noch 10 Gramm an die Schnur und entweder 60 an den Punkt 1, oder 15 an den Punkt 4, oder 12 an den Punkt 5, so bleibt die Stange im Gleichgewichte.

Auch hier gilt also wie vorhin das oben erwähnte Gesetz, nur mit dem Unterschiede, daß im einen Falle die Gewichte auf entgegengesetzten Seiten und im anderen auf derselben Seite vom Unterstützungspunkte aufgehängt sind; zugleich ziehen dort beide Gewichte nach unten, und hier das eine nach oben und das andere nach unten.

Eine Stange, welche an einem Punkte unterstützt ist, wird **Hebel** genannt. Der Hebel heißt **zweiarmig**, wenn die Kräfte (Gewichte) auf entgegengesetzten Seiten, und **einarmig**, wenn sie auf derselben Seite vom Drehungspunkte angreifen. Die Abstände der Angriffspunkte der Kräfte vom Drehungspunkte (namentlich wenn die Kräfte parallel wirken) nennt man die **Hebelarme** derselben.

An einem Hebel herrscht Gleichgewicht, wenn sich die Kräfte umgekehrt wie ihre Hebelarme verhalten. — Zu den zweiarmigen Hebeln gehören: die Schere, die Zange, die Wage, der Pumpenschwengel ꝛc. Einarmige Hebel sind: die Sense, die (große) Zuckerzange, der Schubkarren, das Ruder (bei welchem der Drehungspunkt da ist, wo das Ruder das Wasser berührt), der Tritt am Spinnrad, der Vorderarm des Menschen. Die Brechstange (starke eiserne Stange) kann als zwei- und als einarmiger Hebel gebraucht werden; man bedient sich derselben, um schwere am Boden liegende Steine zu heben und fortzuschieben: man stößt die Stange unter den Stein, schiebt eine hölzerne Walze unter dieselbe und drückt am anderen Ende von oben nach unten — zweiarmiger Hebel; oder man stößt die Stange tief unter den Stein und drückt am anderen Ende von unten nach oben; der Drehungspunkt befindet sich hier an der Stelle, wo die Stange die Erde berührt — einarmiger Hebel.

Von den beiden an einem Hebel wirkenden Kräften pflegt man die eine (z. B. das Gewicht des zu hebenden Steines) mit dem Namen Last zu bezeichnen.

§. 20. Die goldene Regel der Mechanik. Wenn an dem Teilungspunkte 3 eines Hebels (Fig. 24) eine Kraft P und an dem Teilungspunkte 1 eine Last Q wirkt, so braucht man, um der Last das Gleichgewicht zu halten, eine Kraft, welche nur $^1/_3$ der Last beträgt. Wird aber der Hebel um seinen Unterstützungspunkt A gedreht, so beschreibt der Angriffspunkt 3 der Kraft P einen dreimal so großen Weg, als der Angriffspunkt 1 der Last Q — was an Kraft gewonnen wird, geht an Weg (Zeit, Geschwindigkeit) verloren. Umgekehrt würde das Dreifache an Weg gewonnen, wenn man eine Kraft P an dem Teilungspunkte 1 und eine Last $Q = {}^1/_3 P$ an dem Teilungspunkte 3 anbrächte. Die Kräfte verhalten sich also umgekehrt wie die Wege, welche ihre Angriffspunkte bei der Drehung beschreiben. Dieser Satz heißt die goldene Regel der Mechanik. Wirken die Kräfte an gleichlangen Hebelarmen, so müssen sie, wenn Gleichgewicht stattfinden soll, einander gleich sein; dann sind aber auch, wenn Drehung eintritt, die Wege der Angriffspunkte von Kraft und Last einander gleich. §. 20. Die goldene Regel der Mechanik.

Fig. 24.

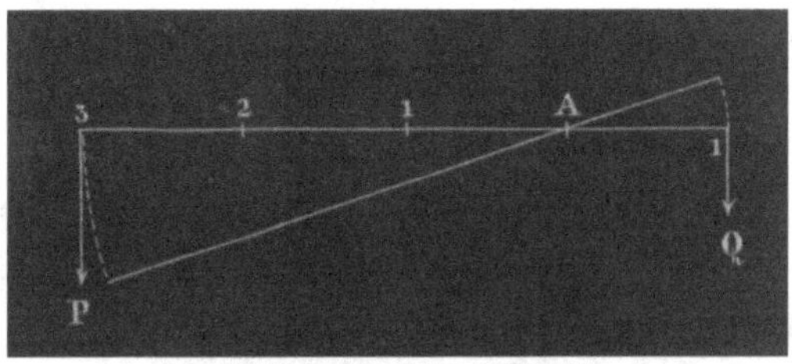

Goldene Regel der Mechanik.

Es wird sich später zeigen, daß die goldene Regel für alle Maschinen gültig ist.

§. 21. Die Wage. Die gemeine Krämerwage (Fig. 25) ist ein zweiarmiger, gleicharmiger Hebel, in der Mitte des Wagbalkens ist eine prismatische stählerne Schneide angebracht, welche auf einer stählernen Pfanne ruht. Die Schneide ist etwas oberhalb des Schwerpunktes des Wagbalkens angebracht, weshalb sich derselbe im stabilen Gleichgewicht befindet; an den Enden des Wagbalkens sind die gleichschweren Wagschalen b angehängt, so daß die Wage sowohl für sich, als bei gleicher Belastung in beiden Wagschalen im Gleich- §. 21. Die Wage.

gewicht steht. Wird aber auf die eine Schale ein Übergewicht gelegt, so geht die Wage auf dieser Seite nieder, während zugleich der am Wagbalken angebrachte Zeiger, die Zunge, an einem eingeteilten Bogen spielt und die Größe des Ausschlags angiebt.

Fig. 25.

Krämerwage.

Die Wage von Roberval (Fig. 26) hat vor der gewöhnlichen Krämerwage den Vorteil, daß sie keine Ketten hat und man also beliebig umfangreiche Waren auf die Schalen legen kann, ohne durch die Ketten behindert zu werden. Der Wagbalken AB ist, wie bei der Krämerwage, mit einer Schneide versehen, welche auf einer Stahlpfanne ruht; die Wagschalen aber sitzen auf zwei vertikalen Stangen, welche scharnierartig mit einer um ihre Mitte drehbaren horizontalen Stange CKD verbunden sind. Bei A und B haben die Vertikalstangen einen Schlitz, durch welchen die Wagbalkenenden A und B hindurchgehen. Wird die eine Wagschale überlastet, so geht sie nieder, und sowohl die Stange CD als auch der Wagbalken drehen sich um ihre Mitte.

Fig. 26.

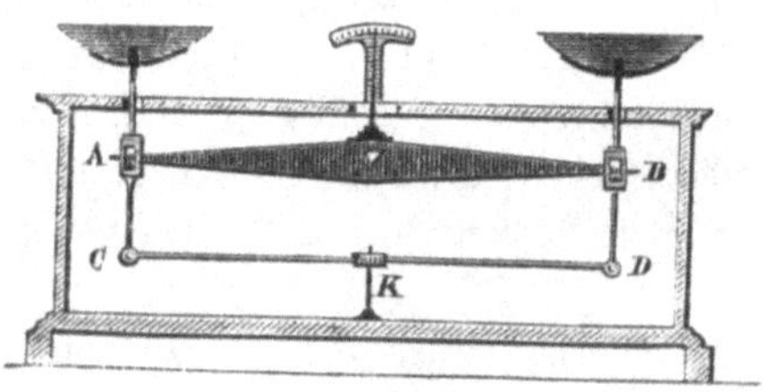

Robervalsche Wage.

Übrigens ist diese Wage weniger genau, als die gemeine Krämerwage.

Die im gewöhnlichen Leben vielfach gebräuchliche Schnellwage mit Laufgewicht zeigt Fig. 27. Sie ist ein ungleicharmiger Hebel, deren kürzerer Arm zusammen mit dem bei A angehängten Haken ebenso schwer ist, wie die längere. Der längere Wagbalken hat eine Teilung, bei welcher die Entfernung je zweier Teilstriche ebenso groß ist, wie die Entfernung des Punktes A von C. Hängt man an den Haken bei A eine Last und bei 1 (am ersten Teilstrich) ein ebenso schweres Gewicht, so herrscht Gleichgewicht. Ist die

Ware dreimal schwerer als das Gewicht, so muß man, um das Gleichgewicht herzustellen, das Gewicht bei 3 anhängen. Man benutzt bei dieser Wage überhaupt nur ein einziges Gewicht, z. B. 1 kg; muß man dasselbe nach 5 oder 7 schieben, um Gleichgewicht zu erhalten, so ist das Gleichgewicht der Ware gleich 5 oder 7 kg. Meist hat der kürzere Arm des Wagbalkens noch eine zweite Schneide A′, an welcher man die Ware aufhängen kann; man muß dann auch eine zweite Teilung auf der anderen Seite des längeren Armes anbringen. Liegt der Punkt A′ näher an dem Drehungspunkte C als A, so müssen die Teilstriche der zweiten Teilung näher beisammen liegen, als die der ersten. Das Laufgewicht giebt jetzt, an dieselbe Stelle des längeren Armes geschoben, ein höheres Gewicht an — leichte und schwere Seite der Wage.

Fig. 27.

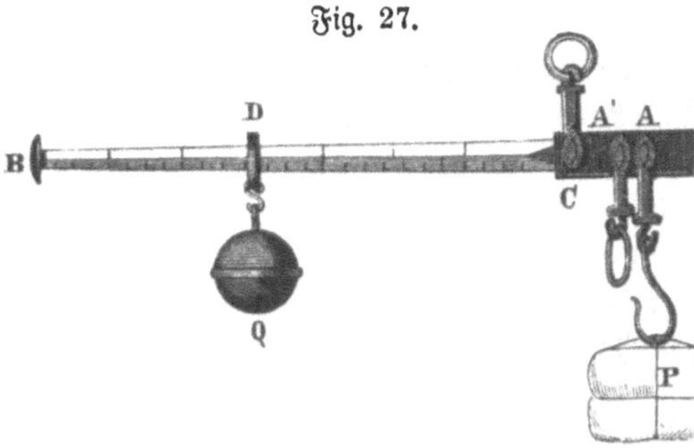

Römische Schnellwage.

Außerdem hat man noch Wagen, welche aus mehreren Hebeln zusammengesetzt sind, wie die Decimal- oder Brückenwage und die Straßen- oder Mautwage; sie sind so eingerichtet, daß bei der ersteren das Gewicht stets den 10. und bei der zweiten stets den 100. Teil der Ware beträgt.

§. 22. Die Rolle. Die Rolle (Fig. 28) ist eine kreisrunde Scheibe, welche am Umfange ausgehöhlt ist; in diese Aushöhlung — Schnurlauf — kann ein Seil eingelegt werden; durch die Mitte der Scheibe geht eine Achse, deren Enden in die zwei Arme eines Bügels eingreifen. §. 22. Die Rolle.

Fig. 28.

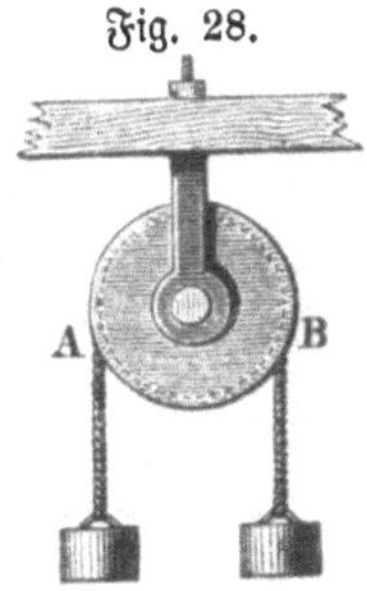

Feste Rolle.

Meist wird die Rolle dazu gebraucht, um Baumaterialien, Mörtel 2c. bei Neubauten in die Höhe zu ziehen, oder Wasser aus einem Ziehbrunnen heraufzubefördern. In diesem Falle wird der Bügel an einer geeigneten Stütze befestigt, an das eine Seilende wird die Last gehängt, und an dem anderen wirkt die Kraft; eine solche Rolle kann sich bloß umdrehen, nicht aber sich gleichzeitig auf- und abbewegen; sie heißt feste Rolle, im Gegenteil zu der weniger gebräuchlichen und daher hier nicht näher zu erörternden losen Rolle.

Die feste Rolle kann als zweiarmiger und zwar gleicharmiger Hebel betrachtet werden, da die vom Mittelpunkte der Scheibe nach den Punkten A und B gezogenen Radien einander gleich sind.

Bei einer festen Rolle wird nichts an Kraft gewonnen, aber auch nichts an Weg verloren; auf der einen Seite geht die Last um soviel in die Höhe, als auf der anderen die Kraft niedergeht (§. 20). Der Vorteil der festen Rolle besteht lediglich darin, daß man, um die Last, z. B. einen Eimer voll Mörtel, von unten nach oben zu bewegen, unten stehen und von oben nach unten ziehen kann, was sicherer und bequemer ist, als oben auf einem Gerüste zu stehen und von unten nach oben zu ziehen.

§. 23. Der Flaschenzug. **§. 23. Der Flaschenzug.** Sind schwere Lasten, z. B. eine Anzahl Zimmerhölzer, in die Höhe zu ziehen, so bedarf man, wenn man nicht größere Kräfte, z. B. eine Dampfmaschine, anwenden will, einer Vorrichtung, bei der an Kraft gewonnen wird (freilich geht dabei in demselben Maße an Geschwindigkeit verloren). Eine derartige Maschine ist der Flaschenzug. Unter einer Flasche versteht man mehrere in derselben Hülse unter oder neben einander befindliche Rollen. Kann sich die Flasche als Ganzes auf- und abbewegen, so nennt man sie lose, im anderen Falle fest. Eine feste und eine lose Flasche bilden zusammen einen Flaschenzug (Fig. 29). Der Bügel der festen Flasche ist an einem Gerüste mittels eines Hakens befestigt, während am Bügel der losen Flasche die Last hängt. An dem Bügel der festen Flasche ist ferner ein Seil angemacht, welches zunächst über die erste Rolle der losen Flasche, dann über die erste Rolle der festen, dann über die zweite Rolle der losen Flasche u. s. w. geht; an dem Ende des Seiles wirkt die Kraft.

Fig. 29.

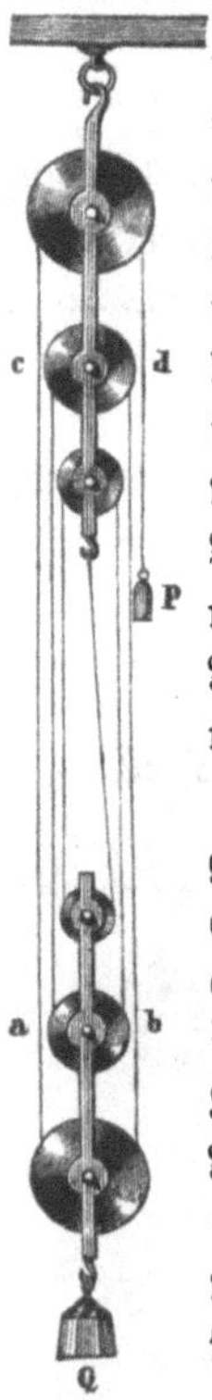

Flaschenzug.

Die am Bügel der losen Flasche hängende Last Q verteilt sich gleichmäßig auf die 6 Seilstücke, in denen die lose Flasche hängt; an jedem Seilstücke zieht also $^1/_6$ Q. Dasjenige Seilstück, welches am Bügel der festen Flasche angemacht ist, kann durch den Zug von $^1/_6$ Q nicht in Bewegung gesetzt werden; ebenso heben sich je zwei Kräfte ($= {}^1/_6$ Q) auf, welche an Seilstücken ziehen, die über dieselbe Rolle der festen Flasche gehen, und so bleibt schließlich nur das Seilstück übrig, welches über die dritte Rolle der festen Flasche geht; wird deshalb am freien Seilende eine Kraft $= {}^1/_6$ Q angebracht, so muß Gleichgewicht eintreten.

Für den Zustand des Gleichgewichts an einem Flaschenzuge beträgt die Kraft den sovielsten Teil der Last, als die Zahl der Seilstücke angiebt, in denen die lose Flasche hängt.

Bei unserem Flaschenzuge beträgt die Kraft $^1/_6$ der Last; wird nun die Maschine in Bewegung gesetzt, so muß, wenn die Last um 1 dcm herauf gehen soll, die Kraft um 6 dcm herabgehen, da alle 6 Seilstücke, in denen die lose Flasche hängt, um 1 dcm verkürzt werden müssen (§. 20).

§. 24. Rad an der Welle. Eine andere Maschine, bei welcher an Kraft gewonnen wird, ist das Rad an der Welle. Um eine horizontale Welle BB (Fig. 30), deren Achse in zwei Zapfenlagern sich drehen kann, ist ein Seil geschlungen, an welchem eine Last hängt; ferner sind an der Welle Stangen oder Kurbeln angebracht, mit Hilfe deren sich die Welle umdrehen läßt. Statt der Stangen oder Kurbeln kann auch eine vollkommene Scheibe — ein Rad — welches senkrecht auf der Achse der Welle steht und an dem man dreht, angewandt werden (daher §. 24. Rad an der Welle.

Fig. 30.

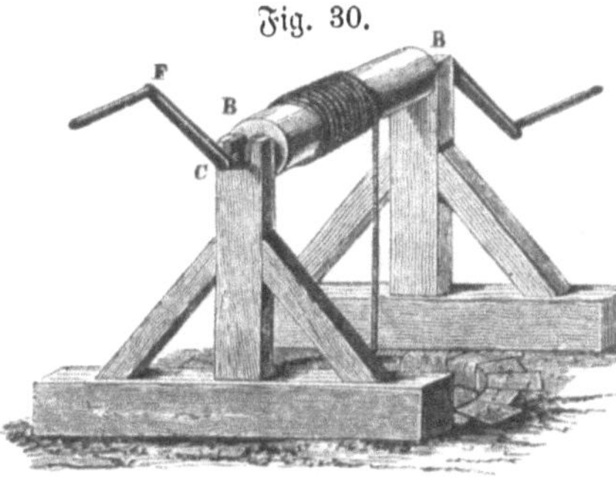

Rad an der Welle.

Fig. 31.

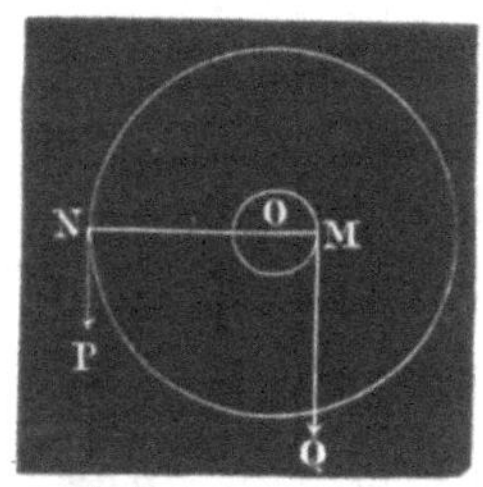

Wellrad (schematisch).

der Name Wellrad). Das Wellrad läßt sich, wie die Durchschnittsfigur 31 klar macht, als ein zweiarmiger Hebel betrachten, dessen kürzerer Hebelarm OM der Halbmesser der Welle und dessen längerer ON die Länge der Stangen oder Kurbeln, bezüglich des Halbmessers des Rades ist. Es wird deshalb Gleichgewicht eintreten, wenn die Kraft P sich zur Last Q verhält, wie der Halbmesser der Welle zum Halbmesser des Rades.

Fig. 32.

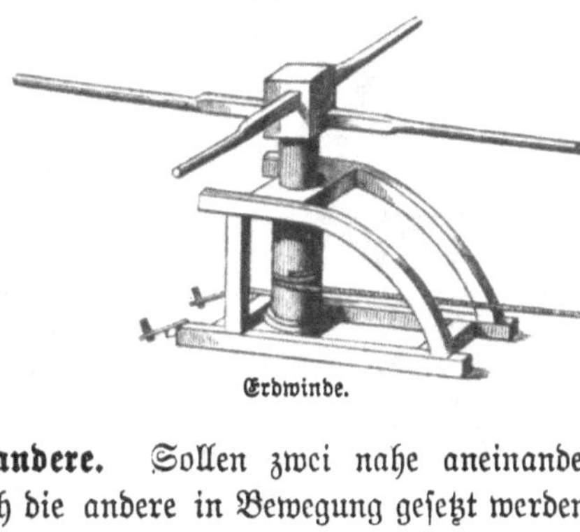

Erdwinde.

Sollen Lasten in horizontaler Richtung fortgezogen werden, so bedient man sich einer ähnlichen Maschine mit vertikal stehender Welle, welche den Namen Winde oder Göbel führt (Fig. 32).

§. 25. Übertragung einer Bewegung von einer Welle auf eine andere. Sollen zwei nahe aneinander befindliche parallele Wellen die eine durch die andere in Bewegung gesetzt werden, so verbindet man sie am einfachsten durch Räder, welche mit ihrem Rande fest §. 25. Übertragung einer Bewegung von einer Welle auf eine andere.

gegen einander drücken, so daß, wenn das eine sich umdreht, das andere durch Reibung mit umgedreht wird (Fig. 33).

Fig. 33.

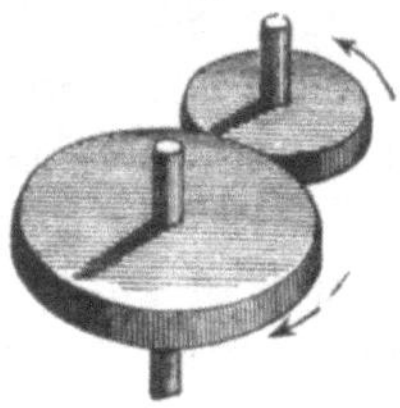

Reibungsräder.

Man kann sich übrigens noch besser zweier Räder bedienen, welche am Rande mit Zähnen versehen sind (Fig. 34): B ist eine Kurbel, welche durch die Kraft F umgedreht wird; mit der Kurbel B ist ein gezahntes Rad C verbunden, welches in das Rad D eingreift und dieses nach entgegengesetzter Richtung umdreht, so daß eine Last P, welche an einem um die Welle A des Rades D geschlungenen Seile befestigt ist, aufwärts bewegt werden kann.

Fig. 34.

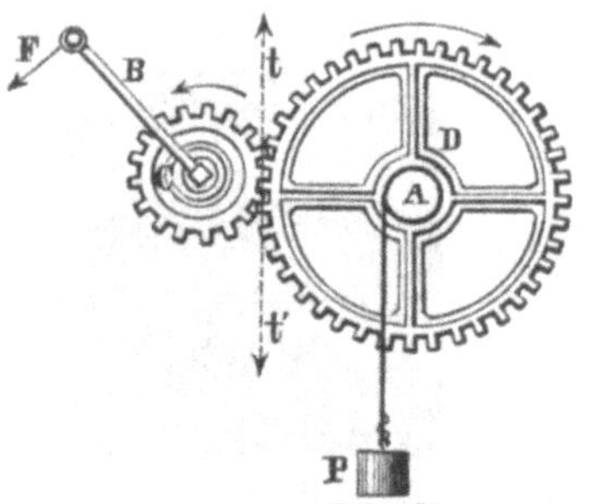

Stirnräder.

Fig. 35.

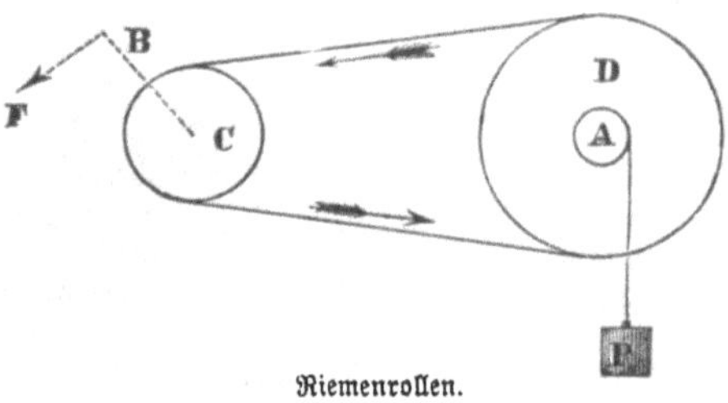

Riemenrollen.

Sind die Wellen, von denen die eine die andere umdrehen soll, weit voneinander entfernt, so werden sie mit sogenannten Riemenrollen C und D (Fig. 35) versehen und diese durch ein Seil oder einen Riemen ohne Ende miteinander verbunden. Sind die Wellen aufeinander senkrecht, so kann man sich der Kronräder bedienen (Fig. 36), deren Zähne senkrecht auf der Radfläche stehen (die gewöhnlichen Räder, Fig. 34, bei welchen die Zähne in die Radfläche fallen, heißen Stirnräder); zu demselben Zwecke kann man auch konische Räder, deren Zähne nach einem Punkte hinlaufen, anwenden (Fig. 37).

Fig. 36.

Kronräder.

Fig. 37.

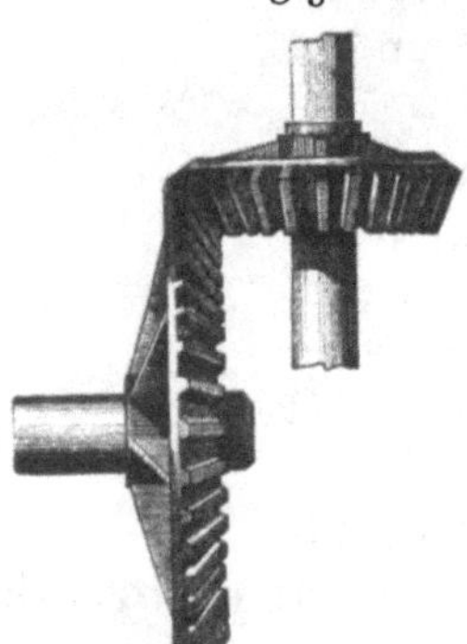

Konische Räder.

§. 26. Die schiefe Ebene.

§. 26. Die schiefe Ebene. Eine schiefe Ebene ist eine solche

Ebene, welche mit der horizontalen einen (spitzen) Winkel bildet. Ein Beispiel hierzu bietet die Schrotleiter, welche an einen Wagen angelegt wird, um auf ihr ein Faß hinaufzurollen oder herunterzulassen.

Sei AB (Fig. 38) eine schiefe Ebene, BC eine horizontale und AC eine vertikale Linie, so wird AB die Länge, BC die Basis nnd AC die Höhe der schiefen Ebene genannt; der Winkel ferner, den die Länge der schiefen Ebene mit der Basis bildet, Winkel ABC, heißt der Neigungswinkel der schiefen Ebene.

Fig. 38.

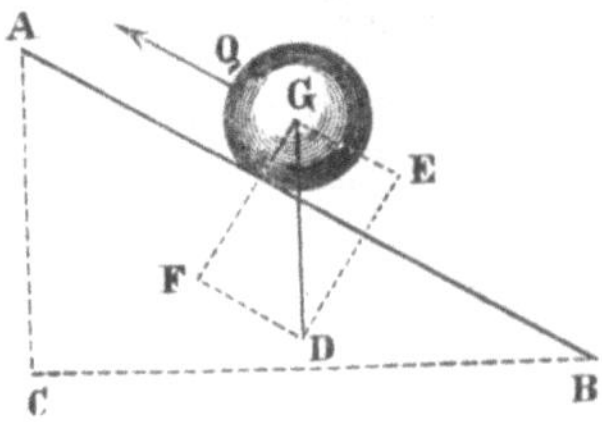

Schiefe Ebene.

Liegt nun auf AB eine Last Q, z. B. eine schwere Kugel, so möchte sich dieselbe vertikal abwärts bewegen und zwar, wenn G der Schwerpunkt von Q ist und GD die Größe des Gewichtes von Q vorstellt, mit einer Kraft, welche der Länge GD entspricht. Zerlegt man GD nach dem Satze vom Parallelogramme der Kräfte in 2 Komponenten, von denen die eine GF senkrecht auf AB steht, die andere GE parallel AB ist, so kann die erstere keine Bewegung der Last Q hervorbringen, sie drückt nur die Last gegen die schiefe Ebene und bringt dadurch höchstens Reibung und somit eine Verzögerung der Bewegung längs der schiefen Ebene hervor. Sieht man indessen von der Reibung ab, so geht die Kraft GF für die Bewegung verloren, und es bleibt nur die Kraft GE übrig, welcher die Last Q ohne Störung folgt.

Nun ist aber die Kraft GE, mit welcher die Last der schiefen Ebene hinabrollen will und die man relative Schwere nennt, kleiner als die absolute Schwere GD, denn die Kathete in einem rechtwinkligen Dreiecke ist kleiner als die Hypotenuse. Soll die Last Q nicht herabrollen, so muß man die Kraft GE aufheben, was man am einfachsten dadurch erreicht, daß man mit einer Kraft entgegenwirkt, welche der GE gleich und entgegengesetzt ist.

Nun sind die Dreiecke GED und ABC ähnlich, also verhält sich:

$$GE : GD = AC : AB;$$

bezeichnet man nun die Kraft GE mit P, die Last GD mit Q, die Höhe AC der schiefen Ebene mit h und die Länge mit l, so ist:

$$P : Q = h : l$$

d. h. für den Fall des Gleichgewichtes auf der schiefen Ebene verhält sich die Kraft zur Last, wie die Höhe der schiefen Ebene zu ihrer Länge.

Wird ein schwerer Körper vertikal um die Höhe $h = AC$ gehoben, so muß die Kraft $Q = GD$ überwunden werden; wird er aber auf der schiefen Ebene von B bis A bewegt, indem man parallel zur schiefen Ebene drückt, so braucht man nur die Kraft GE zu überwinden und dabei wird schließlich die Last um dieselbe Strecke

A C gehoben; in dem einen Falle braucht aber bloß der Weg h = A C, im anderen muß der Weg l = A B zurückgelegt werden; da nun die Kräfte G E und G D sich wie die Höhe der schiefen Ebene zur Länge verhalten, so folgt, daß die Wege A B und A C sich umgekehrt wie die Kräfte verhalten; damit ist denn auch die goldene Regel als für die schiefe Ebene gültig erwiesen.

Fig. 39.

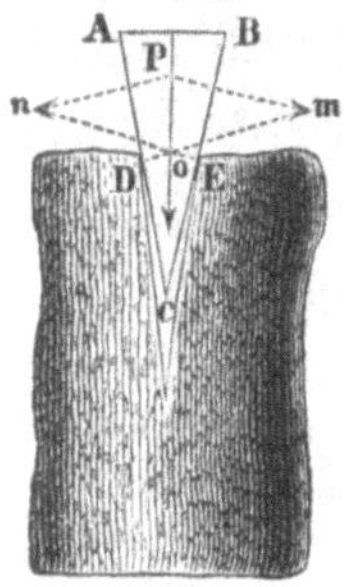

Keil.

§. 27. Der Keil.

§. 27. Der Keil. Zum Holzspalten bedient man sich eines dreiseitigen Prismas aus Holz oder Eisen, welches Keil genannt wird; Fig. 39 zeigt denselben im Durchschnitt. Die Fläche A B nennt man den Rücken und die Flächen A C und B C die Seiten des Keils. Wird der Keil durch einen Schlag auf den Rücken in das Holz getrieben, so übt das Holz auf die Seiten des Keils einen senkrechten Druck aus, und es wird Gleichgewicht herrschen, wenn die senkrecht gegen die Seiten A C und B C gerichteten Komponenten P m und P n, in welche man die Kraft P o, mit der man auf den Rücken wirkt, zerlegen kann, den entgegengesetzt gerichteten Druckkräften gleich sind, mit welchen das Holz gegen A C und B C wirkt. Je spitzer dabei der Keil, desto kleiner braucht die Kraft P o zu sein, um dieselben Komponenten Pm und Pn zu liefern, welche den Widerständen des Holzes gleich und entgegengesetzt sind.

Fig. 40.

Keilpresse.

Der Keil kann, wie man an der Durchschnittsfigur deutlich sieht, als doppelte schiefe Ebene betrachtet werden.

Besondere Arten des Keiles sind: das Messer, das Beil, die Nähnadel ꝛc. Will man den Stiel eines Hammers oder Beiles hinreichend im Eisen befestigen, so schlägt man einen Keil in das Holz, damit es auseinander getrieben wird und sich genau an das Eisen anlegt.

Auch kann der Keil zum Pressen benutzt werden. Fig. 40 zeigt eine Keilpresse; in cc sind z. B. Ölsamen, welche ausgepreßt werden sollen; treibt man den Keil b durch einen Schlag auf die obere Fläche tiefer ein, so werden die Ölsamen stärker zusammengepreßt. Will man die Presse auseinandernehmen, so treibt man den Keil a ein.

§. 28. Die Schraube.

§. 28. Die Schraube. Eine Schraube ist eine schiefe Ebene, welche in immer gleicher Steigung um einen Cylinder herumgewunden ist. Ist die schiefe Ebene erhaben auf den Cylinder aufgesetzt, so hat man eine Schraubenspindel (Fig. 41), ist sie vertieft eingegraben, so hat man eine Schrauben=

mutter (Fig. 42). Schraubenspindel und Schraubenmutter kommen immer zusammen vor (Fig. 43). Die Länge der schiefen Ebene von einem Punkte a (Fig. 41) bis zu dem unmittelbar darüber liegenden b wird ein Schraubengang und die Entfernung zweier solcher Punkte die Höhe eines Schraubenganges genannt.

Fig. 41.

Schraubenspindel.

Fig. 42.

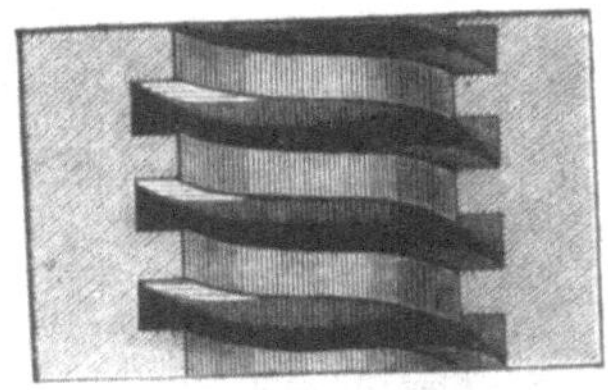

Schraubenmutter.

Die Schraube wird gebraucht: zum Pressen (Kelterpresse, Schraubstock), zu Verbindungen von Holz- und namentlich Metallstücken, welche zeitweilig wieder auseinander genommen werden sollen, als Stellschraube an Grundbrettern von physikalischen Apparaten etc.

Fig. 43.

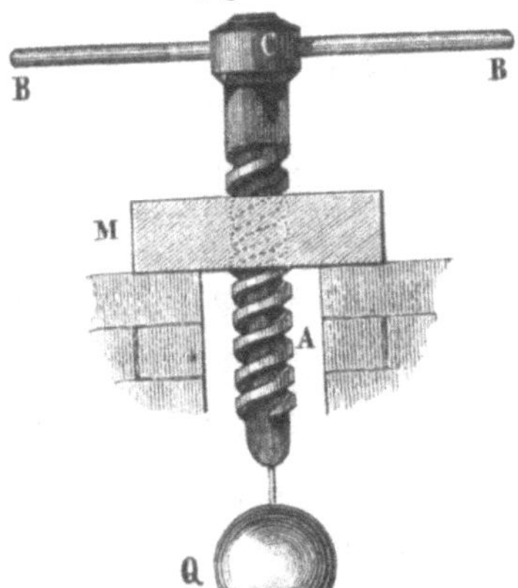

Schraube.

Dreht man eine Schraubenspindel einfach um, so bewegt sie sich auf den Gängen der Mutter vorwärts; liegt nun eine Schraubenspindel im Wasser, so legt sich dieses genau an dasselbe an und bildet dazu die Mutter; dreht man die Schraubenspindel rasch um, so bewegt sie sich im Wasser vorwärts; hierauf beruht die Anwendung der Schraube zum Fortbewegen von Schiffen (Schiffsschraube, Fig. 44).

Hängt an einer Schraubenspindel A (Fig. 43) ein Gewicht, so würde sich dieselbe nach unten in Bewegung setzen, indem sie sich in den Gängen der Mutter M dreht; um nun die Bewegung aufzuhalten, d. h. Gleichgewicht herzustellen, muß man oben an dem Kopfe C mit einer gewissen Kraft (deren Größe sich aus den für die schiefe Ebene geltenden Gesetzen berechnen läßt) nach entgegengesetzter Richtung drehen. Steckt man in den Kopf C eine Stange BB, so kann man, am Ende derselben drehend, mit verhältnismäßig geringer Kraft die Bewegung der Schraube hemmen, oder in die entgegengesetzte, nach aufwärts, überführen, denn die Kraft wirkt hier an einem langen Hebelarme. Übrigens können an der Stange BB zwei Personen arbeiten.

Fig. 44.

Schiffsschraube.

— Bei der Kelterpresse drückt der Fuß der Spindel gegen Bretter, unter welchen die Trauben oder die zerschnittenen Äpfel liegen; der Widerstand wirkt hier vertikal nach oben.

Fig. 45.

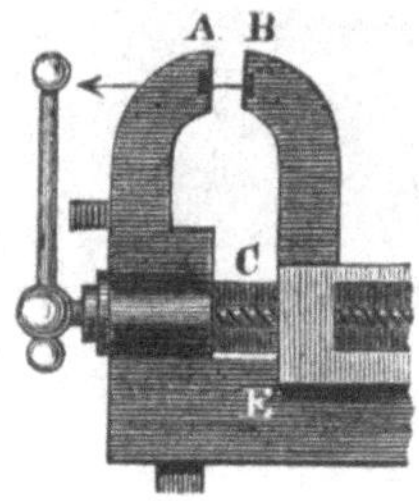

Schraubstock.

Eine Schraube ohne Ende ist eine Spindel, welche sich bloß umdreht und dadurch die Fortbewegung einer Mutter (Parallelschraubstock, Fig. 45) oder eines gezahnten Rades, in welches die Spindel eingreift, bewirkt.

c. Die Bewegung (Dynamik) der festen Körper.

§. 29. Gleichförmige Bewegung.

§. 29. Gleichförmige Bewegung. Wenn ein Schiff auf einem Flusse fährt und in jeder Sekunde 1 m zurücklegt, so sagt man, es habe eine gleichförmige Bewegung und seine Geschwindigkeit betrage 1 m.

Eine Bewegung ist gleichförmig, wenn in gleichen Zeiten gleiche Wege zurückgelegt werden; unter Geschwindigkeit versteht man dabei den Weg in einer Sekunde.

Wenn ein Schiff $^1/_2$ Stunde mit einer Geschwindigkeit von $^3/_4$ m fährt, so legt es $1800 \cdot {}^3/_4 = 1350$ m zurück.

Ein Fußgänger, welcher eine Geschwindigkeit von 1,5 m besitzt, legt in $^3/_4$ Stunden $1{,}5 \cdot 2400 = 3600$ m zurück.

Ein Schnellzug, welcher 2 Meilen ($2 \cdot 7500$ m) gleichförmig gefahren ist und $16^2/_3$ Minuten dazu gebraucht hat, besitzt eine Geschwindigkeit von $\frac{15000}{16^2/_3 \cdot 60} = 15$ m.

Man findet den Weg bei der gleichförmigen Bewegung, wenn man die Geschwindigkeit mit der in Sekunden ausgedrückten Zeit multipliziert.

Wie findet man die Zeit, wenn Weg und Geschwindigkeit gegeben ist, und wie die Geschwindigkeit, wenn Weg und Zeit bekannt sind?[1]

Geschwindigkeiten verschiedener Körper:

	Meter.
Ein Pferd im Schritt	1
Ein Pferd im Trab	2—2,5
Ein Pferd im Galopp	4—5
Ein Fußgänger	1,5
Ein gewöhnlicher Eisenbahnzug	7—8
Ein Schnellzug	12—15

[1] Bezeichnet t die in Sekunden ausgedrückte Zeit, s den Weg und c die Geschwindigkeit (in Metern), so ist $s = c \cdot t$; $c = \frac{s}{t}$ und $t = \frac{s}{c}$.

	Meter.
Ein Adler . . .	25
Der Schall	333
Eine Büchsenkugel	400—500
Das Licht	42000 Meilen
Die Elektricität . . . . 13000—	62000 "
Der Mond auf seiner Bahn um die Erde . . .	$^1/_7$—$^1/_8$ Meilen
Die Erde auf ihrer Bahn um die Sonne	4 Meilen

§. 30. Die gleichförmig beschleunigte und verzögerte Bewegung. Wenn eine Kraft von stets gleichbleibender Stärke, d. i. eine konstante Kraft, an einem ursprünglich ruhenden Körper wirkt, so setzt sie ihn in Bewegung und erteilt ihm in jedem Augenblicke ein gleiches Stück Geschwindigkeit; der Körper geht also immer schneller und schneller und zwar derart, daß die Geschwindigkeit in derselben Zeit stets um ein gleiches Stück zunimmt. §. 30. Die gleichförmig beschleunigte und verzögerte Bewegung.

Eine Bewegung, bei welcher die Geschwindigkeit in gleichen Zeiten um gleichviel zunimmt, heißt gleichförmig beschleunigt. Die Zunahme an Geschwindigkeit in jeder Sekunde wird Beschleunigung (Acceleration) genannt. Eine solche Bewegung entsteht z. B., wenn ein Körper frei fällt, denn die Schwerkraft kann innerhalb kleiner Fallräume als konstant angesehen werden.

Hat ein Körper eine Bewegung nach einer gewissen Richtung und wirkt ihm eine konstante Kraft entgegen, so nimmt sie ihm in jeder Sekunde ein gleiches Stück Geschwindigkeit ab — die Bewegung wird gleichförmig verzögert. Die Abnahme an Geschwindigkeit in der Sekunde wird Verzögerung genannt.

Wirft man z. B. einen Stein vertikal in die Höhe, so erlangt der Körper durch die vertikal abwärtsziehende Schwerkraft eine gleichförmig verzögerte Bewegung. Auch wenn ein Körper auf einer horizontalen, überall gleich beschaffenen Bahn rollt, verliert er durch die Reibung, welche seiner Bewegung entgegenwirkt, in jeder Sekunde gleichviel an Geschwindigkeit.

Wirkt eine veränderliche Kraft an einem Körper, so wird seine Bewegung ungleichförmig beschleunigt oder verzögert.

Unter den veränderlichen Bewegungen sind besonders die periodischen hervorzuheben (Pendel); bei diesen kehrt derselbe Bewegungszustand immer in gleichen Zeiträumen wieder.

Wenn eine Kraft, welche einige Zeit an einem Körper gewirkt hat, plötzlich zu wirken aufhört, so behält der Körper die Geschwindigkeit, welche er zuletzt besessen, bei, seine Bewegung wird gleichförmig.

§. 31. Die Fallmaschine. Eine gleichförmig beschleunigte Bewegung läßt sich leicht mittels der Fallmaschine hervorbringen; dieselbe bietet vor dem freien Fall den Vorteil, daß sie viel langsamer geht, so daß man leichter im Stande ist, §. 31. Die Fallmaschine.

die Geschwindigkeitszunahme per Sekunde, sowie die Geschwindigkeit und den zurückgelegten Weg nach irgend viel Sekunden zu messen.

Über eine Rolle, welche auf einer hohen prismatischen, in Pariser Zolle (oder Centimeter) eingeteilten Säule angebracht ist (Fig. 46), geht eine lange Schnur, an deren Enden zwei gleiche Gewichte angebracht sind; da beide gleich schwer sind, so kann eine Bewegung nicht eintreten; legt man aber auf das eine ein längliches Übergewichtchen q, so fängt dieses an sich abwärts zu bewegen, während das andere in die Höhe geht. Da das Übergewichtchen durch seine Schwere nicht bloß die eigene Masse, sondern auch die der beiden Gewichte zu ziehen hat, so geht die Bewegung weit langsamer vor sich, als wenn das Übergewichtchen frei fiele, wobei seine Schwere nur seine eigene Masse in Bewegung zu setzen hätte. Angenommen, das Übergewicht sei im Verhältnis zu den zwei Gewichten so reguliert, daß der Fallraum in der ersten Sekunde 1″ betrüge, so würde er nach 2, 3, 4... Sek. bezüglich 4, 9, 16... Zoll betragen. *Es verhalten sich also die nach irgend viel Sekunden zurückgelegten Wege wie die Quadrate der Sekundenzahlen.*

Fig. 46.

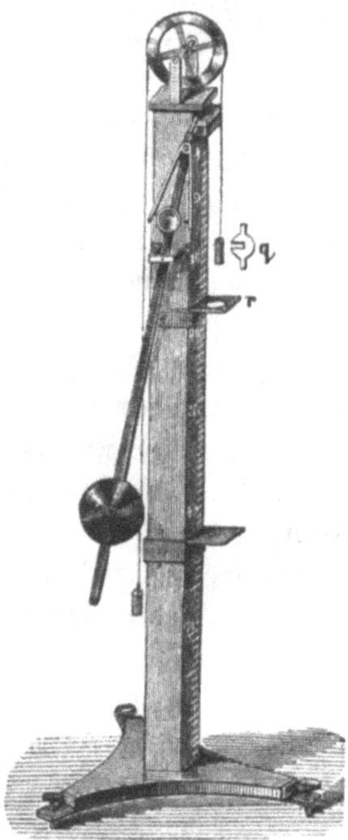

Fallmaschine.

An der Fallmaschine ist ferner ein verschiebbarer Ring r angebracht; stellt man denselben z. B. auf die Zahl 16 und läßt das Übergewicht (samt den Gewichten) vom Nullpunkte der Säule an herabgehen, so wird nach 4 Sek. das Übergewicht an den Ring kommen und wegen seiner länglichen Form auf demselben liegen bleiben; da jetzt die bewegende Kraft weggenommen ist, so gehen die Gewichte nur noch vermöge der Trägheit *gleichförmig* fort und legen in der nächsten Sekunde einen Weg von 8″ zurück. Am Ende der vierten Sekunde hat also das Übergewicht (samt den Gewichten) eine Geschwindigkeit von 8″ erlangt. Hätte man den Ring bei 4″, 9″ oder 25″ festgestellt, so würde sich eine Geschwindigkeit von 4″, 6″, resp. 10″ gefunden haben. Hieraus ergiebt sich, daß die Geschwindigkeit beim Falle an der Fallmaschine eine gleichförmig beschleunigte ist, weil sie von Sekunde zu Sekunde um gleichviel (hier 2″) wächst; die Beschleunigung beträgt unter diesen Verhältnissen zwei Zoll. Auch ist leicht zu ersehen, daß man *die Geschwindigkeit nach irgend viel Sekunden findet, wenn man die Beschleunigung mit der Zahl der Sekunden multipliziert.*

Der Weg nach der ersten Sekunde war 1″, er beträgt also die Hälfte der Beschleunigung. *Der Weg nach irgend viel Sekunden wird gefunden,* wenn man die halbe Beschleunigung (hier 1″) mit dem Quadrate der Sekundenzahl multipliziert.

Die verschiedenen gleichförmig beschleunigten Bewegungen (Fall an der Fallmaschine, über eine schiefe Ebene, der freie Fall 2c.) unterscheiden sich lediglich dadurch voneinander, daß die Beschleunigungen verschieden sind.

Bezeichnet p die Beschleunigung, v die Geschwindigkeit und s den Weg nach irgend viel (t) Sekunden bei einer gleichförmig beschleunigten Bewegung, so ist allgemein:

$$v = p \cdot t$$

und

$$s = \frac{p}{2} \cdot t^2$$

Bei dem freien Falle beträgt die Beschleunigung 30 Pariser Fuß oder 9,8 Meter; man bezeichnet diese Beschleunigung stets mit g. Ein Stein ist 6″ gefallen, bis er auf die Erde kam, wie hoch ist er herabgefallen und welche Geschwindigkeit hat er schließlich erlangt?

Wird ein Körper vertikal aufwärts geworfen, so verliert er durch den Zug der Schwerkraft in jeder Sekunde 9,8 Meter Geschwindigkeit und steigt so lange, bis seine Geschwindigkeit verzehrt ist; seine Bewegung ist bis zu diesem Punkte gleichförmig verzögert; von da an aber bewegt sich der Körper, dem Zuge der Schwerkraft folgend, gleichförmig beschleunigt abwärts und kommt am Ende wieder mit der Geschwindigkeit auf der Erde an, mit welcher er am Anfange aufgestiegen.

Wie lange steigt eine Kugel, welche mit 420 m Geschwindigkeit vertikal aufwärts geschossen ist?

Übrigens kann man die Formeln für die gleichförmig beschleunigte Bewegung auch allgemein ableiten.

Wenn ein Körper, welcher ursprünglich in Ruhe ist, in jeder Sekunde um gleichviel (p) an Geschwindigkeit zunimmt, so gilt für seine Geschwindigkeit v nach t Sekunden:

$$v = p \cdot t.$$

Die Geschwindigkeiten am Ende der verschiedenen Sekunden sind:

$$0 \quad p \quad 2p \quad 3p \quad 4p \ldots$$

Nun ist es aber in betreff des durchlaufenen Weges einerlei, ob ein Körper mit 0 m Geschwindigkeit zu laufen anfängt und nach einer Sekunde auf die Geschwindigkeit p m gelangt, oder ob er mit der mittleren Geschwindigkeit $\frac{p}{2}$ gleichförmig eine Sekunde lang läuft; im letzteren Falle legt er den Weg $\frac{p}{2}$ zurück, also auch im ersten; der Weg in der ersten Sekunde beträgt also $\frac{p}{2}$ m. Ferner ist es einerlei, ob ein Körper mit der Geschwindigkeit p beginnt und nach einer Sekunde auf die Geschwindigkeit 2p kommt, oder ob er eine ganze Sekunde mit der mittleren Geschwindigkeit $\frac{3p}{2}$ gleichförmig sich bewegt; der Weg in der zweiten Sekunde ist also $\frac{3p}{2}$ 2c. Die Wege innerhalb der einzelnen Sekunden sind demnach:

$$\frac{p}{2},\quad \frac{3p}{2},\quad \frac{5p}{2},\quad \frac{7p}{2}\ \ldots.$$

Die Wege in den einzelnen Sekunden verhalten sich wie die ungeraden Zahlen.

Was nun die Wege nach 1, 2, 3 ... Sekunden betrifft, so erhält man dieselben durch Addition der Wege in den einzelnen Sekunden; der Weg nach 2 Secunden ist gleich $\frac{p}{2}+\frac{3p}{2}=4\cdot\frac{p}{2}$; der Weg nach 3 Sekunden ist gleich $\frac{p}{2}+\frac{3p}{2}+\frac{5p}{2}$ oder gleich $4\cdot\frac{p}{2}+5\cdot\frac{p}{2}=9\cdot\frac{p}{2}$ ꝛc.

Deshalb sind die Wege nach 1, 2, 3 ... Sekunden:

$$1\cdot\frac{p}{2},\quad 4\cdot\frac{p}{2},\quad 9\cdot\frac{p}{2},\quad 16\cdot\frac{p}{2}\ \text{ꝛc.}\ \ldots$$

oder:

$$1^2\cdot\frac{p}{2},\quad 2^2\cdot\frac{p}{2},\quad 3^2\cdot\frac{p}{2},\quad 4^2\cdot\frac{p}{2}\ \ldots.$$

und allgemein:

$$s=\frac{p}{2}\cdot t^2.$$

§. 32. Bewegungen auf vorgeschriebener Bahn.

§. 32. Bewegungen auf vorgeschriebener Bahn. Bei dem freien Falle und bei dem Falle an der Fallmaschine bewegt sich der Körper in der Richtung, in welcher ihn die Schwerkraft zieht. Es kann aber auch vorkommen, daß ein Körper, weil er auf einer bestimmten Bahn bleiben muß, sich in einer anderen Richtung bewegt, als er von der Kraft gezogen wird.

Fig. 47.

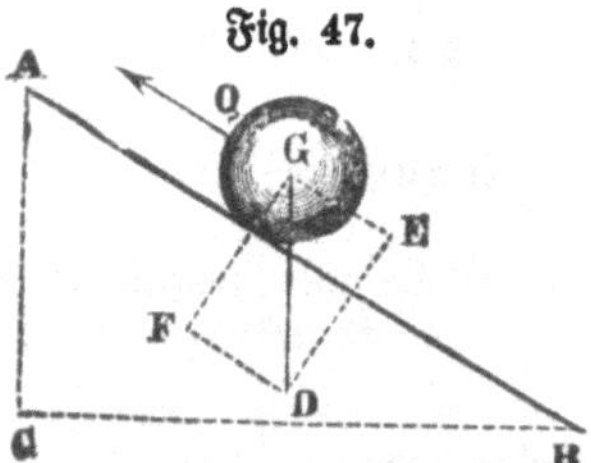

Schiefe Ebene.

1) Legt man z. B. einen Körper auf eine schiefe Ebene, so kann er sich nicht in vertikaler Richtung, sondern in der Richtung der schiefen Ebene bewegen. Bezeichnet G D (Fig. 47) die Größe der Schwerkraft, so ist G E die relative Schwere, d. h. die Kraft, mit welcher der Körper der schiefen Ebene herabrollt (§. 26). Ebenso wie der freie Fall ist auch der Fall über die schiefe Ebene eine gleichförmig beschleunigte Bewegung, nur daß im letzteren Falle die Beschleunigung in dem Maße geringer ist, wie GE kleiner ist als GD, denn die Beschleunigungen verhalten sich, wenn die Kräfte an gleichen Massen (z. B. an demselben Körper) wirken, wie die bewegenden Kräfte. Nun ist aber

$$GE:GD=h:l,$$

wo h die Höhe und l die Länge der schiefen Ebene bezeichnet; folglich muß auch, wenn g_s die Beschleunigung beim Falle über die schiefe Ebene und g die beim freien Falle bedeutet:

$$g_s:g=h:l$$

sein.

Wirft man eine Kugel auf einer schiefen Ebene aufwärts, so nimmt sie eine gleichförmig verzögerte Bewegung an.

2) Wenn eine Kugel gezwungen ist, in einer kreisförmigen Rinne mn (Fig. 48) zu bleiben, und zuerst etwa im Punkte b ist, so befindet sie sich auch auf einer schiefen Ebene, deren Neigungswinkel α ist. Kommt sie nach einiger Zeit an den Punkt c, so befindet sie sich jetzt auf einer schiefen Ebene, deren Neigungswinkel β ist; im tiefsten Punkte endlich liegt sie auf einer Horizontalebene hh; in diesem Momente bringt die Schwerkraft, da sie senkrecht gegen hh wirkt, keine Bewegung, sondern nur einen Druck gegen die Horizontale hervor. Wenn also ein Körper in einer kreisförmigen Rinne zu bleiben gezwungen ist, so bewegt er sich in jedem Augenblicke auf einer anderen schiefen Ebene, die momentan auch in eine horizontale übergehen kann; je steiler die schiefe Ebene in einem gewissen Punkte ist, um so größer ist die dort wirkende Kraft. Die Bewegung kann deshalb auch nicht gleichförmig beschleunigt sein, wenn der Körper von b oder d bis zum tiefsten Punkte, und nicht gleichförmig verzögert, wenn er vom tiefsten Punkte bis b oder d geht.

Fig. 48.

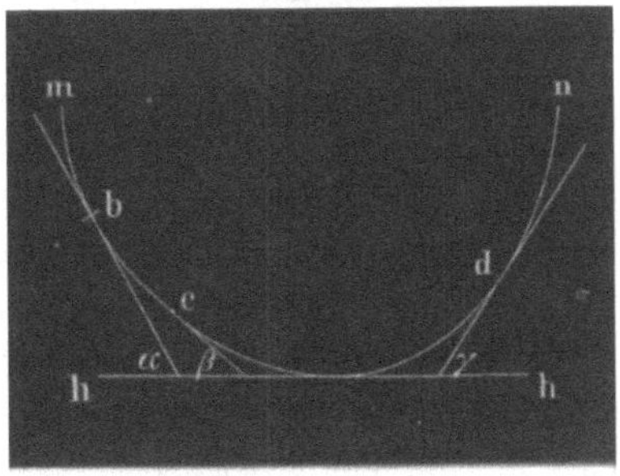

Fall auf vorgeschriebener Bahn.

§. 33. Vom Pendel.

§. 33. Vom Pendel. Eine an einem Faden aufgehängte kleine Kugel wird ein einfaches (mathematisches) Pendel genannt (Fig. 49). Da die Schwerkraft in vertikaler Richtung an der Kugel zieht, so wird das Pendel in Ruhe sein, wenn der Faden vertikal herabhängt. Bringt man das Pendel aus dieser Lage heraus, so strebt es wieder nach derselben zurück; die Kugel nimmt dieselbe Bewegung, wie eine solche an, welche in einer kreisförmigen Rinne zu bleiben gezwungen ist (§. 32). Hat man das Pendel bis O a geschoben, so bewegt es sich mit wachsender Geschwindigkeit nach der Lage O b, geht vermöge der Trägheit über dieselbe hinaus und da auf der anderen Seite die Kugel von der Schwerkraft ebenso stark zurückgezogen, also in ihrer Bewegung verzögert wird, wie sie beim Herabbewegen von a nach b beschleunigt worden ist, so wird ihre Geschwindigkeit verzehrt sein, wenn sie in einem Punkte c angekommen ist, der ebenso weit rechts von b liegt, als a links von b gelegen ist. Von da an geht die Kugel mit wachsender Geschwindigkeit von

Fig. 49.

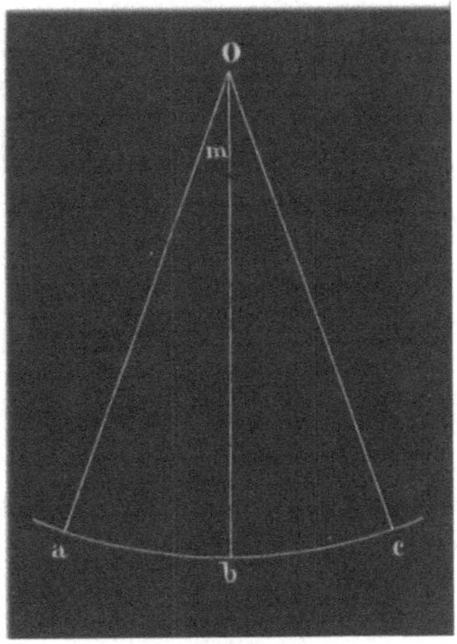

Pendel.

c nach b und vermöge der Trägheit über b hinaus ꝛc. Ein Gang von a bis c wird eine Schwingung und der Winkel aOb Elongationswinkel genannt.

1) Läßt man Pendel von gleicher Länge schwingen, deren Kugeln aber aus verschiedenem Stoffe (Holz, Eisen, Blei ꝛc.) bestehen, so ist die Schwingungszeit bei allen die gleiche.

Die Schwingungszeit eines Pendels ist von dem Stoffe und dem Gewichte des Pendelpunktes unabhängig.

Die Schwerkraft wirkt auf Massenteilchen von verschiedenem Stoffe mit gleicher Stärke, da ja auch alle Körper im luftleeren Raume gleich schnell fallen. — Ist eine Kugel schwerer als eine andere aus gleichem Material, so ist sie in demselben Maße schwerer zu bewegen, es wirken aber in demselben Verhältnisse mehr Schwerkräfte an ihr, weshalb die Geschwindigkeit der Bewegung dieselbe bleibt.

2) Läßt man Pendel von 1, 4, 9 dcm Länge schwingen, so braucht das zweite 2- und das dritte 3mal soviel Zeit zu einer Schwingung als das erste.

Die Pendellängen verhalten sich wie die Quadrate der Schwingungszeiten.

Ungenauer ausgedrückt heißt der Satz:

Kurze Pendel schwingen schneller als lange.

3) **Hängt man ein und dasselbe Pendel an verschiedenen Orten der Erde auf, so schwingt es um so rascher, je näher der Ort an einem der Pole liegt.**

Der Grund dieser Erscheinung ist ein doppelter: einerseits nämlich wird das Gewicht der Körper durch die nach dem Äquator hin zunehmende Schwungkraft, andererseits durch die wegen der Abplattung der Erde an den Polen immermehr zunehmende Entfernung des Pendels von dem Mittelpunkte der Erde in niederen Breiten verringert.

Wenn die Erde sich 17mal schneller drehte, so würde die Schwerkraft am Äquator durch die Schwungkraft vollkommen aufgehoben sein.

4) Wenn ein Pendel in Bewegung gesetzt wird, so macht es zuerst große und dann (wegen der Reibung am Aufhängepunkte und an der Luft) immer kleinere Schwingungen. War am Anfange die Elongation nicht sehr groß, etwa nur 10°, so bleibt die Schwingungsdauer für die größeren und kleineren Schwingungen dieselbe.

Kleine Schwingungen sind von gleicher Zeitdauer.

Die wirklichen Pendel, die sogen. physischen, bestehen nicht aus einem einzigen schweren Punkte, der an einem Faden befestigt ist, sondern aus einem ganzen Körper, welcher um eine Achse drehbar ist. Die verschiedenen materiellen Punkte des Körpers haben verschiedene Entfernungen von der Achse, bilden also Pendel von verschiedener Länge, welche indessen wegen der Kohäsion der Teilchen nicht ihrer Länge entsprechend schwingen können; die kurzen Pendel, welche rasch schwingen wollen, werden durch die langen, welche eine größere Schwingungsdauer haben, aufgehalten und die letzteren durch die ersteren beschleunigt; dadurch bildet sich ein gemeinsamer Schwingungszustand von mittlerer Dauer heraus derart, daß gewisse Teilchen des Körpers, welche eine mittlere Entfernung von der Achse haben, für sich allein gerade so schwingen würden, als mit den anderen zusammen — sie werden von den kurzen Pendeln ebenso stark in ihrer Bewegung beschleunigt, wie von den langen verzögert. Die Entfernung eines solchen Teilchens von der Achse wird die Länge des physischen Pendels genannt; unter der Länge eines physischen Pendels versteht man also die Länge eines mathematischen, welches mit ihm gleiche Schwingungsdauer hat.

Fig. 50.

Treibwerk einer Standuhr.

§. 34. **Anwendungen des Pendels.** Die wichtigste Anwendung findet das Pendel bei den Uhren. Die bewegenden Kräfte (Motoren), welche eine Uhr in Bewegung setzen, sind entweder Gewichte oder Federn. Fig. 50 zeigt eine Welle, um welche ein Seil, an dem ein Gewicht hängt, geschlungen ist. Durch seine Schwere bewegt sich das Gewicht abwärts und dreht die Welle und das an ihr befestigte gezahnte Rad um, welches, in ein weiteres Rad der Uhr eingreifend, die ganze Maschine in Bewegung setzt. An der Welle ist in der Mitte ein Stift befestigt, auf welchen ein Schlüssel gesteckt werden kann; durch Umdrehen desselben kann man das Seil wieder auf die Welle wickeln und das Gewicht heben (Aufziehen der Uhr).

§. 34. Anwendungen des Pendels.

Während bei den größeren Uhren sinkende Gewichte als Motoren benutzt werden, werden bei den kleineren aufgezogene Federn angewandt. Eine solche Feder hat den Übelstand, daß sie am Anfange, wenn sie noch stark gespannt ist, eine größere Kraft entwickelt, als späterhin: sie würde also mit stets abnehmender Stärke auf das Räderwerk der Uhr einwirken, wenn nicht ein Kraft-Regulator mit ihr in Verbindung stände; dieser Regulator — Schnecke genannt — besteht aus einer auf einem Kegel C (Fig. 51) eingeschnittenen Schraube. Beim Aufziehen der Uhr (mittels eines Schlüssels, welcher auf den Zapfen der Schnecke paßt) wickelt sich die mit ihrem einen Ende an der Feder, mit dem anderen an der Schnecke befestigte Kette auf die Gänge der Schraube, während die Feder sich zusammenzieht. Nach dem Aufziehen wickelt sich die Kette durch den Zug der Feder erst von dem obersten Gange ab, indem selbstverständlich die Schnecke umgedreht wird; die Feder zieht also jetzt an dem kürzesten Hebelarme; je mehr sich aber die Kette abwickelt und die Feder, sich abspannend, an Zugkraft verliert, bringt sie an einem längeren Hebelarme wirkend, doch die gleiche Wirkung hervor, wenn nur die Einrichtung so getroffen ist, daß das Produkt aus Kraft und Hebelarm konstant bleibt.

Fig. 51.

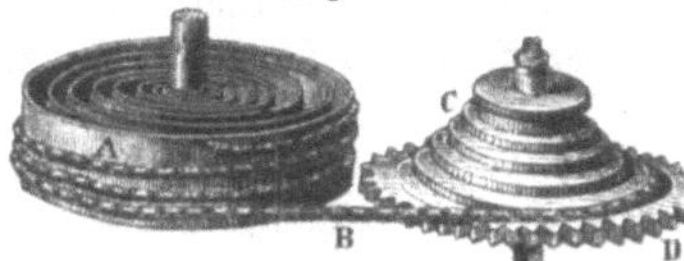

Uhrfeder und Schnecke.

Betrachten wir nun die Einrichtung einer Spindeluhr (Fig. 52). Die Feder A und das Bodenrad C sind hier der Raumersparnis wegen auf derselben Achse gezeichnet, auch die Schnecke oberhalb des Bodenrades fehlt. Das Bodenrad C greift in ein Getriebe D, mit dessen Welle der große Zeiger verbunden ist, und es muß die Bewegung des Räderwerkes so reguliert sein, daß der große Zeiger in einer Stunde einmal umgeht. Der kleine Zeiger aber muß 12mal langsamer gehen; zu dem Ende greift das Getriebe P, welches mit D auf derselben Welle sitzt, in ein Rad Q, welches dreimal soviel Zähne hat, als P und sich deshalb 3mal langsamer umdreht. Auf derselben Welle mit Q sitzt der Trieb R, welcher sich so schnell wie Q umdreht und in ein Rad S eingreift, welches 4mal soviel Zähne wie R hat und sich deshalb 4mal langsamer als R und 12mal langsamer als P umdreht. Das Rad S sitzt mit P nur scheinbar auf derselben Achse; es ist vielmehr an einer Hülse befestigt, welche um die genannte

Fig. 52.

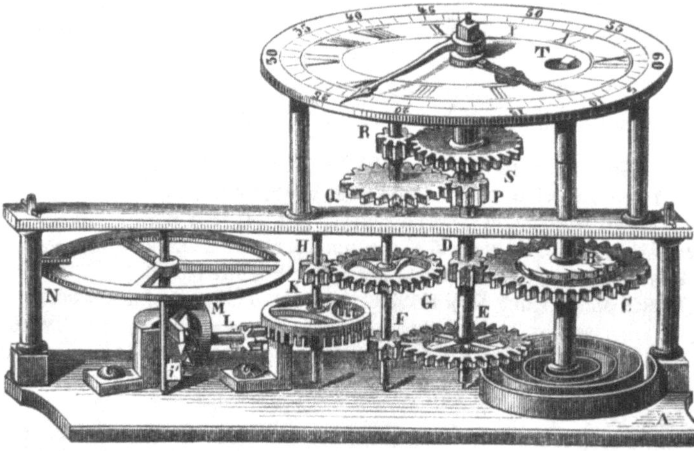

Spindeluhr.

Achse gelegt ist; mit dieser Hülse ist der kleine Zeiger verbunden, der sich mit dem großen um denselben Punkt, aber zwölfmal langsamer umdreht.

Die noch übrigen Räder der Uhr stellen die Verbindung mit dem Pendel als Regulator der Bewegung her. Mit D auf derselben Achse sitzt das Rad E, welches in das Getriebe F, und mit der Welle dieses letzteren ist das Rad G verbunden, welches in den Trieb H eingreift. Mit H auf derselben Achse sitzt das Kronrad K, welches in den Trieb L eingreift; mit diesem sitzt auf derselben Achse ein eigentümlich geformtes Rad, das sogen. Steigrad M. Diesem stehen zwei an einer Achse befestigte Flügel i und i' gegenüber, gegen welche das Steigrad abwechselnd stößt und dadurch das Pendel N, welches als Regulator dient, in Bewegung setzt. Das Pendel N besteht hier aus einem um seinen Mittelpunkt drehbaren Metallring, auf welchem eine Feder, die in Fig. 52 weggelassen ist, welche man aber an Fig. 53 sehen kann, angebracht ist. Erhält einer der Flügel (i oder i') von dem Steigrad M einen Stoß, so bewegt sich das Pendel N, die Unruhe, nach derselben Seite; gleich darauf aber kommt der andere Flügel zwischen die Zähne von M und hemmt dasselbe, ja wirft es sogar ein wenig zurück — zurückspringende Hemmung; — unterdessen hat sich durch die Drehung der Unruhe die auf ihr sitzende Feder zusammengezogen und sucht deshalb die Unruhe und die Flügel zurückzutreiben, so daß der erste Flügel wieder zwischen die Zähne von N kommt und das Spiel von neuem beginnt.

Fig. 53.

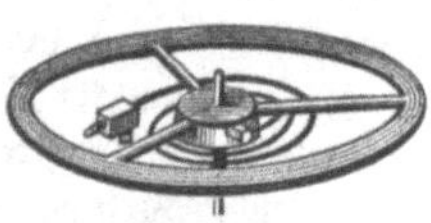

Unruhe.

Von der Stärke der Spannung der Feder, welche auf der Achse der Unruhe sitzt, hängt die Schnelligkeit der Schwingung der Unruhe und somit der Gang der Uhr ab, denn die Unruhe (mit den Flügeln) **hemmt** das Steigrad so, daß es nicht schneller gehen kann, als es das Pendel erlaubt. Geht die Uhr zu schnell, so muß die Feder verlängert, im anderen Falle verkürzt werden.

Fig. 54.

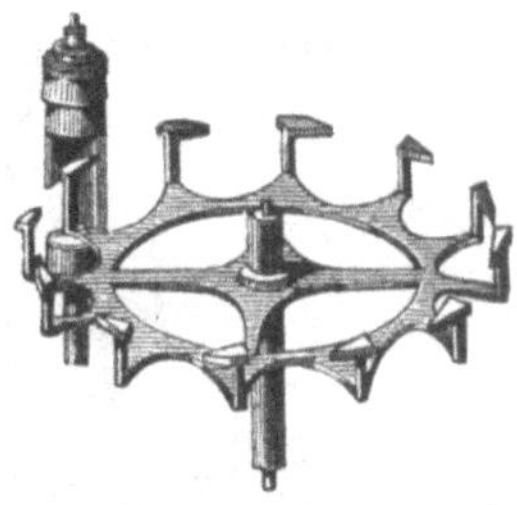

Steigrad und Cylinder.

Eine andere Art von Hemmung, wie sie in den Taschenuhren viel angewandt wird, ist die Cylinderhemmung; das Steigrad (Fig. 54) mit seinen eigentümlich geformten Zähnen greift hier in einen hohlen halb ausgeschnittenen Cylinder ein, auf dessen Achse oben wieder eine Unruhe, die aber in der Zeichnung weggelassen ist, sitzt. Indem ein Zahn des Steigrads in das Innere des Cylinders tritt, dreht es denselben und giebt ihm beim Verlassen einen kleinen Anstoß; alsbald aber legt sich der folgende Zahn des Steigrads an den Rücken des Cylinders, so daß das Steigrad gehemmt wird. Die zusammengezogene Feder dreht aber alsbald den Cylinder nach der entgegengesetzten Seite, so daß der bisher festgehaltene Zahn in das Innere des Cylinders eintreten und das Steigrad sich weiter bewegen kann.

Fig. 55.

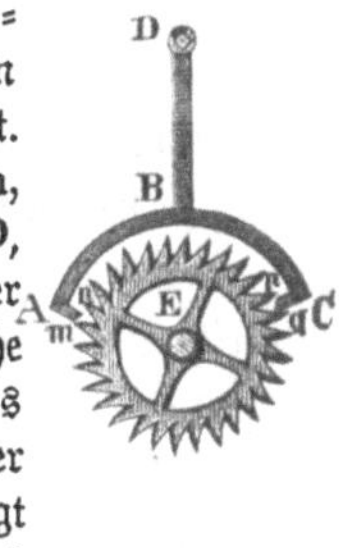

Anker.

Fig. 56.

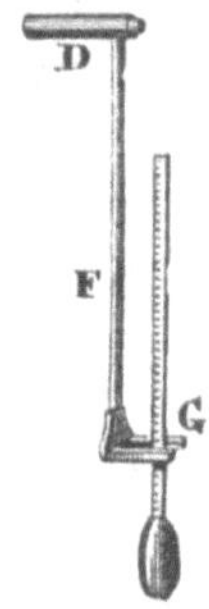

Pendel.

Eine dritte Art von Hemmung ist die **Ankerhemmung**, welche vornehmlich bei Standuhren, aber auch in etwas anderer Form bei Taschenuhren (Ankeruhren) vorkommt. Das Steigrad E (Fig. 55) hat eine Anzahl größerer Zähne (n, p), in welche die zwei Zacken A m und q C des Ankers A B C D, welcher um die Achse D oscilliert, abwechselnd eingreifen. An der Achse D ist zugleich eine Stange F (Fig. 56) befestigt, welche ein Pendel bei G faßt und in Bewegung setzt. Wenn das Pendel und der Anker sich nach rechts bewegen, so greift der Zacken A m in das Steigrad ein und hemmt dasselbe; schwingt das Pendel zurück (nach links), so verläßt der Zacken A m das Steigrad, welches sich um einen Zahn weiter dreht, sofort aber von dem Zacken q C ergriffen und wieder gehemmt wird; es muß sich also die Bewegung der Uhr nach dem Pendel richten. Man bewirkt einen rascheren Gang der Uhr, indem man das Pendel kürzer macht, d. h. die Pendellinse an der Stange in die Höhe schiebt; soll aber die Uhr langsamer gehen, so muß man das Pendel verlängern, d. h. die Linse an der Pendelstange herabschieben.

Das Rost- oder Compensationspendel wird später erklärt werden.

In der Wissenschaft hat das Pendel besonders dazu gedient, um die Beschleunigung der Schwere an den verschiedenen Orten der Erde, sowie um die Dichtigkeit der Erde zu bestimmen.

§. 35. Zusammengesetzte Bewegungen; der Wurf. 1) Wenn man in gleichförmiger Bewegung quer über ein Schiff geht, während dasselbe gleichförmig stromabwärts fährt, so hat man zwei (gleichförmige) Bewegungen zu gleicher Zeit; während man z. B. in 6 Sekunden von A bis E (Fig. 57) geht, fährt das Schiff so weit stromabwärts, daß die Linie AE nach DG sich verlegt, wo DG ∥ AE. Die von A bis E in 6 Sekunden über das Schiff hingehende Person kommt also an einem Punkte G auf der Wasserfläche an, den sie auch erreicht §. 35. Zusammengesetzte Bewegungen; der Wurf.

haben würde, wenn sie die Diagonale des Parallelogramms AEGD in 6 Sekunden auf dem ruhenden Schiff in gleichförmiger Bewegung durchschritten hätte.

Fig. 57.

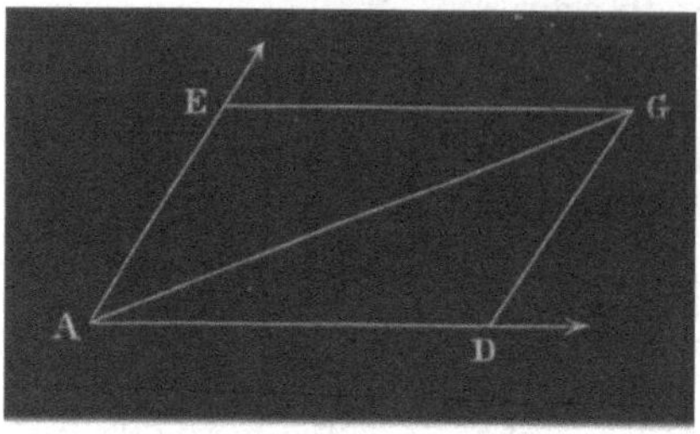

Zusammensetzung von Bewegungen.

Auch wenn eine Person mit gleichförmig beschleunigter Geschwindigkeit von A bis E ginge, während das Schiff gleichförmig beschleunigt von A bis D führe, so würde sie an einem Punkte G der Wasseroberfläche ankommen, den sie auch erreichte, wenn sie gleichförmig beschleunigt die Diagonale A G des Parallelogramms AEGD in derselben Zeit auf dem ruhenden Schiffe durchschritte.

Derartige zusammengesetzte Bewegungen kommen sehr häufig vor: ein Mensch, welcher über die Erde hingeht, hat mehrere Bewegungen zugleich; er schreitet selbst auf der Erde fort, während die Erde ihrerseits im Raume fortschreitet und außerdem sich um ihre Achse dreht. Beachtet man bei der Bewegung über ein fahrendes Schiff nicht die des Schiffes selbst, oder bei der Bewegung über die Erdoberfläche nicht deren Bewegung im Raume, so hat man nur die eigene Bewegung in Betracht zu ziehen und es ist so gut als ob die Bewegungen des Schiffes und der Erde nicht vorhanden wären.

2) Wenn ein Körper gleichzeitig eine gleichförmige und eine gleichförmig beschleunigte Bewegung besitzt, so beschreibt er eine krummlinige Bahn; Beispiele hierzu bieten ein in beliebiger Richtung geworfener Stein, das aus einer Brunnenröhre ausfließende Wasser, abgeschossene Flinten und Kanonenkugeln 2c. Wird z. B. ein Stein in der Richtung AB (Fig. 58) geworfen, so würde er, wenn die Schwerkraft nicht wäre, eine gleichförmige Bewegung in der Richtung AB annehmen und in jeder Sekunde um ein gleiches Stück, AD, DE, EB... fortschreiten. Durch die Anziehungskraft der Erde aber wird er nach einer Sekunde um ein gewisses Stück $DK = \frac{1}{2}g$, nach zwei Sekunden um $EL = 4 \cdot \frac{1}{2}g$ und nach drei Sekunden um $BN = 9 \cdot \frac{1}{2}g$... vertikal abwärts gezogen; er beschreibt dabei eine krumme Linie — Parabel —, welche durch die Punkte A, K, L, N geht. Auch nach

Fig. 58.

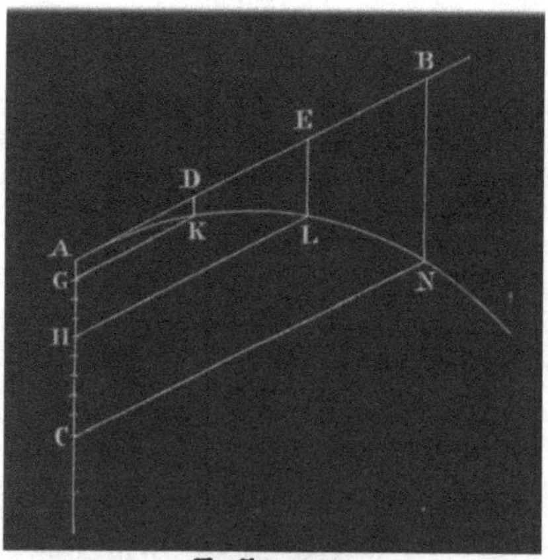

Wurfbewegung.

dem Satz von dem Parallelogramm der Kräfte kann man die Bahn konstruieren; der Körper würde, wenn die Schwerkraft nicht an ihm zöge, nach 1, 2, 3 ... Sekunden in D, E, B ... sein, wo AD = DE = EB, während er in derselben Zeit bezüglich in G, H, C ... sein würde, wo AH = 4 AG und AC = 9 AG, wenn er lediglich der Schwerkraft folgte. Bildet man nun die Parallelogramme bezüglich aus AD und AG, aus AE und AH, und aus AB und AC, so muß sich der Körper nach 1, 2, 3 ... Sekunden an den Endpunkten K, L, N der Diagonale dieser Parallelogramme befinden.

§. 36. Centralbewegung; Schwungkraft. Wenn ein Körper beständig von einem festen Punkte angezogen wird und gleichzeitig eine gleichförmige Bewegung hat, welche nicht nach dem festen Punkt hin gerichtet ist, so beschreibt er eine krumme Bahn rund um den anziehenden Punkt, welcher Centralpunkt genannt wird, während man die krummlinige Bewegung selbst Centralbewegung heißt. §. 36. Centralbewegung; Schwungkraft.

Hat ein Körper eine geradlinige gleichförmige Bewegung und wirkt gleichzeitig eine Kraft an ihm, deren Angriffspunkt nicht in der Richtung dieser gleichförmigen Bewegung liegt, so wird der Körper ständig von der Richtung, in welcher er sich in jedem Augenblicke bewegen will, abgelenkt und muß deshalb eine krumme Bahn beschreiben. Derartige Bewegungen kommen in der Natur in sehr großartigem Maßstabe vor, es sind dies die elliptischen Bewegungen der Planeten. Schon Kepler hatte aus langjährigen (eignen und fremden) Beobachtungen ermittelt, daß die Planeten Ellipsen beschreiben, in deren einem Brennpunkte die Sonne steht. Später hat Newton die Erklärung dazu gegeben, indem er die Hypothese aufstellte, daß die Planeten von Anfang an eine Bewegung auf einer bestimmten Richtung gehabt hätten, gleichzeitig aber von der Sonne ständig angezogen würden. Würde die Sonne plötzlich zu ziehen aufhören, so würden die Planeten geradlinig in der Richtung weitergehen, welche sie in diesem Augenblicke besitzen. Wird eine schwere, an einem Faden befindliche Kugel im Kreise herumgeschwungen, so würde sie, wenn man den Faden durchschnitte, in der Berührenden an ihre bisherige kreisförmige Bahn in dem Punkte, in welchem sie sich augenblicklich befindet, vermöge der Trägheit weitergehen. Die Kugel hat also die Neigung, sich von dem Anfangspunkte des Fadens zu entfernen; der Faden wird angespannt, die Molekularkräfte werden rege gemacht und widerstehen, wenn der Faden fest genug ist, der weiteren Ausdehnung, so daß der Punkt gezwungen ist, im Kreise herumzugehen. Die Molekularkräfte, welche in dem angespannten Faden zur Wirkung kommen, ersetzen die Centralkraft (Centripetalkraft) bei der Planetenbewegung. Fälschlicherweise spricht man auch oft von einer Centrifugalkraft, während doch der Körper lediglich vermöge der Trägheit, indem er in der Richtung weitergehen will, welche er gerade besitzt, von dem Centralpunkte sich zu entfernen strebt.

Je größer die Geschwindigkeit eines sich im Kreise drehenden Körpers ist, um so größer ist die „Centrifugalkraft".

Auf der sogenannten Centrifugalkraft beruhen eine Reihe interessanter Erscheinungen. Die Erde dreht sich bekanntlich um eine Achse, welche durch den Nord- und Südpol geht. Diejenigen Punkte, welche am weitesten von der Achse entfernt sind, bewegen sich am rascheſten und haben die größte Centrifugalkraft; es mußten sich deshalb auch zur Zeit, als die Erde noch in weichem Zustande sich befand, die Punkte um so mehr von der Achse entfernen, welche dem Äquator am nächsten lagen; auf diese Art erklärt man die Abplattung der Erde an den Polen. Fig. 59 zeigt eine Schwungmaschine, welche aus einem größeren Rad nebst Kurbel, das durch ein Seil ohne Ende mit einem kleineren und deshalb sich rascher umdrehenden Rade verbunden ist, besteht. Durch eine auf der Achse des kleineren Rades befestigte vertikale Stange sind zwei biegsame Messerringe gesteckt; dreht man um, so platten sich die Ringe ab.

Fig. 59.

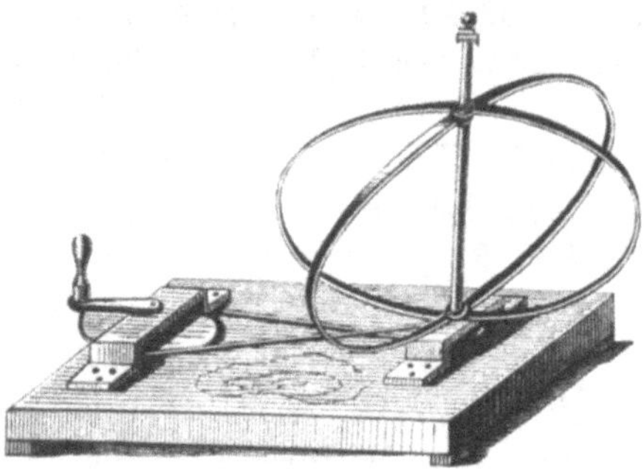

Abplattung der Erde.

Die Centrifugalkraft findet Anwendung bei dem Centrifugalgebläse, der Centrifugaltrockenmaschine in Waschanstalten, dem Centrifugalregulator der Dampfmaschine rc.

§. 37. Kraft und Masse. **§. 37. Kraft und Masse.** Die Beschleunigung, welche ein Körper erlangt, wenn eine Kraft an ihm wirkt, hängt einerseits von der Größe dieser Kraft, andererseits von der Größe der Masse des Körpers, d. h. von dem Widerstande ab, welchen er der Änderung seines Bewegungszustandes entgegensetzt.

Wenn an einer und derselben Masse nach der Reihe verschiedene Kräfte wirken, so verhalten sich dieselben wie die Beschleunigungen, welche sie in dieser Masse hervorbringen, oder wie die Geschwindigkeiten, welche sie derselben *in gleichen Zeiten* erteilen.

Wenn ein und dieselbe Kraft nach der Reihe an verschiedenen Massen wirkt, so verhalten sich die Massen wie die in ihnen hervorgebrachten Beschleunigungen.

Weil die Größe einer Kraft zugleich nach der Größe der Masse, auf welche sie wirkt, *und* der Beschleunigung, welche sie in derselben hervorbringt, bemessen wird, so kann eine Kraft durch das Produkt aus Masse und Beschleunigung ausgedrückt werden.

Bezeichnet P eine Kraft, M die Masse, an welcher sie wirkt und G die Beschleunigung, welche sie in derselben hervorbringt, so ist:

$$P = M \cdot G.$$

In dem besonderen Falle, wo P die Schwerkraft, resp. das Gewicht Q eines Körpers bedeutet und die Beschleunigung g ist, so hat man zu setzen:

$$Q = M \cdot g.$$

Hieraus folgt:

$$M = \frac{Q}{g};$$

d. h. die Masse eines Körpers wird gefunden, wenn man das Gewicht derselben durch die Erdbeschleunigung (9·81) dividiert.

An den verschiedenen Orten der Erde ist das Gewicht Q eines und desselben Körpers verschieden, in demselben Maße ändert sich aber auch die Beschleunigung g, so daß der Quotient aus Q und g, d. h. die Masse M stets denselben Werth behält, wie es ja auch sein muß.

§. 38. Die Arbeit einer Kraft. Der Begriff „Arbeit" ist dem gewöhnlichen Leben entnommen: Wenn man vermittels einer festen Rolle eine Last in die Höhe zieht, einen Sack Getreide auf einen Speicher trägt, mit einem Bohrer ein Loch in Holz bohrt, einen Stein auf der Erde fortzieht u. s. w., so verrichtet man eine Arbeit, welche der Größe des zu überwältigenden Widerstandes und der Länge des Weges, auf welchem hin der Widerstand überwunden wird, proportional ist. Wenn von zwei Personen die eine 40 kg 3 m, die andere 15 kg 4 m hoch hebt, so verhalten sich die Arbeiten, welche die zwei Personen geleistet haben, wie 40 · 3 : 15 · 4 oder wie 120 : 60, d. h. die erste hat doppelt so viel gearbeitet, als die andere. §. 38. Die Arbeit einer Kraft.

Allgemein: Die Arbeit einer Kraft ist gleich dem Produkt aus Kraft und Weg.

Da in den meisten Fällen die angewandte Kraft gleich dem Widerstande ist, welcher überwunden werden soll, so kann man auch sagen: Die Arbeit einer Kraft ist gleich dem Produkte aus Widerstand und Weg.

Bezeichnet man mit W den Widerstand, mit S den Weg und mit A die Arbeit einer Kraft, so ist:

$$A = W \cdot S.$$

Als Maß oder Einheit der Arbeit hat man das Meterkilogramm gewählt, d. h. die Arbeit ein Kilogramm einen Meter hoch zu heben.

Dabei ist es gleichgültig, in welcher Zeit die Arbeit geleistet worden ist; ob man 1000 Kilogramm Getreide in kleinen Partieen auf einen 10 Meter hohen Speicher trägt, oder per Rolle aufzieht, oder mittels einer größeren Maschine auf einmal auf die Höhe des Speichers hebt, ändert an der Größe der geleisteten Arbeit nichts; es sind in jedem Falle 10 000 Meterkilogramm Arbeit geleistet worden.

Soll aber die Größe einer Kraft nach der von ihr geleisteten Arbeit bemessen werden, so kommt die Zeit wesentlich in Betracht. Diejenige Kraft ist die größte, welche dieselbe Arbeit in der kürzesten Zeit leistet.

Als Einheit der Kraft, gemessen durch die in einer Sekunde geleistete Arbeit, hat man die **Pferdekraft** angenommen, eine Kraft, welche 75 Meterkilogramm Arbeit in einer Sekunde verrichten kann.

§. 39. Arbeitsfähigkeit.

§. 39. Arbeitsfähigkeit (Energie, lebendige Kraft). 1) Eine abgeschossene Kugel ist im Stande ein Brett zu durchbohren, oder bis zu einer gewissen Tiefe in eine Mauer einzudringen; eine auf der Erde rollende Kugel kann auf eine gewisse Erstreckung hin die Reibung am Boden überwinden: Jeder in Bewegung befindliche Körper ist im Stande Arbeit zu verrichten, er besitzt **Arbeitsfähigkeit** der Bewegung (kinetische Energie, lebendige Kraft).

Aus dem Grundsatz, daß nichts in der Natur verloren gehen kann, folgt unmittelbar, daß ein Körper vermöge der Geschwindigkeit, welche er besitzt, soviel Arbeit leisten kann, als auf ihn verwandt werden muß, um ihn auf die Geschwindigkeit zu bringen. In der abgeschossenen Kugel ist die Arbeit, welche das Pulver an ihr verrichtet hat, ganz und voll enthalten; wenn die Kugel gegen eine Mauer stößt, so ist die Arbeit, welche sie beim Eindringen durch Überwindung der Festigkeit des Materials leistet, bis sie zur Ruhe gekommen, ebensogroß, wie die Arbeit, welche das Pulver verrichtet hat, um die Kugel auf die Geschwindigkeit zu bringen, mit welcher sie den Lauf verließ.

Das Schwungrad einer Dampfmaschine ist ein Kraftreservoir; es besitzt, wenn die Maschine in Bewegung ist, eine bedeutende lebendige Kraft und ist im Stande die Maschine fortzureißen, wenn sie langsamer, und sie aufzuhalten, wenn sie schneller gehen will, weswegen man denn auch die Schwungräder als Regulatoren der Bewegung benutzt.

Angenommen, eine Kugel von 6 kg Gewicht rolle mit einer Geschwindigkeit von 5 m über eine horizontale Fläche, welche einen Reibungswiderstand von $^1/_{50}$ des Gewichts der Kugel darbietet, d. h. der Kugel entgegenwirkt, wie der fünfzigste Teil der Schwerkraft, so läßt sich leicht berechnen, wie weit die Kugel rollt, bis ihre Geschwindigkeit verzehrt ist.

Denkt man sich, die ganze Schwerkraft wirke an der Kugel (welche man sich vertikal aufsteigend vorstellt), so wird ihre Geschwindigkeit verzehrt sein, wenn sie auf eine Höhe

$$h = \frac{v^2}{2g}$$

gestiegen ist.

Wenn aber nur der fünfzigste Teil der Schwerkraft (die Reibung) an ihr wirkt, so kann sie einen fünfzigmal längeren Weg zurücklegen, bis sie zur Ruhe kommt; sie wird also auf der horizontalen Fläche den Weg

$$s = \frac{50v^2}{2g}$$

zurücklegen.

In dem gegebenen Beispiele wird

$$s = \frac{50 \cdot 5^2}{2 \cdot 10} = 62^1/_2 \text{ m}.$$

2) Die aufgezogene Feder in einer Taschenuhr ist imstande, das Uhrwerk auf längere Zeit zu treiben; ebenso das in die Höhe gezogene Gewicht einer Standuhr; die gespannte Feder und das gehobene Gewicht besitzen also auch eine Art von Arbeitsfähigkeit; man nennt sie Arbeitsfähigkeit der Lage (potentielle Energie): Ein Stein, welcher 5 m über die Erdoberfläche gehoben worden ist, kann, wenn man ihn wieder herabfallen läßt, soviel Arbeit verrichten, als auf ihn hat verwandt werden müssen, um ihn 5 m hoch zu heben; ebenso ist eine gespannte Feder im Stande, wenn man sie sich abspannen läßt, soviel Arbeit zu leisten, als zu ihrem „Aufziehen" nötig war.

Eine aufgezogene aber stillgestellte Uhr kann Jahre lang in Ruhe verharren; nichtsdestoweniger ist die Arbeit des Aufziehens nicht verloren; man kann „möglicherweise" (potentiell) jeden Augenblick, wenn man die Uhr in Gang kommen läßt, die Feder oder den Gewichtstein veranlassen, die an ihm vordem verrichtete Arbeit wieder auszugeben; infolge der „Lage" der Teilchen der Feder gegen einander und des Gewichtsteins über der Oberfläche der Erde sind die beiden Körper jederzeit zur Arbeit gerüstet.

§. 40. Vom Stoße. Wenn ein Körper gegen einen anderen stößt, so werden beide Körper an der Stelle, wo sie einander treffen, eingebogen; selbstverständlich wirkt hierbei der gestoßene Körper mit derselben Kraft auf den stoßenden zurück, mit welcher dieser auf jenen eingewirkt hätte. Nicht minder begreiflich ist, daß die Körper solang aufeinander wirken müssen, bis sie gleiche Geschwindigkeit besitzen und nunmehr hintereinander herlaufen, ohne weiter aufeinander einzuwirken. Damit ist aber der Vorgang meist noch nicht beendet; was weiter geschieht, hängt wesentlich davon ab, ob die Körper elastisch oder unelastisch sind. Im ersten Falle nämlich haben beide Körper das Bestreben, ihre frühere Gestalt wieder anzunehmen; sie biegen sich aus und stoßen dabei zum zweiten Mal gegen einander; im zweiten Falle dagegen bleiben die Einbiegungen erhalten und die Körper laufen mit gleicher Geschwindigkeit dicht hintereinander her. §. 40. Vom Stoße.

Es giebt aber nur sehr wenige Körper, denen man annähernd vollkommene Elasticität zuschreiben könnte (Luft, Elfenbein); die meisten Körper sind unvollkommen elastisch, d. h. sie biegen sich nicht mehr mit der vollen Kraft wieder aus, mit welcher sie eingebogen worden sind.

Wir wollen hier nur einige besonders wichtige Fälle des Stoßes näher betrachten.

1) Stößt eine unelastische Kugel (z. B. von Lehm) gegen eine unelastische feste Wand, so biegen sich beide ein, ohne sich wieder auszubiegen und die Kugel bleibt dicht vor der Wand liegen.

Stößt aber eine vollkommen elastische Kugel senkrecht gegen eine feste elastische Wand, so biegen sich beide ein, aber auch ebenso stark wieder aus; die Kugel erhält dadurch von der Wand einen Rückstoß, welcher dem Stoße der Kugel gegen die Wand gleich und entgegengesetzt gerichtet ist, weshalb die Kugel mit derselben Geschwindigkeit und in derselben geraden Linie zurückfliegt, in welcher sie sich gegen die Wand bewegt hat.

2) Stößt eine unelastische Kugel in der schiefen Richtung a b (Fig. 60) gegen eine unelastische feste Wand, so läuft sie nach dem Stoße mit verminderter Geschwindigkeit neben der Wand her. Sei nämlich b c die Geschwindigkeit der Kugel, so daß sie, wenn die Wand nicht vorhanden wäre, in einer Sekunde den Weg b c zurücklegen würde, so kann man ihre Geschwindigkeit b c in zwei Geschwindigkeiten b d und b e zerlegen, von denen die eine senkrecht gegen die Wand und die andere parallel zu derselben gerichtet ist; die erstere geht nach dem Vorigen verloren, mit der anderen (b e) aber läuft die Kugel längs der Wand hin.

Fig. 60.

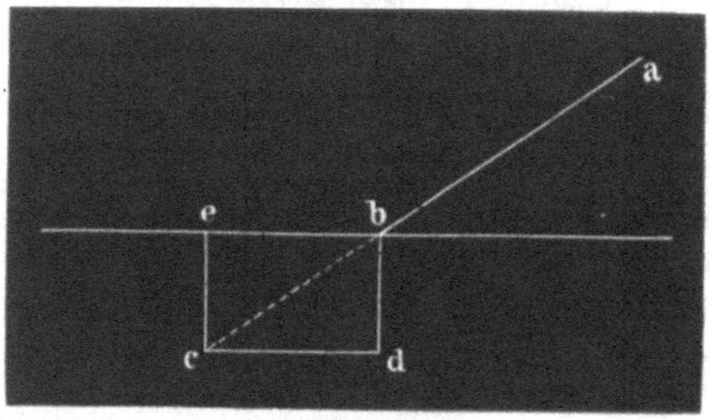

Unelastischer Stoß.

Sind aber Kugel und Wand vollkommen elastisch, und zerlegt man wieder die Geschwindigkeit b c (Fig. 61) der Kugel in zwei Geschwindigkeiten b d und b e, so kehrt sich die erstere in die gleiche und entgegengesetzte b d′ um, welche mit der anderen b e kombiniert eine Geschwindigkeit b c′ ergiebt, welche der b c gleich ist und deren Richtung mit der Wand oder dem Lot b d′ denselben Winkel bildet, wie die ursprüngliche Richtung a b der Kugel. Es läßt sich dies leicht aus der Kongruenz der Dreiecke b c d und b c′ d′ folgern; nennt man die Senkrechte b d′ auf die feste Wand das Einfallslot, den Winkel a b d′ den Einfallswinkel und d′ b c′ den Reflexionswinkel, so läßt sich das gefundene Resultat folgendermaßen ausdrücken:

Fig. 61.

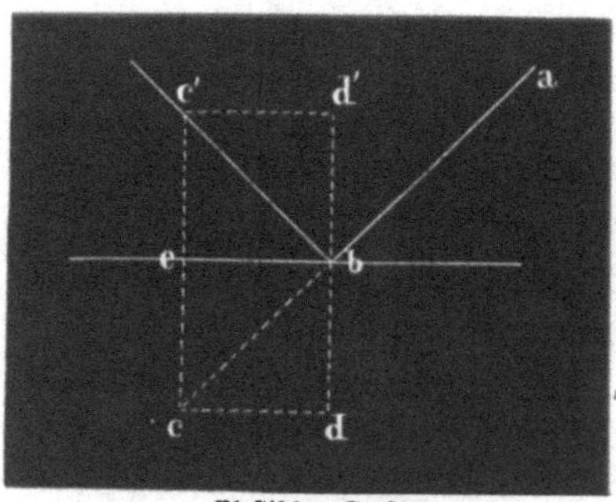

Elastischer Stoß.

Eine elastische Kugel wird von einer elastischen Wand derart zurückgeworfen, daß der Reflexionswinkel gleich dem Einfallswinkel ist.

3) Stößt eine vollkommen elastische Kugel gegen eine andere ruhende von gleicher Masse, so bleibt die erstere stehen, während die letztere in der Richtung

und mit der Geschwindigkeit fortläuft, welche die erstere vor dem Stoße besessen. Bei dem ersten Anprall der bewegten Kugel gegen die ruhende gibt jene die Hälfte ihrer Geschwindigkeit an diese ab, während gleichzeitig beide Kugeln sich bis zu einem gewissen Grade einbiegen; sofort aber biegen sich beide Kugeln wieder aus; durch den Rückstoß der ursprünglich ruhenden gegen die bewegte kommt diese völlig zur Ruhe, während jene durch die Ausbiegung der ersteren noch einmal soviel an Geschwindigkeit gewinnt, als sie bereits gewonnen hatte.

Hängen mehrere gleiche Kugeln an Fäden dicht aneinander (Perkussions- oder Stoßmaschine) und hebt man die am einen Ende befindliche Kugel in die Höhe und läßt sie herabfallen, so bleiben alle Kugeln bis auf die letzte, welche ebenso so hoch in die Höhe springt, wie die erste gehoben worden, in Ruhe; fällt die letzte Kugel wieder herab, so springt alsbald die erste in die Höhe ꝛc.

4) Stößt eine größere (vollkommen elastische) Kugel gegen eine kleinere ruhende, so geht erstere mit verminderter Geschwindigkeit in ihrer ursprünglichen Richtung weiter, während die anfänglich ruhende sich ebenfalls in dieser Richtung fortbewegt. — Ist umgekehrt die stoßende Kugel die kleinere, so prallt sie zurück, während die ruhende sich in der Richtung des Stoßes in Bewegung setzt.

5) Sind beide Kugeln in Bewegung, so hängt es von der Richtung und der Größe der Geschwindigkeiten, sowie von den Massen der beiden Kugeln ab, wie sie sich nach dem Stoße bewegen werden und läßt sich dies durch Berechnung in jedem einzelnen Falle feststellen.

6) Da bei nicht vollkommen elastischen Körpern Einbiegungen stattfinden, ohne daß die ursprüngliche Form sich vollständig wiederherstellt, so kann die Summe der Arbeitsfähigkeit nicht mehr so groß sein, als vor demselben; es ist eben ein Teil der Arbeitsfähigkeit zur Änderung der Form, zu Erschütterungen, welche Wärmeerscheinungen hervorrufen u. s. w., verbraucht worden. Bei vollkommen elastischen Körpern dagegen stellt sich die ursprüngliche Form wieder her, wobei die anfänglich verbrauchte Arbeit wieder zurückgegeben wird; daher ist denn auch die Summe der Arbeitsfähigkeiten der einander stoßenden Körper vor und nach dem Stoße dieselbe.

§. 41. Reibung. Alle Körper, mit Ausnahme vielleicht der Himmels- §. 41. Reibung.
körper, sind bei ihrer Bewegung in Berührung mit anderen Körpern, welche ihre Bewegung hemmen, an denen sie sich r e i b e n; sie geben einen Teil ihrer lebendigen Kraft an diese ab, so daß sie selbst an Geschwindigkeit verlieren und schließlich gar zur Ruhe kommen. Ein Stein, welcher nach der Erde fällt, reibt sich an der Luft, eine Kugel, welche auf dem Boden läuft, erfährt durch die Unebenheiten desselben um so mehr Widerstand und verliert um so mehr an Geschwindigkeit, je weniger glatt der Boden ist. Ist der Boden glatt, so adhäriert der sich bewegende Körper an demselben und erfährt auf diese Art eine Hemmung seiner Bewegung.

Wenn die Reibung nicht wäre, so würde jeder in Bewegung befindliche Körper, an dem keine Kraft mehr wirkt, mit der Geschwindigkeit, welche er besitzt, gleichförmig fortlaufen, dagegen sich gleichförmig beschleunigt bewegen, wenn eine konstante Kraft an ihm wirkte. Da aber jeder Bewegung (mit Ausnahme etwa der Himmelskörper) Hindernisse entgegenstehen, so kommt ein Körper, an dem keine Kraft mehr wirkt, nach einiger Zeit zur Ruhe, während ein solcher, an dem eine Kraft wirkt, derart gehemmt werden kann, daß seine Bewegung gleichförmig, statt gleichförmig beschleunigt wird — ein aus großer Höhe fallender Stein wird von der Luft um so mehr gehemmt, je größer seine Geschwindigkeit wird, und so kann es kommen, daß der Luftwiderstand schließlich der Schwerkraft das Gleichgewicht hält und eine weitere Beschleunigung verhindert. Überhaupt kann die Reibung als eine Kraft angesehen werden, welche der Bewegung direkt entgegenwirkt. Es kann also auch keine Maschine geben, welche einmal in Gang gesetzt, immer in derselben Weise, ohne weitere Anwendung einer Kraft in Bewegung bliebe — Unmöglichkeit des sogen. „Perpetuum mobile". — Wenn ein Pferd einen Wagen auf horizontaler Bahn in gleichförmiger Bewegung zieht, so ist die Reibung der Zugkraft des Pferdes genau gleich und entgegengesetzt; das Pferd zieht eigentlich den Wagen nicht, sondern überwindet lediglich die der Bewegung entgegenwirkende Reibung. — Jede Maschine wird in ihrer Bewegung durch die Reibung der einzelnen Maschinenteile aneinander bedeutend gehemmt und kann deshalb die wirkende Kraft (fließendes Wasser, Dampfkraft) nicht denjenigen Effekt erreichen, welcher ohne Reibung erzielt werden würde. Man nennt die Arbeit, welche die Maschine erreichen könnte, wenn keine Reibung vorhanden wäre, Totaleffekt, und diejenige, welche wirklich verrichtet wird, Nutzeffekt; der Unterschied zwischen beiden ist gleich der Arbeit, welche durch die Reibung verzehrt wird. Eine Maschine ist um so besser, je geringer der Unterschied zwischen dem Totaleffekt und dem Nutzeffekt ist.

§. 42. Gesetze der Reibung.

§. 42. Gesetze der Reibung. 1) Die Reibung zweier Körper aneinander ist um so größer, je größer die reibenden Flächen sind, d. h. in je mehr Punkten die beiden Körper einander berühren.

2) Die Reibung ist um so größer, je größer der Druck ist, den die Körper aufeinander ausüben. Liegt eine Kugel von etwa 10 **kg** auf horizontalem Boden und muß man an derselben mit 2 **kg** (in horizontaler Richtung) ziehen, damit sie sich eben in Bewegung setzt, so sagt man, die Reibung betrage 2 **kg**. Legt man auf dieselbe Fläche eine Kugel von 20, 30, 40 ... **kg**, so beträgt die Reibung 2·2, 3·2, 4·2 ... **kg**, die Reibung ist also dem Drucke, den die Kugel auf die Unterlage ausübt, proportional. In unserem Falle beträgt die Reibung $^1/_5$ des Druckes. Nun versteht man unter Reibungskoefficient die Zahl, welche angiebt, den wievielsten Teil von dem Drucke die Reibung ausmacht. In dem vorhin angeführten Beispiele ist der Reibungskoefficient $^1/_5$.

Bei guten Landstraßen ist der Reibungskoefficient durchschnittlich $^1/_{30}$ und bei Eisenbahnen $^1/_{150}$.

Bezeichnet Q den Druck, welchen zwei übereinander sich bewegende Körper aufeinander ausüben, R die Reibung und f den Reibungskoefficienten, so ist:

$$f = \frac{R}{Q}.$$

3) Es hält schwerer, einen Körper in Bewegung zu setzen, als ihn in der Bewegung zu erhalten; in der Ruhe hat ein Körper Zeit sich in die Unebenheiten der Bahn zu versenken, weshalb die Reibung größer ist, als wenn er sich bereits in Bewegung befindet: die Reibung von der Ruhe aus ist größer als in der Bewegung.

Wenn die Geschwindigkeit eines sich bewegenden Körpers weder zu klein, noch zu groß ist, so hat die (größere oder geringere) Geschwindigkeit auf die Reibung keinen Einfluß; bei größerer Geschwindigkeit kommen allerdings mehr Punkte in derselben Zeit mit einander in Berührung, dafür haben aber die Unebenheiten nicht soviel Zeit sich in einander zu versenken.

Ein und derselbe Körper erfährt dieselbe Reibung, auf welche seiner Flächen man ihn legen mag. Liegt ein Quaderstein auf seiner breiten Fläche, so sind viele Berührungspunkte vorhanden, aber der Druck auf jeden Punkt ist gering, weil die Höhe des Steines nicht groß ist; legt man ihn auf eine seiner schmalen Flächen, so hat man wenige Berührungspunkte, aber wegen der größeren Höhe einen stärkeren Druck auf jeden Punkt. Dagegen wird die Sache anders, wenn man einen Körper auf eine scharfe Kante stellt, weil dieselbe in die Unterlage eindringt und dadurch noch eine Reibung an den Seitenflächen entsteht. Die Schneiden, mit welchen die Wagbalken auf den Zapfenlagern sich drehen, werden abgerundet, breite Wagenräder sind auf weichem Boden vorzuziehen.

Man pflegt eine gleitende und eine wälzende Reibung zu unterscheiden; die erstere findet bei fortschreitender, die letztere bei drehender Bewegung statt (Schlitten und Wagen). Die wälzende Reibung ist im allgemeinen viel kleiner, als die gleitende, weshalb man einen schweren Stein, statt ihn auf dem Boden zu schleifen, dadurch fortbewegt, daß man Walzen unterlegt. Indessen kann bei weicher Unterlage (Schnee) die wälzende Reibung größer als die gleitende werden, indem die Räder einsinken und seitliche Reibung erfahren (Schlitten und Wagen auf Schnee).

d. Statik und Dynamik der flüssigen Körper.

§. 43. Grundeigenschaften der flüssigen Körper. Es ist schon früher (§. 9) erwähnt worden, daß die Teilchen flüssiger Körper sich sehr leicht verschieben lassen, woraus wir schließen, daß nur eine geringe Kohäsion zwischen ihnen herrscht. Eine hieraus folgende Eigenschaft der flüssigen Körper, daß sie zwar ein bestimmtes Volumen, aber keine bestimmte Gestalt haben, ist auch früher schon erwähnt worden. Trotz der leichten Verschiebbarkeit der Teilchen findet aber zwischen denselben noch eine merkliche Kohäsion statt, denn wenn man eine Flüssigkeit auseinander streut, so zeigen die Teilchen die Neigung in rundlichen Tropfen beieinander zu bleiben — tropfbar-flüssige Körper. Die Teilchen gasförmiger Körper lassen sich zwar auch leicht verschieben, resp. sie laufen schon von selbst auseinander, wenn sie nicht irgendwie zusammengehalten werden, allein sie bilden keine Tropfen; eine Kohäsion zwischen ihnen ist nicht bemerkbar; die Gase müssen zwar auch zu den „Flüssigkeiten" gezählt werden, unterscheiden sich aber §. 43. Grundeigenschaften der flüssigen Körper.

dadurch von den gewöhnlichen Flüssigkeiten (Wasser, Spiritus 2c.), daß sie keine Tropfen bilden. Ein weiterer Unterschied zwischen den gasförmigen und den tropfbar-flüssigen Körpern besteht darin, daß die letzteren selbst durch sehr starken Druck sich kaum merklich zusammendrücken lassen, während die ersteren, wie später noch ausführlicher gezeigt werden wird, sehr leicht zusammendrückbar und innerhalb sehr weiter Grenzen vollkommen elastisch sind (§. 9). Die tropfbar-flüssigen Körper sind (nahezu) unzusammendrückbar (inkompressibel), die gasförmigen elastisch, weshalb man die letzteren auch elastisch-flüssige nennt.

Nach dem Gesagten besitzen die tropfbaren Flüssigkeiten zwei Grundeigenschaften, leichte Verschiebbarkeit der Teilchen und Unzusammendrückbarkeit. Die gasförmigen Körper haben mit den tropfbar-flüssigen die leichte Verschiebbarkeit der Teilchen gemein, unterscheiden sich aber von ihnen durch vollkommene Elasticität.

§. 44. Fortpflanzung des Druckes in einer Flüssigkeit.

§. 44. Fortpflanzung des Druckes in einer Flüssigkeit. Aus der leichten Verschiebbarkeit der Teilchen folgt eine Eigenschaft, welche die tropfbar- und elastisch-flüssigen mit einander gemein haben, es ist dies die Gleichheit der Fortpflanzung eines an irgend einer Stelle auf die Flüssigkeit ausgeübten Druckes nach allen Richtungen hin. Befinden sich in einem mit einer Flüssigkeit gefüllten Gefäß (Fig. 62) mehrere durch Kolben AB, CD, HG verschlossene Öffnungen und übt man auf den einen derselben (AB) einen Druck aus, so bewegen sich alle übrigen Kolben auswärts; gesetzt der Kolben CD hätte denselben Querschnitt wie AB, so müßte man, wenn auf AB etwa ein Druck von 5 kg ausgeübt wird, auf den Kolben CD ebenfalls einen Druck von 5 kg ausüben, damit keine Bewegung entstände. Hat aber Kolben HG einen 4 mal größeren Querschnitt als AB, so muß man denselben mit 4 . 5 kg belasten, damit das Gleichgewicht erhalten bleibt. Da die flüssigen Teilchen leicht verschiebbar sind, so wollen sie, wenn ein Druck auf sie ausgeübt wird, nach irgend einer Richtung hin ausweichen und drücken deshalb nach allen Richtungen, weshalb sich der Druck von Teilchen zu Teilchen nach allen Seiten hin mit gleicher Stärke fortpflanzt. Je größer nun ein Kolben ist, um so mehr Wasserteilchen liegen unter demselben und um so größer ist der Druck, welchen der Kolben erfährt.

Fig. 62.

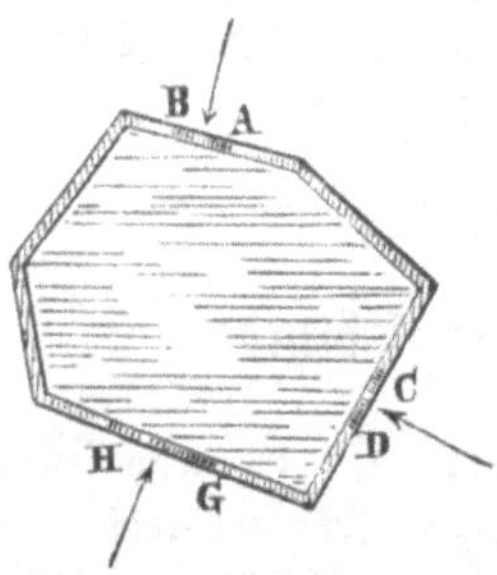

Gleichförmige Fortpflanzung des Druckes in Flüssigkeiten.

Auf diesem Gesetz der gleichen Fortpflanzung des Druckes nach allen Seiten beruht die hydraulische Presse (von Bramah): Mittels einer Druckpumpe wird Wasser in ein weites Rohr gepumpt, in welchem sich ein Kolben befindet. Fig. 63 zeigt eine solche hydraulische Presse: an der Pumpenstange ist ein einarmiger Hebel angebracht, an dessen längerem Arme die

Kraft wirkt; von der Druckpumpe geht ein Rohr nach dem „Preßcylinder“, mit dessen Kolben eine starke Stange, welche in eine breite Platte endigt, verbunden ist; zwischen diese bewegliche Platte und eine an einem starken Gestell angebrachte feste Platte werden die zu pressenden Gegenstände (Ölsamen, zerkleinerte Runkelrüben, geschmolzenes Fett ꝛc.) gebracht.

Fig. 63.

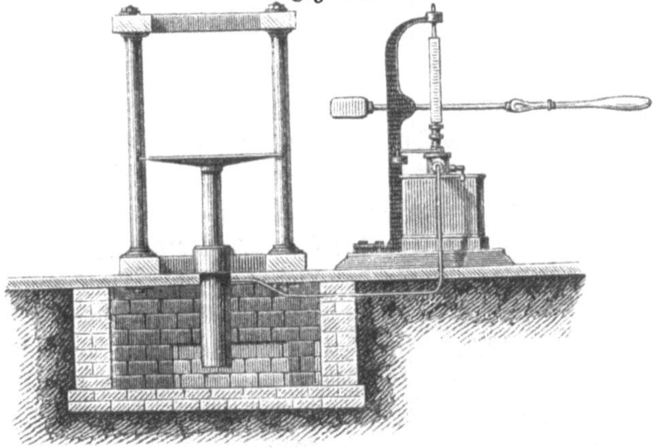

Hydraulische Presse.

Wirkt an dem langen Arme des einarmigen Hebels, welcher 10mal so lang sein mag, als der kurze, eine Kraft von 20 kg, so drückt auf den Pumpenkolben eine Kraft von 200 kg, und ist der Querschnitt des Preßkolbens (im Preßcylinder) 100 mal größer als der des Druckkolbens (in der Pumpe), so wirkt auf jenen eine Kraft von 20 000 kg; die Kraft vergrößert sich also in dem Verhältnis wie 1000 : 1. In demselben Maße beschreibt aber auch der Preßkolben einen kleineren Weg als der Pumpenkolben.

Fig. 64.

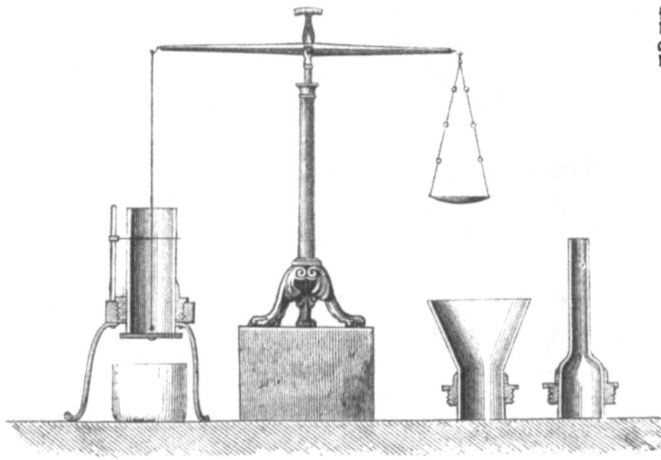

Bodendruck.

§. 45. Der Druck der Flüssigkeiten auf den Gefäßboden und auf die Seitenwände.

§. 45. Der Druck der Flüssigkeiten auf den Gefäßboden und auf die Seitenwände. 1) Auf einen Dreifuß (Figur 64) kann man verschiedene Gefäße, welche unten denselben Querschnitt haben, aufsetzen; das eine (welches in der Figur gerade auf dem Dreifuß steht) ist cylindrisch, das andere ist oben weiter und das dritte oben enger, als unten. Eine und dieselbe Metallplatte dient als Boden für alle drei Gefäße; sie wird an dem einen Balken einer Wage befestigt und durch Auflegen von Gewichten in die Wagschale auf der anderen Seite äquilibriert; der Faden, an welchem sie hängt, wird so lang genommen, daß die Platte das Gefäß gerade verschließt. Legt man nun auf die Wagschale noch etwa $1/2$ kg und gießt Wasser in das Gefäß, so wird, einerlei, welches der drei Gefäße bei dem Versuch angewandt worden ist, der Boden heruntersinken und das Wasser ausfließen, wenn das Wasser eine bestimmte, für alle drei Gefäße gleiche Höhe erreicht hat.

Ist das cylindrische Gefäß benutzt worden, so muß man gerade $1/2$ Liter Wasser eingießen, damit der Boden abfällt, wenn auf die Wagschale $1/2$ kg gelegt worden ist; in diesem Falle ist also der Bodendruck gleich dem Gewicht der in dem Gefäß befindlichen Wassermasse; bei den anderen Gefäßen ist das Gewicht der Wassermasse größer oder kleiner als der Bodendruck, je nachdem das Gefäß sich nach oben erweitert oder verengt. Ganz allgemein aber gilt der Satz:

Der Druck auf den Boden eines Gefäßes hängt nur von der Größe des Bodens und der Höhe der Wassersäule über dem Boden ab und ist gleich dem Gewichte einer Flüssigkeitssäule, welche sich cylindrisch über dem Boden bis zu der Oberfläche der Flüssigkeitssäule erhebt.

Die Richtigkeit dieses auf den ersten Blick unwahrscheinlichen Satzes (hydrostatisches Paradoxon) läßt sich leicht begreifen, wenn man bedenkt, daß 1) bei einem cylindrischen Gefäß über jedem Punkte des Bodens ein Wasserfaden steht, welcher bis zur Oberfläche reicht und mit seinem ganzen Gewichte auf diesen Punkt des Bodens drückt; daß 2) bei einem sich oben erweiternden Gefäße die Gewichte der vertikalen Wasserfäden, deren Richtungen die Seitenwände treffen, von der Festigkeit derselben aufgehoben werden, und daß 3) bei einem sich verengenden Gefäße die oberen Wasserteilchen wegen des gleichen Druckes der Flüssigkeiten nach allen Seiten nicht bloß mit ihrem Gewichte auf die vertikal, sondern auch auf die seitlich darunter liegenden Wasserteilchen drücken, so daß alle am Boden befindliche Wasserteilchen den vollen Druck eines bis zur Oberfläche reichenden Wasserfadens auszuhalten haben.

Wird in den oberen Boden eines überall geschlossenen Gefäßes ein hohes enges Rohr aufgesetzt und nun Gefäß und Rohr mit Wasser gefüllt, so hat der untere Boden einen Druck auszuhalten, welcher gleich dem Gewicht einer Wassersäule ist, die sich cylindrisch über dem Boden bis an das Ende des Rohres erhebt; man kann auf diese Art mit wenig Wasser einen sehr starken Druck ausüben (Reals Extraktionspresse).

2) Das in einem Gefäß befindliche Wasser drückt nicht bloß auf den Boden, sondern auch auf die Seitenwände. Fig. 65 zeigt den Durchschnitt durch ein Gefäß; eine Wasserschicht m n hat den Druck der Wassersäule m n p o auszuhalten und ebenso jedes Wasserteilchen, welches in derselben Horizontalen liegt (wenn die Wasseroberfläche horizontal ist); ein Stück der Gefäßwand a b hat einen Gesamtdruck gleich dem Gewichte der Wassersäule a b c d auszuhalten: jeder Punkt der Gefäßwand erfährt einen Druck, welcher gleich dem Gewichte des darüber stehenden Wasserfadens ist. Das z. B. an dem Punkte a an der Wand befindliche Wasserteilchen pflanzt den vertikalen Druck des Wasserfadens c a auch senkrecht gegen die Wand hin fort.

Fig. 65.

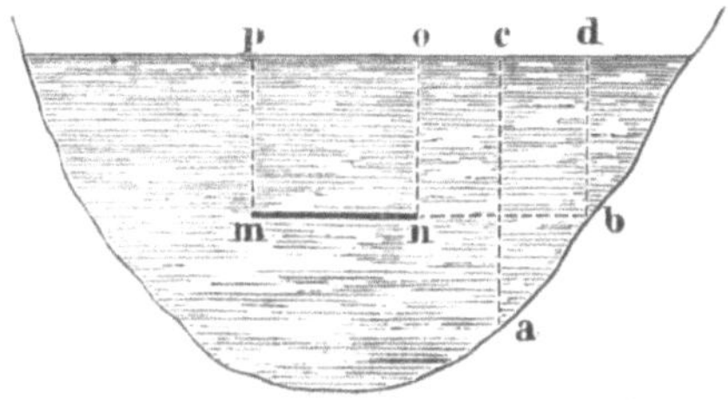

Seitendruck.

§. 46. Die Oberfläche einer schweren Flüssigkeit. Auf jede Flüssigkeit wirkt die Schwerkraft ein; die Richtung der Schwerkraft geht nach dem Mittelpunkte der Erde hin; da nun die Teilchen flüssiger Körper sehr leicht beweglich sind, so werden sie solange dem Zuge der Schwerkraft folgen, bis die Oberfläche der Flüssigkeit in allen Punkten auf der Richtung der Schwerkraft senkrecht steht; in diesem Falle nämlich werden die Flüssigkeitsteilchen einfach vertikal abwärts gegen die unteren gedrückt und es tritt sofort Gleichgewicht ein, nachdem die Flüssigkeit, freilich kaum merklich, durch den Zug der Schwere komprimiert ist. Gesetzt, die Oberfläche wäre nicht horizontal, sondern hätte eine schiefe Richtung, so stände die Richtung der Schwerkraft an keiner Stelle auf der Oberfläche senkrecht und man könnte die Schwerkraft in zwei Kräfte zerlegen, von denen die eine auf der Oberfläche senkrecht stände und höchstens eine (unmerkliche) Krompression des Wassers bewirken könnte, und die andere parallel der schiefen Ebene der Oberfläche abwärts wirkte, so daß die leicht beweglichen Wasserteilchen dieser Kraft solange folgen müßten, bis die Oberfläche horizontal ist, resp. auf der Richtung der Schwerkraft senkrecht steht. §. 46. Die Oberfläche einer schweren Flüssigkeit.

Die Oberfläche größerer Wassermassen (Meer) ist aus diesem Grunde kugelig gekrümmt, bei kleineren Wassermassen erscheint sie eben, obwohl sie streng genommen auch an der Kugelgestalt teilnimmt.

§. 47. Kommunizierende Gefäße. 1) Wenn zwei Gefäße miteinander in Verbindung stehen und in das eine eine Flüssigkeit gegossen wird, so fließt sie auch in das andere und steht schließlich in beiden gleich hoch, d. h. in derselben Horizontalebene (Fig. 66). Denken wir uns die Horizontale mn in der Verbindungsröhre gezogen, so können die hier befindlichen Wasserteilchen nur dann in §. 47. Kommunizierende Gefäße.

Ruhe bleiben, wenn jeder Punkt denselben Druck auszuhalten hat, d. h. wenn über jedem ein gleich hoher Wasserfaden steht, folglich müssen auch die Flüssigkeitsoberflächen a b und c d in den beiden Gefäßen in einer und derselben Horizontalebene liegen.

Fig. 66.

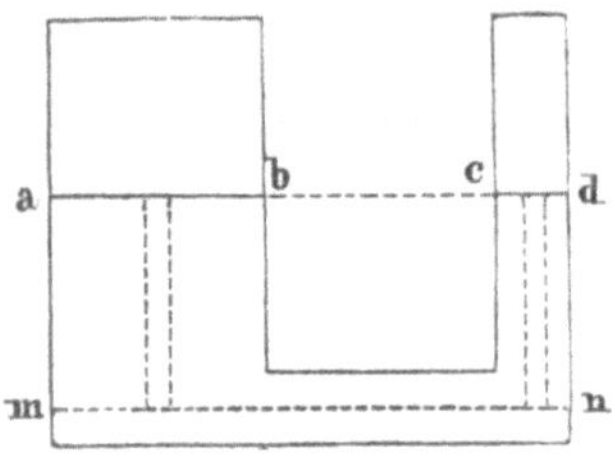

Kommunizierende Gefäße.

Fig. 67.

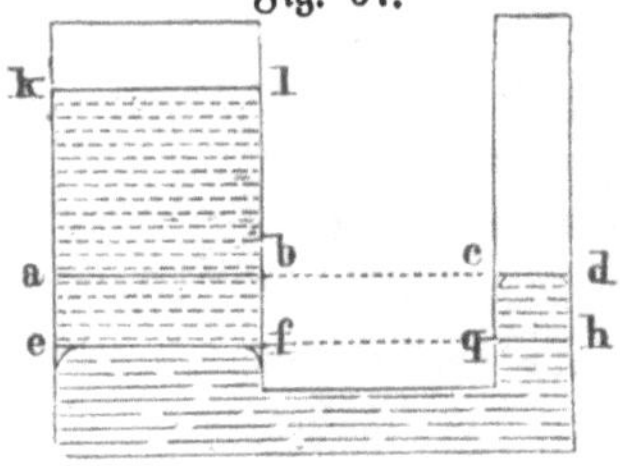

Kommunizierende Gefäße für verschiedene Flüssigkeiten.

2) Gießt man in zwei kommunizierende Gefäße (Fig. 67) soviel Quecksilber, daß es mindestens die Verbindungsröhre ausfüllt, so stellt es sich in beiden Gefäßen gleich hoch; gießt man nun Wasser auf das Quecksilber in dem einen z. B. in dem weiteren Gefäße, so sinkt hier das Quecksilber ein wenig (bis e f), während es in dem anderen (bis c d) steigt. Liegt q h mit e f in derselben Horizontalen, so übt die Quecksilbersäule c d q h denselben Druck auf q h, wie die Wassersäule k l e f auf e f, denn sonst könnte kein Gleichgewicht bestehen. Mißt man nun die Höhen q c (oder e a) und k e, so findet man, daß sie sich wie die specifischen Gewichte von Wasser und Quecksilber verhalten.

Fig 68.

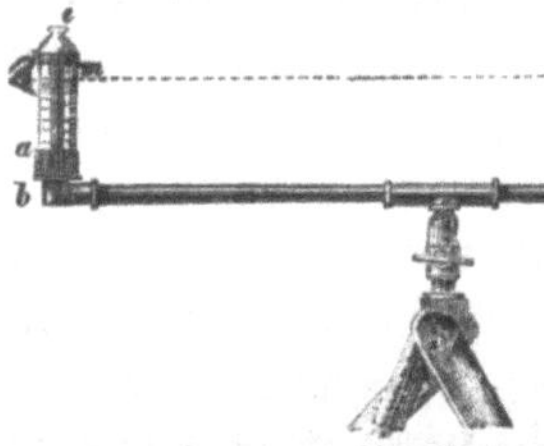

Kanalwage.

Auf dem Princip der kommunizierenden Gefäße beruht die Kanalwage (Fig. 68), welche zum Nivellieren, d. h. zum Abstecken horizontaler Linien dient. Sie besteht aus zwei Glasgefäßen a f und a e, welche durch eine Metallröhre b b verbunden sind. Gießt man Wasser in dieselben, so liegen die Oberflächen m und n in derselben Horizontalen. Über m und n visierend sieht das Auge nach Punkten, welche mit m und n in derselben Horizontalen liegen.

Auch der Springbrunnen beruht auf diesem Principe; von einem hochgelegenen Teiche wird das Wasser durch eine Röhre ins Thal geführt; biegt sich dort die Röhre vertikal nach oben, so springt das Wasser nahezu bis zur Höhe der Wasseroberfläche im Teiche auf. Durch die Reibung des Wassers in der Röhre, durch den Widerstand der Luft und die Gegenwirkung des wieder herabfallenden Wassers auf das emporsteigende kann der Wasserstrahl nicht ganz die Höhe erreichen, welche er nach dem Gesetze der kommunizierenden Gefäße erreichen müßte.

§. 48. Kapillarität. Wenn von zwei kommunizierenden Glasröhren die eine sehr eng ist, so stellen sich manche Flüssigkeiten (Wasser, Weingeist ꝛc.) in der engen Röhre höher als in der weiten, während andere (Quecksilber) sich tiefer stellen. Es hängt dies davon ab, wie stark die Flüssigkeit von der Gefäßwand angezogen wird. §. 48. Kapillarität.

Sowohl Quecksilber wie Wasser haben Adhäsion an Glas, was daraus hervorgeht, daß es schwerer hält eine ebene Glasplatte von einer sie berührenden Wasser- oder Quecksilberoberfläche abzureißen; dabei stellt sich aber der Unterschied heraus, daß, wenn eine Glasplatte von einer Wasserfläche abgerissen wird, die oberste Wasserschicht an dem Glase hängen bleibt, was bei Quecksilber nicht der Fall ist; hieraus folgt, daß die Adhäsion von Wasser an Glas größer ist als die Kohäsion der Wasserteilchen untereinander, während beim Quecksilber das Umgekehrte stattfindet. Auch eine andere Erscheinung zeigt dieses verschiedene Verhalten von Wasser und Quecksilber. Wasser steht in einem Glasgefäße am Rande höher, Quecksilber dagegen tiefer als in der Mitte; das Glas zieht das in seiner unmittelbaren Nähe befindliche Wasser stärker an, als dieses von dem übrigen Wasser angezogen wird; das Quecksilber aber, welches sich dicht an der Glasplatte befindet, wird von dem übrigen Quecksilber stärker angezogen, als von dem Glase.

Fig. 69.

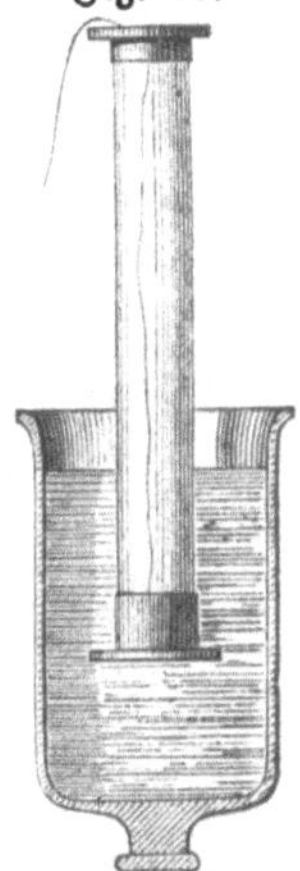

Auftrieb.

Daher kommt es denn auch, daß in einem sehr engen Röhrchen, welches in einem weiten mit Wasser gefüllten Gefäße steht, oder mit einem solchen kommuniziert, das Wasser sich höher stellt, als in dem weiten Gefäße; die Glaswand zieht das wenige in der Röhre befindliche Wasser stärker aufwärts, als es von dem darunter befindlichen Wasser abwärts gezogen wird. Beim Quecksilber ist es umgekehrt; das Glas zieht das Quecksilber in der Röhre nicht so stark nach oben, als dieses von dem übrigen Quecksilber nach unten gezogen wird. Daher steht Quecksilber in einer Kapillarröhre tiefer als in einem weiteren Gefäße, welches mit ihr in Verbindung ist.

Auf der Kapillarität beruht das Aufsteigen des Öls im Dochte, des Wassers an Mauern u. s. w.

§. 49. Das Gesetz vom Auftriebe oder das Archimedsche Princip. 1) An einer Metallplatte (Fig. 69), welche als (beweglicher) Boden für eine Glasröhre benutzt werden kann, ist in der Mitte ein Faden befestigt; zieht man denselben an, so daß die Metallplatte fest an der Glasröhre anliegt und taucht die Röhre in ein Gefäß mit Wasser, so kann man den Faden loslassen, ohne daß der Boden abfällt; dies deutet darauf hin, daß das Wasser einen Druck von unten nach oben auf den beweglichen Boden ausübt. §. 49. Das Gesetz v. Auftriebe oder d. Archimedsche Princip.

Gießt man Wasser in den Cylinder, so fällt der Boden erst ab, wenn das

Wasser in demselben (nahezu) so hoch steht, wie in dem Glasgefäße; es übt also das Wasser von unten einen Druck auf den Boden aus, welcher gleich dem Gewichte einer Wassersäule ist, die sich cylindrisch über dem Boden bis an die Wasseroberfläche in dem äußeren Gefäße erhebt. Es erklärt sich dies leicht daraus, daß jedes Wasserteilchen, welches in gleicher Höhe mit dem Boden liegt, einen Druck auszuhalten hat, welcher gleich dem Gewichte eines Wasserfadens ist, der bis an die Oberfläche reicht. Diesen Druck pflanzen die Wasserteilchen auch auf diejenigen fort, welche unter dem Boden sich befinden, und diese wiederum übertragen ihn nach allen Richtungen hin und also auch nach oben — auf den Boden.

Fig. 70.

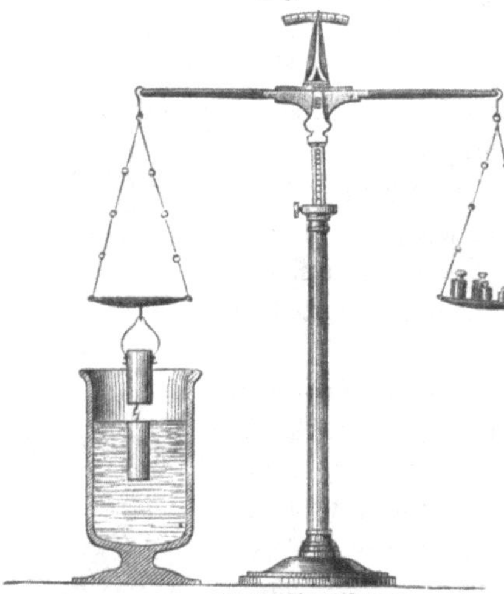

Archimedsches Princip.

2) Hängt man an die eine Schale einer Wage ein Eimerchen und an diesen einen Cylinder, welcher genau in das Eimerchen paßt (Fig. 70), bringt die Wage ins Gleichgewicht und läßt nun den Cylinder ins Wasser tauchen, so wird das Gleichgewicht gestört, der Cylinder verliert an Gewicht, und es tritt erst dann wieder Gleichgewicht ein, wenn man das Eimerchen voll Wasser gießt. Jeder Körper verliert in einer Flüssigkeit soviel an Gewicht, als das Wasser wiegt, welches denselben Raum einnimmt.

Das ist das Gesetz vom Auftrieb oder das Archimedsche Princip.

Wird ein Körper in Wasser getaucht, so geht er entweder unter (Eisen), oder er schwimmt mitten im Wasser (Bernstein), oder er steigt in die Höhe und schwimmt auf dem Wasser (Holz), indem nur ein Teil desselben in das Wasser taucht. An jedem in einer Flüssigkeit befindlichen Körper wirken zwei Kräfte, sein eigenes Gewicht, welches ihn vertikal abwärts zieht und das Gewicht eines gleichen Volumens Flüssigkeit, welches ihn vertikal aufwärts drückt. Ist nun sein eigenes Gewicht größer als das eines gleichen Volumens Flüssigkeit, so bewegt er sich mit dem Unterschiede beider Kräfte abwärts; sind beide Gewichte gleich, so hat der Körper weder ein Bestreben zu steigen, noch zu fallen und ist sein eigenes Gewicht kleiner, als das eines gleichen Volumens Flüssigkeit, so steigt er so lange auf, bis das Gewicht der Flüssigkeit, welches sein eingetauchter Teil verdrängt, gerade so viel wiegt, wie der ganze Körper (Schiff).

§. 50. Das specifische Gewicht der Körper. Es ist schon früher (§. 7) bemerkt worden, daß man unter dem specifischen Gewichte eines Körpers die Zahl versteht, welche angiebt, wievielmal ein Körper schwerer ist, als ein gleiches Volumen Wasser (bei + 4° C.). §. 50. Das specifische Gewicht der Körper.

1) Um nun das specifische Gewicht eines festen Körpers zu finden, kann man folgendermaßen verfahren: Man bestimmt zunächst sein absolutes Gewicht, hängt ihn dann an einem dünnen Faden an die eine Schale einer Wage (hydrostatische Wage, Fig. 70), läßt ihn in Wasser tauchen nnd sieht zu, wieviel er im Wasser weniger wiegt. Der Gewichtsverlust des Körpers im Wasser ist das Gewicht eines gleichen Volumens Wasser; man braucht deswegen nur, um das specifische Gewicht zu finden, mit diesem Gewichtsverluste in das absolute Gewicht des Körpers zu dividieren.

Ist der Körper specifisch leichter als Wasser und taucht er deshalb im Wasser nicht vollkommen unter, so verbindet man ihn mit einem anderen schwereren von bereits bekanntem specif. Gewichte und bestimmt nach dem Vorigen das specifische Gewicht der Verbindung beider Körper. Hieraus und aus den bekannten absoluten Gewichten beider Körper, sowie aus dem specifischen Gewichte des schwereren läßt sich das specifische Gewicht des leichteren berechnen. Gesetzt, das absolute Gewicht eines Silberstückes sei 18,35 g und sein Gewichtsverlust im Wasser betrage 1,75 g, so ist sein specifisches Gewicht

$$\frac{18,35}{1,75} = 10,48.$$

Ist ein Körper in Wasser löslich, so bestimmt man sein specifisches Gewicht in Bezug auf eine Flüssigkeit (Öl, Weingeist), deren specifisches Gewicht in Bezug auf Wasser bekannt ist und in welcher der Körper sich nicht auflöst; es läßt sich alsdann durch eine einfache Rechnung das specifische Gewicht des Körpers in Bezug auf Wasser finden (vergl. Tab. I).

2) Zur Bestimmung des specifischen Gewichtes einer Flüssigkeit kann man sich u. A. des Hundertgrammfläschchens bedienen; das Wasser, welches dasselbe anfüllt, wiegt genau 100 Gramm (bei + 4°C). Stellt man nun das Fläschchen auf eine Wage, tariert und füllt es mit der zu untersuchenden Flüssigkeit und bestimmt deren Gewicht, so hat man nur mit hundert in die Zahl der Gramm zu dividieren, welche das Gewicht der Flüssigkeit angeben, resp. man hat von dieser Zahl lediglich zwei Stellen abzuschneiden. Gesetzt z. B., das Gewicht des Weingeistes, welcher das Hundertgrammfläschchen ausfüllt, betrage 83 Gramm, so wäre sein specifisches Gewicht 0,83.

Fig. 71.

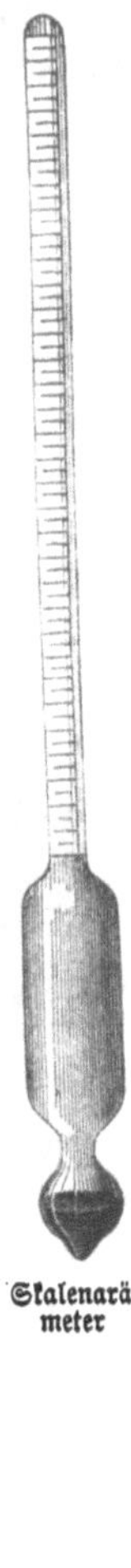

Skalenaräometer

Ein anderer Apparat, welcher zur Bestimmung des specifischen Gewichtes flüssiger Körper dient, ist das Skalenaräometer (Fig. 71). Es ist dies ein Glasgefäß, welches unten in eine Kugel und oben in eine lange cylindrische Röhre endigt; die Kugel wird mit Quecksilber oder Schrotkügelchen gefüllt, so daß der Apparat in einer Flüssigkeit aufrecht schwimmt. Aus der Tiefe, wie weit das Aräometer in einer Flüssigkeit einsinkt, kann man einen Schluß auf das specifische Gewicht derselben machen. Im Inneren des Aräometers ist ein Papierstreifen befestigt, welcher angiebt, wie groß das specifische Gewicht einer Flüssigkeit ist, wenn das Aräometer bis an diese oder jene Stelle einsinkt. Manche Aräometer (Prozentaräometer) geben nicht das specifische Gwicht, sondern die prozentige Zusammensetzung von Flüssigkeitsgemischen an; so hat man Alkoholometer, Milch-, Most-, Bierwagen, welche mehr oder minder tief in Gemische von Wasser und Alkohol, Wasser und Milch u. s. w. eintauchen und erkennen lassen, wieviel absoluter Alkohol im Weingeist, wieviel reine Milch in der käuflichen ist u. s. w.

3) Viel umständlicher und schwieriger ist die Bestimmung des specifischen Gewichtes gasförmiger Körper; wir machen deshalb keine ausführlichen Angaben, sondern bemerken nur, daß man die specifischen Gewichte gasförmiger Körper auf die Luft, statt auf Wasser bezieht, weil man sonst zu kleine Zahlen erhalten würde.

§. 51. Horizontal- und Vertikal-Wasserräder.

Fig. 72.

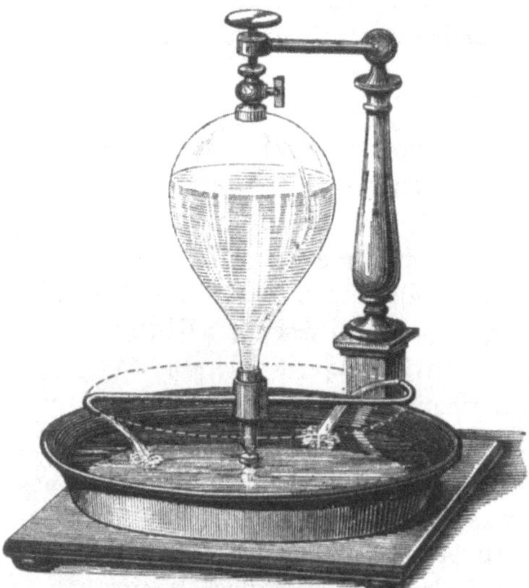

Segnersches Wasserrad.

§. 51. Horizontal- und Vertikal-Wasserräder. Mit einem weiten Gefäße (Fig. 72), welches sich um zwei Spitzen drehen kann, ist eine horizontale Röhre verbunden, deren Enden nach entgegengesetzten Richtungen gebogen sind. Ist das Gefäß mit Wasser gefüllt und sind die Enden der Röhre zugestopft, so übt das Wasser vermöge seines Gewichtes einen Druck auf die Wände des Gefäßes und der Röhre nach allen Seiten hin aus; da der Druck auf je zwei gerade einander gegenüberliegende Stellen der Gefäßwand derselbe ist, so muß überall Gleichgewicht herrschen — das Gefäß bleibt in Ruhe. — Öffnet man aber die beiden Enden der Röhre, so fließt das Wasser aus, der Druck des Wassers hört an diesen Stellen auf, da hier keine Wand mehr ist, dagegen findet noch ein Druck auf die der Öffnung gerade gegenüberliegende Stelle der Röhrenwand statt, und es muß sich deshalb Röhre und Gefäß umdrehen und zwar in einer Richtung, welche der des ausfließenden Wassers entgegengesetzt ist. Einen solchen Apparat nennt man ein Segnersches Wasserrad. Man hat dasselbe in größerem Maßstabe und verschiedenen Formen ausgeführt und als Kraftmaschine zur Ausführung verschiedener Arbeiten (Mahlen, Pumpen ꝛc.) verwendet; man nennt derartige Maschinen Turbinen oder Horizontalräder, weil sie sich in einer horizontalen Ebene drehen, im Gegensatz zu den gewöhnlichen Wasserrädern, welche sich in einer vertikalen Ebene drehen und Vertikalräder genannt werden. Von den letzteren unterscheidet man drei Arten, unterschlächtige, oberschlächtige und mittelschlächtige. Bei einem unterschlächtigen Wasserrade (Fig. 73) wird das Wasser vor dem Rade durch eine Schütze (Wehr) aufgestaut; öffnet man die Schütze durch Emporziehen etwas, so übt das obere Wasser auf das untere, je nach der Höhe des Wehres, einen mehr oder minder beträchtlichen Druck aus, so daß das untere Wasser mit größerer oder geringerer Geschwindigkeit gegen die Schaufeln des Rades fließt und dasselbe umdreht. Bei einem mittelschlächtigen Wasserrade (Fig. 74) tritt das Wasser schon gegen die mittleren Schaufeln und wirkt nicht bloß durch den Stoß, sondern auch durch sein Gewicht. Noch mehr ist dies bei den oberschlächtigen Wasserrädern der Fall, bei welchen das Wasser von oben

Fig. 73.

Unterschlächtiges Wasserrad.

Fig. 74.

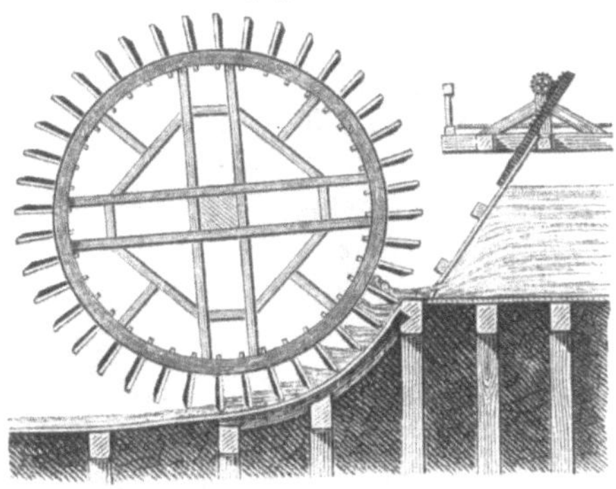

Mittelschlächtiges Wasserrad.

Fig. 75.

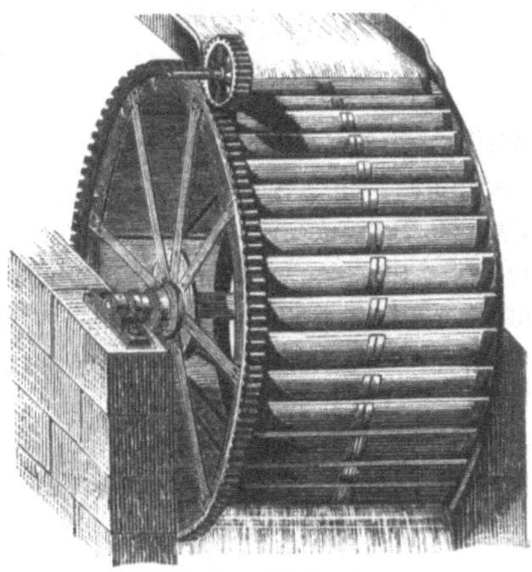

Oberschlächtiges Wasserrad.

herab auf die gekrümmten Schaufeln fällt, so daß sich dasselbe in diesen ansammelt, durch sein Gewicht das Rad umtreibt und erst unten abfließt (Fig. 75).

Solche Wasserräder werden häufig zum Treiben einer Mahlmühle (Fig. 76) gebraucht; sie dienen dabei als Kraftmaschine (Motor), während die Mahlmühle die Arbeitsmaschine vorstellt; beide sind durch Räder oder Riemen, welche die Zwischenmaschine bilden, verbunden. Auf der Welle des Wasserrades sitzt ein konisches Rad, welches ein anderes eben solches in horizontaler Richtung umtreibt; auf der vertikalen Achse B sitzt ein gezahntes Rad C, welches in die Triebe D und E eingreifen kann; diese Triebe lassen sich indessen auf ihrer Achse so verschieben, daß sie mit dem Rade C nicht in Verbindung stehen, wie dies in unserer Figur mit dem Triebe E der Fall ist. Die konischen Räder, das Rad C und die Triebe D und E bilden die Zwischenmaschine. Die hier abgebildete Mühle ist gewissermaßen eine doppelte; auf der linken Seite sieht man nur die zwei Mühlsteine, auf der rechten sind dieselben durch einen achteckigen Holzkasten verdeckt und oberhalb desselben befinden sich die übrigen Teile des Mühlenwerkes, welche links weggelassen sind. Von den beiden (auf der linken Seite sichtbaren) Mühlsteinen ist der untere — Bodenstein — fest, der obere — Läufer — um die Achse F, auf welche er aufsitzt und die durch den Bodenstein frei hindurchgeht, drehbar. Oberhalb des Läufers (wie auf der rechten Seite der Figur ersichtlich) ist ein Trichter I — Gosse — befestigt, in welche das Getreide eingeschüttet wird; von hier aus fällt es auf einen kleinen Trog L — Schüttelkästchen —, welches bei jeder Umdrehung von dem Daumen K einen Stoß erhält und das Getreide auf die Mitte des Läufers und von hier durch eine Öffnung auf den Bodenstein fallen läßt. Der Läufer, welcher höher und tiefer gestellt werden kann, faßt die Körner und zerreibt sie, indem er sie über den Bodenstein stoßweise fortführt, weshalb sie

Fig. 76.

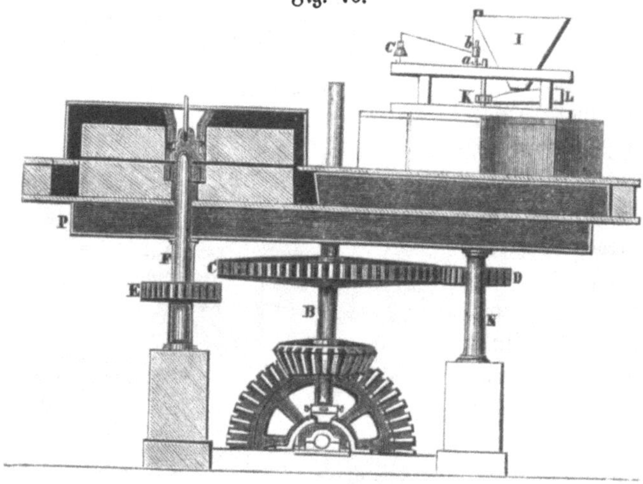

Mahlmühle.

immer mehr nach dem Rande geschoben und zu Mehl vermahlen in einen den Bodenstein umgebenden Kasten fallen.

(Andere Apparate besorgen die Trennung der Kleie von dem Mehle, sowie die Sortierung des letzteren.)

Ist das in den Trichter I geschüttete Getreide fast völlig durchgelaufen, so fängt eine kleine Glocke c zu läuten an und setzt dies fort, bis neues Getreide aufgeschüttet ist. An einem eisernen vertikalen Stäbchen ist nämlich ein Holzpflöckchen b so angebracht, daß es leicht an demselben auf und ab geschoben werden kann; von b geht eine Schnur über ein Röllchen, welches oben am Trichter befestigt ist, in diesen hinein und endet in ein Holzstäbchen, welches bis zu einer gewissen Tiefe in das Getreide versenkt wird, so daß das Holzpflöckchen b in einiger Höhe über dem Daumen a schwebt. Solange noch das Getreide über dem Holzstücke im Trichter steht, bleibt es an seiner Stelle; sinkt aber das Getreide unter dasselbe herab, so schnellt es in die Höhe, das Holzpflöckchen b fällt herab und macht die Glocke läuten; bei jeder Umdrehung wird b von dem Daumen a etwas in die Höhe geworfen, worauf es abermals herabfällt, die Glocke ins Läuten bringt u. s. w.

e. Statik und Dynamik der gasförmigen Körper.

§. 52. Die Fortpflanzung des Druckes und der Auftrieb bei den Gasen. 1) Wegen der leichten Verschiebbarkeit der Teilchen gasförmiger Körper pflanzt sich auch in ihnen, wie in den tropfbaren Flüssigkeiten, ein an irgend einer Stelle ausgeübter Druck in gleicher Stärke nach allen Richtungen hin fort. §. 52. Die Fortpflanzung des Druckes und der Auftrieb bei den Gasen.

Fig. 77.

Baroskop.

2) Auch das Archimedsche Princip gilt bei den Gasen, wie bei den Flüssigkeiten; ein in eine Gasmasse eingetauchter Körper verliert soviel an Gewicht, wie die Gasmasse wiegt, welche er verdrängt. Um dieses Gesetz zu veranschaulichen dient ein Apparat, welcher Baroskop (Fig. 77) genannt wird; es ist dies eine kleine Wage, an deren einem Wagbalkenende eine Glaskugel, an dem andern ein Metallgewicht hängt, welches ein viel kleineres Volumen besitzt und der Kugel in der Luft das Gleichgewicht hält. Bringt man die Wage unter die Luftpumpe und pumpt aus, so wird das Gleichgewicht gestört und die Kugel sinkt merklich herab. Läßt man die Luft zuströmen, so stellt sich das Gleichgewicht wieder her. Die Glas-

kugel verliert in der Luft wegen ihres größeren Volumens mehr an Gewicht, als das Metallstück; sie muß also an sich, d. h. im luftleeren Raum schwerer sein, als die Metallkugel, wenn sie dieser in der Luft das Gleichgewicht halten soll.

Auf dem Gesetz vom Auftrieb beruht auch die Möglichkeit des Aufsteigens der sogen. Luftballons; es sind dies Hohlkugeln, deren Wandung aus Papier oder Seide besteht. Die ersten, von den Gebrüdern Montgolfier erfunden und darum Montgolfieren genannt, waren unten offen (Fig. 78); durch ein unter der Öffnung angezündetes Feuer wird die Luft im Innern erwärmt und verdünnt; der Ballon beginnt zu steigen, wenn sein Gewicht weniger beträgt, als das der Luft, welche er verdrängt; er wird so lange steigen, bis er in Luftschichten kommt, welche so dünn sind, daß die verdrängte Luft ebensoviel wiegt, als der Ballon. Später füllte man die Ballons mit Gasen, welche specifisch leichter als Luft sind, wie Wasserstoff (Charlieren, nach ihrem Erfinder Charles), oder Leuchtgas (Greenieren, nach ihrem Erfinder Green).

Fig. 78.

Luftballon.

Fig. 79.

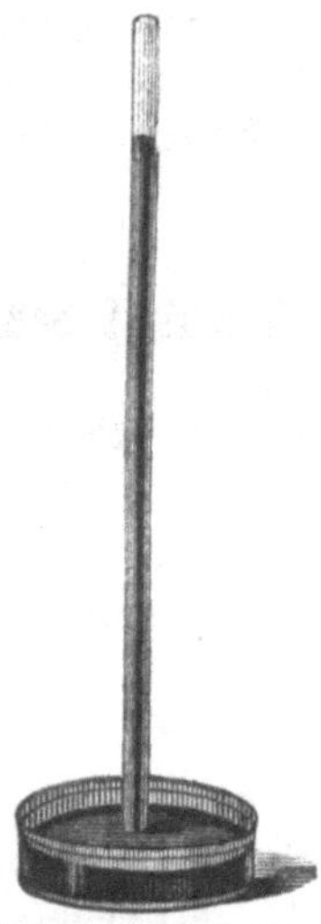

Apparat von Toricelli.

§. 53. Vom Luftdruck.

§. 53. Vom Luftdruck. Füllt man eine etwa 1 m lange, an einem Ende zugeschmolzene Glasröhre mit Quecksilber, verschließt dieselbe mit dem Daumen, stellt sie in ein Gefäß mit Quecksilber und nimmt den Daumen weg, so fällt das Quecksilber in der Röhre etwas, bleibt aber doch noch 76 cm hoch in derselben stehen (Fig. 79). Der Raum in der Röhre über dem Quecksilber ist luftleer und heißt die Toricellische Leere, da Toricelli zuerst diesen Versuch (im 17. Jahrhundert) angestellt hat. — Wasser würde in der Röhre $0{,}76 \cdot 13{,}59 = 10{,}33$ m hoch stehen.

Daß das Quecksilber in der Röhre höher steht, als in dem Gefäße, rührt daher, daß die Luft von der Oberfläche des Quecksilbers im Gefäß bis ans Ende der Atmosphäre mit ihrem Gewicht auf das Quecksilber drückt.

Eine Quecksilbersäule von 76 cm Höhe hat demnach dasselbe Gewicht, wie eine Luftsäule von gleichem Durchmesser von der Oberfläche der Erde bis zum Ende der Atmosphäre. Angenommen, die Glasröhre habe einen Querschnitt von

1 qcm, so beträgt das Volumen der Quecksilbersäule 76 ccm und wiegt 76·13,59 = 1033 g oder ungefähr 1 kg. Ebensoviel wiegt eine Luftsäule von 1 qcm Querschnitt von der Erde bis ans Ende der Atmosphäre. Der Druck, welchen die Luft auf 1 qcm ausübt (1 kg), nennt man einen Atmosphärendruck oder eine Atmosphäre. Komprimierte Luft oder stark gespannter Wasserdampf, welcher auf jeden qcm der einschließenden Gefäßwand einen Druck von 4 kg ausübt, hat eine „Spannkraft" von 4 Atmosphären u. s. w.

§. 54. Vom Barometer. Auf dem Toricellischen Versuche beruht das Barometer (Luftschweremesser). Es besteht aus einer umgebogenen Röhre mit einem längeren, geschlossenen und einem kürzeren, offenen Schenkel. Ist der kürzere Schenkel weiter als der längere (Fig. 80), so nennt man das Barometer Gefäßbarometer, im andern Falle Heberbarometer (Fig. 81). Um die Höhe der Quecksilbersäule zu finden, zieht man von der Oberfläche a des Quecksilbers in dem kurzen Schenkel in horizontaler Richtung nach dem längeren Schenkel; alsdann ist bc die Höhe der Quecksilbersäule. §. 54. Vom Barometer.

Fig. 80.

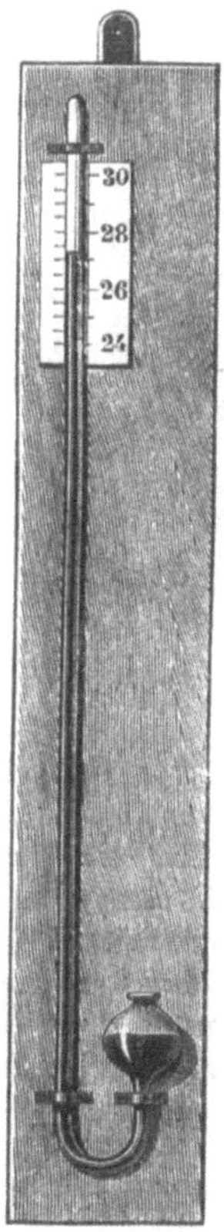

Gefäßbarometer.

Fig. 81.

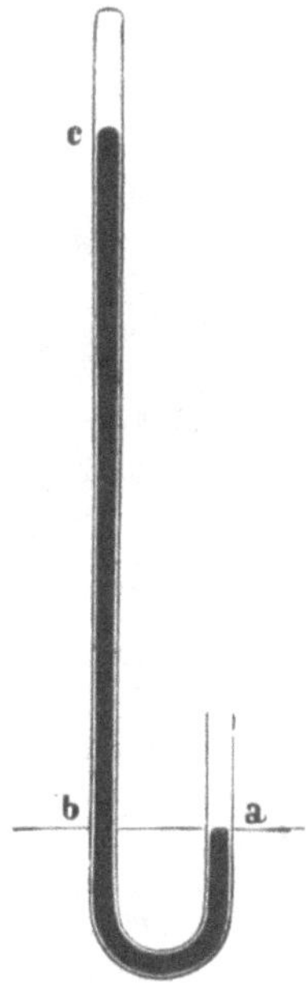

Heberbarometer.

Wenn man ein Barometer längere Zeit beobachtet, so bemerkt man, daß die Quecksilbersäule bald steigt und bald fällt. Daraus folgt, daß die Luft bald leichter und bald schwerer ist.

Das Barometer steigt in unseren Gegenden gewöhnlich bei Nord- und Ostluft, während es bei Süd- und Westluft fällt. Da nun die Nord- und Ostluft über weite Landstrecken geht, so ist sie meist trocken und es tritt heiteres Wetter ein; die Süd- und Westluft dagegen kommt über das Meer und bringt viel Wasserdampf mit, so daß trübes, regnerisches Wetter in Aussicht steht. Wenn also das Barometer steigt, so ist mit einiger Wahrscheinlichkeit trockenes, heiteres, und wenn es fällt, trübes, regnerisches Wetter zu erwarten. Wenn man auf einen Berg steigt, so fällt das Barometer, da auf dem Quecksilber in dem offenen Schenkel jetzt eine kleinere Luftsäule steht. Aus dem Stande des Quecksilbers läßt sich die Höhe der Berge berechnen (barometrische Höhenmessung).

Außer den Quecksilberbarometern hat man auch noch sogenannte Metall- oder Aneroidbarometer (Fig. 82); sie sind sehr verschiedenartig eingerichtet, bestehen aber immer aus einem luftleeren Metallgefäß mit sehr elastischen Wänden, hier aus einer in ihrer Mitte am Gehäuse befestigten, luftleeren Metallröhre von (nebenbeigezeichnetem) elliptischem Querschnitte. Wenn der Luftdruck zunimmt, so übt er einen stärkeren Druck auf sie, so daß sie sich krümmt, und die beiden Enden sich einander nähern, während sie beim Nachlassen des Druckes sich von einander entfernen. Die beiden Röhrenenden sind an einem Hebel befestigt, dessen längerer Arm die Form eines Kreisbogens hat und gezahnt ist; er greift mit seinen Zähnen in ein kleines gezahntes Rädchen ein, mit dessen Achse ein Zeiger verbunden ist. Je nachdem der Luftdruck zu- oder abnimmt, dreht sich der Hebel und der Zeiger nach der einen oder der anderen Seite. Das Metallbarometer wird durch Vergleichung mit einem guten Quecksilberbarometer geeicht.

Fig. 82.

Metallbarometer (Aneroid).

Fig. 83.

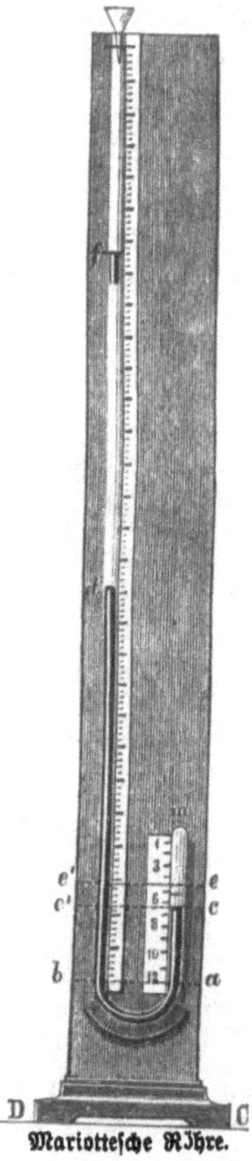

Mariottesche Röhre.

§. 55. Das Mariottesche Gesetz. **§. 55. Das Mariottesche Gesetz.** Zu genauerer Untersuchung der Elasticität der Gase dient der Apparat Fig. 83. Er besteht aus einer umgebogenen Glasröhre, deren langer Schenkel oben offen und mit einem Trichter versehen, während der kürzere geschlossen ist. Gießt man zunächst soviel Quecksilber ein, daß es in beiden Schenkeln gleich hoch (bei b und a) steht, so ist der Luftdruck auf das Quecksilber auf beiden Seiten gleich; der Druck auf das Quecksilber im langen Schenkel beträgt 1 Atmosphäre; folglich besitzt auch die im kurzen Schenkel eingeschlossene Luft eine Spannkraft von 1 Atmosphäre. Füllt man jetzt noch mehr Quecksilber ein, bis es im längeren Schenkel 76 cm höher steht, als im kürzeren, so ist das Quecksilber im kürzeren Schenkel bis zur Mitte (c) gestiegen, wobei c′d = 76 cm. Die Luft im kürzeren Schenkel steht jetzt unter einem Drucke von 2 Atmosphären; zu dem Luftdrucke, welcher auf dem Quecksilber bei d lastet, kommt noch die Quecksilbersäule c′d von 76 cm.

Gießt man noch weiter Quecksilber ein, bis es im längeren Schenkel 2·76 cm höher als im kürzeren steht, so nimmt die Luft dort nur noch den dritten Teil des ursprünglichen Raumes ein; das Quecksilber im längeren Schenkel steht bis f, im kürzeren bis e, wobei e′f = 2·76 cm; die Luft im kürzeren Schenkel steht jetzt unter einem Drucke von 3 Atmosphären. Diese Versuche sind bis zu einem Drucke von 27 Atmosphären fortgesetzt worden und haben das Gesetz ergeben:

Das Volumen der Gase ist dem auf ihnen lastenden Drucke umgekehrt proportional.

Daß die Spannkraft des Gases, sobald Gleichgewicht eingetreten ist, d. h. das Gas sich nicht weiter zusammenzieht, dem Drucke, unter welchem es steht, gleich ist, versteht sich nach dem Princip von der gleichen Wirkung und Gegenwirkung von selbst; wäre der Druck größer als die Spannkraft des Gases, so müßte es sich noch mehr zusammenziehen, im anderen Falle aber ausdehnen, bis Druck und Spannkraft gleich geworden sind. Durch einen anderen Apparat kann man nachweisen, daß das Mariottesche Gesetz auch für verdünnte Gase gilt; wird der Druck auf die Hälfte verringert, so dehnt sich das Gas auf den doppelten Raum aus u. s. w.

Fig. 84.

Manometer mit geschlossener Röhre.

Man ist der Ansicht, daß die Moleküle der Gase, zwischen denen keine Kohäsion mehr herrscht, in geradlinig fortschreitender Bewegung seien und diese fortsetzten, bis sie gegen ein anderes Molekül oder gegen eine feste Wand stießen, wo sie abprallend sich nach einer anderen Richtung hin bewegten. Unter „Druck" oder „Spannkraft" eines Gases versteht man danach den Stoß, welchen die Gasmoleküle auf jeden qcm der einschließenden Gefäßwände ausüben.

Auf dem Mariotteschen Gesetz beruht auch das Manometer mit geschlossener Röhre (Fig. 84). Unter einem Manometer versteht man einen Apparat, welcher zur Messung der Spannkraft von Gasen und Dämpfen dient. Es besteht aus einer starkwandigen, an einem Ende geschlossenen Glasröhre, welche mit dem anderen offenen Ende luftdicht in ein Gefäß mit Quecksilber taucht. An dem Gefäß ist eine Seitenröhre m, welche mit einem Dampfkessel in Verbindung gesetzt werden kann. Läßt man den Dampf durch m über das Quecksilber in das Gefäß strömen und übt derselbe etwa einen Druck von 3 Atmosphären aus, so hebt er das Quecksilber in der Röhre; die Luft in derselben wird dadurch komprimiert, bis sie vereint mit der gehobenen Quecksilbersäule einen Gegendruck von 3 Atmosphären ausüben kann. Da auch die gehobene Quecksilber=

säule an dem Drucke teilnimmt, so kann bei einer Dampfspannung von 3 Atmosphären die Luft in der Röhre nicht ganz bis zum dritten Teil ihres Volumens komprimiert werden. Man eicht ein solches Manometer, indem man es mit einem bereits geeichten auf demselben Dampfkessel anbringt und sich die Stellen bezeichnet, wo das Quecksilber an den ersteren steht, wenn das letztere 2, 3, 4 . . Atmosphären anzeigt.

Ein anderes Manometer, für geringeren Druck sich eignend, ist gerade so beschaffen wie das vorige, nur daß die Glasröhre oben offen ist; bei einem Dampfdruck von 2 Atmosphären steht das Quecksilber in der Röhre 76 cm hoch; bei 3 Atmosphären bereits 2·76 cm u. s. w. Die Röhre müßte also bei hohem Drucke eine übermäßige Länge haben.

Fig. 85.

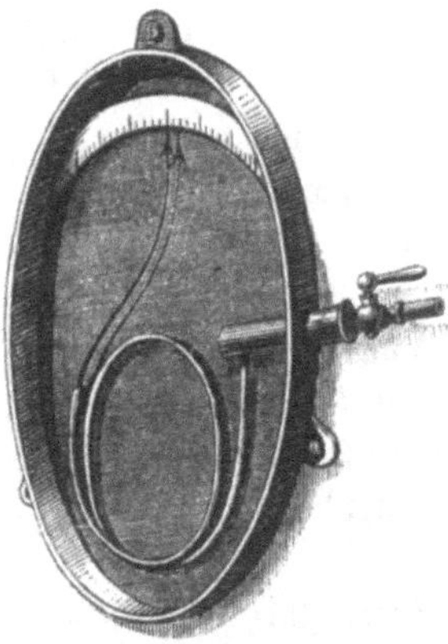

Metallmanometer.

Fig. 86.

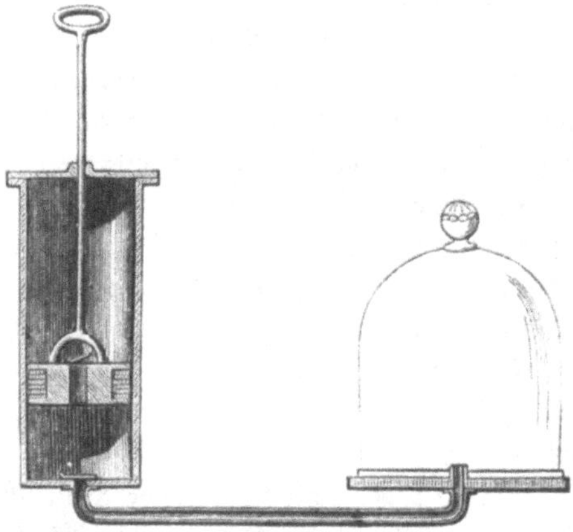

Ventilluftpumpe.

Fig. 85 zeigt einen Metallmanometer. Er besteht aus einer Metallröhre, deren eines Ende mit dem Dampfkessel in Verbindung steht, das andere aber einen Zeiger trägt. Beim Einströmen des Dampfes verändert die Röhre ihre Form und der Zeiger fängt an sich zu bewegen (vergleiche §. 54).

§. 56. Die Luftpumpe.

§. 56. Die Luftpumpe. Die Luftpumpe dient dazu, um einen luftleeren Raum zu erzeugen. Sie besteht aus einem Metall- oder Glascylinder, Stiefel genannt (Fig. 86), in welchem sich ein Kolben luftdicht auf- und abbewegen kann. Bei einer Art von Luftpumpen, den sogenannten Ventilluftpumpen, ist der Kolben hohl und trägt oben ein nach außen aufgehendes Ventil. Das Ende des Stiefels kommuniziert durch eine Röhre, welche mit einem nach dem Inneren des Stiefels hin sich öffnenden Ventil versehen ist, mit einem flachen gut abgeschliffenen Teller, dem Recipienten; auf diesen läßt sich eine Glasglocke luftdicht aufstellen und unter dieselbe werden die Gegenstände gebracht, deren Verhalten im luftleeren Raum man untersuchen will.

Denkt man sich den Kolben am unteren Ende des Stiefels und zieht ihn auf, so entsteht unter ihm ein leerer Raum, in welchem die Luft der Röhre und der Glocke, nachdem sie das Ventil gehoben hat, einströmt. Währenddessen bleibt das Ventil im Kolben geschlossen, da der Druck der Luft von oben größer ist als der von unten.

Wird der Kolben heruntergedrückt, so wird die Luft unter dem Kolben verdichtet und will wieder in die Röhre nach der Glasglocke strömen, drückt aber dabei das Ventil zu, so daß sie nicht aus dem Stiefel entweichen kann; sie verdichtet sich infolgedessen und wenn ihre Spannkraft größer geworden ist als eine Atmosphäre, so öffnet sich das Ventil im Kolben und die Luft strömt ins Freie. Auf diese Art wird ein Teil der Luft, welche in der Glocke enthalten war, entfernt. Dasselbe Spiel wiederholt sich, wenn man den Kolben, nachdem er unten angekommen, auf- und niederbewegt.

Fig. 87.

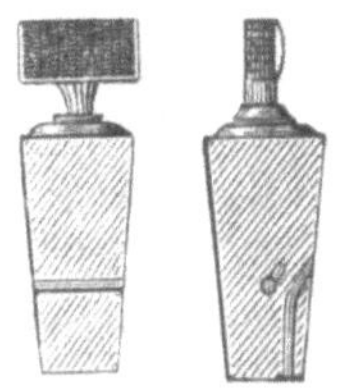

Hahn zur Hahnluftpumpe. Durchschnitt desselben.

Außer Ventilluftpumpen hat man auch Hahnluftpumpen. Bei diesen ist der Kolben nicht durchbohrt, sondern solid, die Ventile fehlen, statt ihrer aber ist in der Röhre unmittelbar unter dem Teller ein Hahn drehbar angebracht. Der Hahn ist doppelt durchbohrt (Fig. 87), einmal gerade durch und einmal von oben nach vorn. Stellt man den Hahn so, daß die gerade Durchbohrung von oben nach unten steht, so sind Röhre und Recipient mit einander in Verbindung. Zieht man nun den am unteren Ende befindlichen Kolben in die Höhe, so strömt die Luft aus der Glocke durch den Hahn und die Röhre nach dem Stiefel; dreht man nun, wenn der Kolben oben ist, den Hahn um, so daß die Glocke abgesperrt und der Stiefel mit der freien Luft kommuniziert, so wird beim Nie-

Fig. 88.

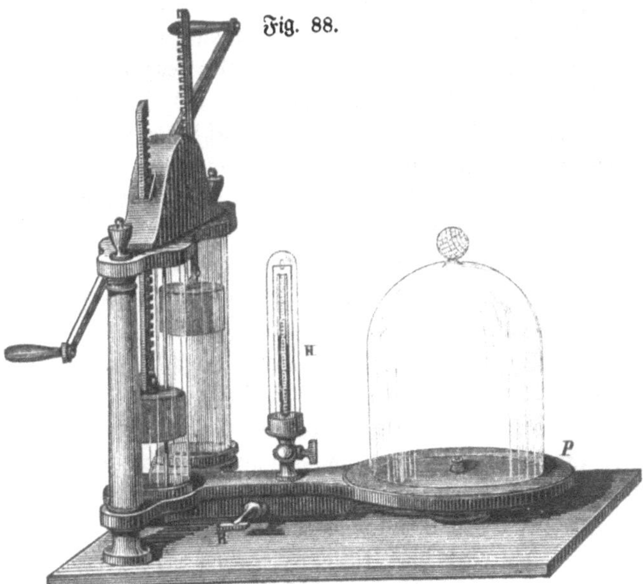

Zweistiefelige Luftpumpe mit Barometerprobe.

verdrücken des Kolbens die im Stiefel enthaltene Luft ins Freie getrieben. Ist der Kolben unten angekommen, so dreht man den Hahn wieder um, so daß er seine erste Stellung erlangt und wiederholt das beschriebene Verfahren, bis man annehmen kann, daß die Luft in hohem Grade verdünnt ist, denn einen völlig luftleeren Raum zu erzeugen ist man nicht imstande.

Zur Beurteilung der Größe der Luftverdünnung in der Glasglocke dient die sogenannte Barometerprobe H, welche in der zweistiefeligen Luftpumpe (Fig. 88) zu sehen ist; es ist dies ein unter einer kleinen Glocke stehendes verkürztes Barometer von etwa 10 cm Höhe; die Glocke steht mit der Röhre in Verbindung und wird ebenfalls luftleer, wenn die Pumpe in Thätigkeit gesetzt wird. Nach den ersten Kolbenzügen bleibt das Quecksilber in der Barometerprobe noch ruhig stehen, denn das Quecksilber möchte in dem geschlossenen Schenkel 76 cm hoch stehen und fängt erst an zu fallen, wenn die Luft so stark verdünnt ist, daß sie das Quecksilber nicht mehr 10 cm hoch halten kann. Es giebt Luftpumpen, mittels deren man bis auf 1—2 mm auspumpen kann, d. h. bis das Quecksilber in dem geschlossenen Schenkel nur noch 1—2 mm höher steht, als in dem offenen.

§. 57. Versuche auf der Luftpumpe.

§. 57. Versuche auf der Luftpumpe. 1) Spannt man eine Blase über einen Metall- oder Glascylinder, welcher auf dem Teller der Luftpumpe steht und pumpt aus, so wird die Blase durch den überwiegenden äußeren Luftdruck nach innen gebogen und platzt schließlich auseinander.

2) Ist in eine kleine Glocke oben ein ausgehöhltes Holzstück eingekittet, gießt man Quecksilber in die Höhlung und pumpt aus, so wird das Quecksilber durch die Poren des Holzes gepreßt (Quecksilberregen).

3) Zwei Halbkugeln von Messing, welche gut auf einander passen, lassen sich, nachdem die Luft ausgepumpt worden, nur mit sehr großer Anstrengung auseinanderreißen (Magdeburgsche Halbkugeln).

4) Ein Licht erlischt und ein Tier stirbt unter der Luftpumpenglocke, wenn die Luft ausgepumpt wird.

5) Ein Schlagwerk unter der Luftpumpe tönt immer schwächer, je mehr sich beim Auspumpen die Luft verdünnt und wird schließlich unhörbar.

6) Befinden sich in einer Röhre Körper von verschiedenem specifischen Gewicht (Bleikugel, Flaumfeder u. s. w.), so fallen dieselben nach dem Auspumpen gleichschnell von einem Ende der Röhre nach dem andern.

7) Wasser, welches bis 30 oder 40°C. erhitzt worden, fängt bei starker Verdünnung zu sieden an; die Dampfblasen im Innern des Wassers brauchen keine so hohe Temperatur und Spannkraft zu besitzen, um dem verminderten äußeren Druck das Gleichgewicht halten zu können.

8) Stellt man zwei Uhrgläschen, von denen das untere etwas Wasser, das obere Äther enthält, ineinander und unter die Luftpumpe, so verdunstet bei

der Verdünnung der Luft der Äther sehr rasch, wobei eine solche Kälte entsteht, daß das Wasser im unteren Gläschen gefriert.

§. 58. Saug- und Druckpumpe. 1) Eine Saugpumpe besteht aus einem Cylinder (Stiefel), in welchem sich ein Kolben auf- und abbewegen kann (Fig. 89). §. 58. Saug- und Druckpumpe.
An dem Stiefel ist unten ein Ventil, welches sich nur nach oben öffnen kann und eine Röhre, welche in den Wasserbehälter (Sumpf) taucht. Der Kolben ist durchbohrt und hat ebenfalls ein Ventil, welches sich nur nach oben öffnen kann.

Befindet sich der Kolben am unteren Ende des Stiefels und zieht man ihn aufwärts, so entsteht unter ihm ein luftverdünnter Raum, so daß das Wasser im Sumpf durch den überwiegenden Druck der äußeren Luft in dem Stiefel aufsteigt, indem zugleich das Bodenventil geöffnet wird; das Kolbenventil dagegen bleibt geschlossen, weil der Luftdruck von außen größer ist als von innen. Bewegt man nun den Kolben abwärts, so wird die noch im Stiefel vorhandene Luft komprimiert und drückt sowohl nach unten gegen das Wasser, welches abwärts strömen will, aber sich den Weg selbst versperrt, indem es das Bodenventil schließt, als auch nach oben gegen das Kolbenventil, so daß dieses gehoben wird und die Luft entweichen läßt. Schließlich kommt der Kolben auch an das Wasser, welches über dem Kolben sich ansammelt. Bewegt man wieder den Kolben aufwärts, so entsteht unter demselben ein verdünnter Raum, das Kolbenventil schließt, das Bodenventil öffnet sich, neues Wasser steigt in dem Stiefel auf und das über dem Kolben befindliche fließt, wenn es bis zum Ausflußrohre gehoben ist, dort aus.

Fig. 89.

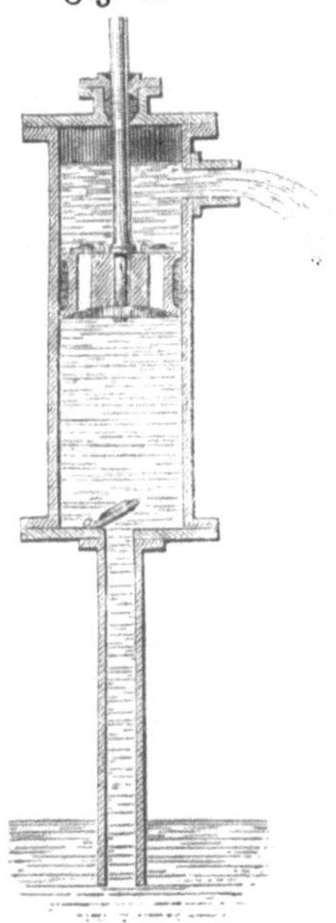

Saugpumpe.

Fig. 90.

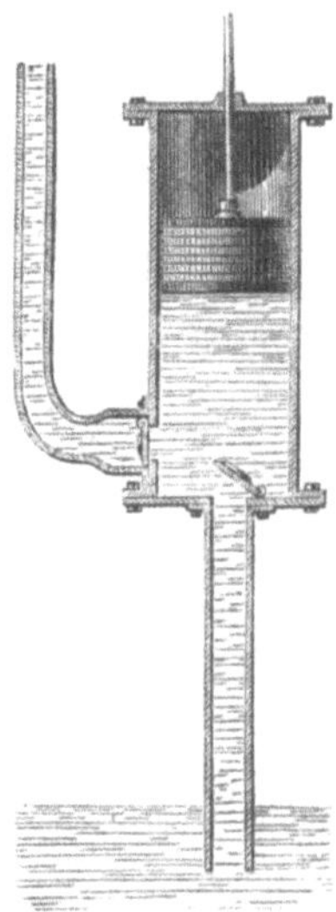

Druckpumpe.

Das Wasser wird in der Saugpumpe durch den Druck der äußeren Luft gehoben; wenn auch die Pumpe noch so gut ist, so kann doch das Wasser nicht höher als ca. 10 m gehoben werden (§. 53). Eine größere Hubhöhe erreicht man mit der sogleich zu beschreibenden Druckpumpe.

2) Die Druckpumpe (Fig. 90), welche mit der Saugpumpe den Stiefel, den Kolben, das Saugrohr und das Bodenventil gemein hat, besitzt im Kolben kein

Ventil, sie hat statt dessen noch ein seitlich am Stiefel angebrachtes Steigrohr, in welchem sich ein nach außen aufgehendes Ventil, das Druckventil befindet. Beim Aufziehen des Kolbens öffnet sich das Bodenventil und das Wasser steigt im Saugrohr auf, während das Druckventil geschlossen bleibt; beim Abwärtsgehen des Kolbens dagegen schließt sich das Bodenventil, während das Druckventil sich öffnet und das Wasser durch den Kolben über das Druckventil in das Steigrohr gepreßt wird u. s. w. Steht das Wasser schon ziemlich hoch im Steigrohr, so öffnet sich das Druckventil erst, wenn auf den Kolben beim Abwärtsgehen ein Druck ausgeübt wird, welcher dem Gewicht des darüber stehenden Wassers zusammen mit dem Luftdruck das Gleichgewicht hält.

§. 59. Der Heronsball und die Feuerspritze.

§. 59. Der Heronsball und die Feuerspritze. 1) Unter einem Heronsball versteht man ein verschlossenes, teilweise mit Wasser gefülltes Gefäß, z. B. eine Kochflasche (Fig. 91), durch deren Verschluß eine in eine feine Spitze endigende Röhre bis fast auf den Boden geht. Bläst man in die Röhre, so kommen am Ende derselben Blasen hervor, welche in der Flüssigkeit aufsteigen. Hört man mit Blasen auf, so springt das Wasser aus der Röhre in die Höhe. Durch das Einblasen von Luft wird die bereits über dem Wasser befindliche Luft verdichtet, so daß innen der Druck größer ist als außen; das Aufspringen des Wassers dauert nur so lange, bis die Luft sich soweit ausgedehnt hat, daß ihr Druck auf den einer Atmosphäre herabgegangen. — Man kann aber auch den Heronsball dadurch zum Springen veranlassen, daß man ihn unter die Luftpumpe bringt; wird die äußere Luft verdünnt, so überwiegt der Druck der inneren Luft. — Eine dritte Art, den Heronsball in Thätigkeit zu setzen, besteht darin, daß man durch ein Steigrohr am Boden Wasser einpumpt; indem das Wasser in dem Gefäße aufsteigt, komprimiert es die Luft.

Fig. 91.

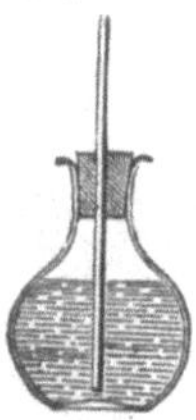

Heronsball.

Fig. 92.

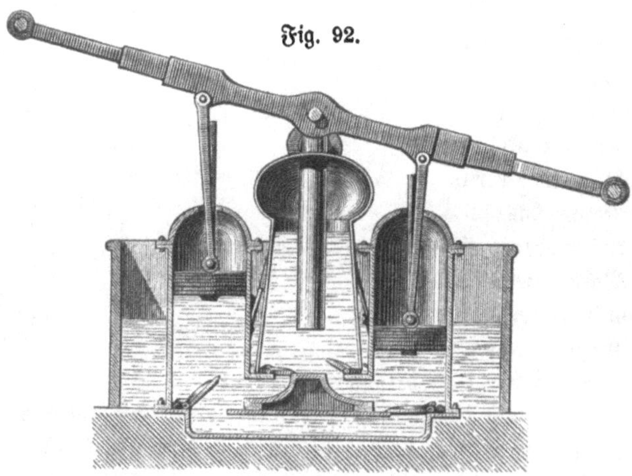

Feuerspritze.

2) Die Feuerspritze (Fig. 92) ist eine Verbindung zweier Druckpumpen mit einem Heronsball; sie steht gewöhnlich in einem Kasten, welcher beständig gefüllt erhalten wird. An dem Heronsball (in der Mitte der beiden Pumpen) sind am Boden zwei Ventile, welche nach innen aufgehen; es sind dies die Druckventile der Pumpen. Werden die Pumpen mittels eines langen Hebels in Gang gesetzt, so saugt die eine (deren Kolben aufwärts geht) Wasser aus dem Kasten in den Pumpenstiefel, während die andere Wasser durch das ihr zunächst liegende geöffnete Ventil am Heronsball in diesen einpumpt. Die im oberen Teil des Heronsballes befindliche komprimierte Luft treibt das Wasser durch die Röhre in die Höhe. Ist die Luft auf $1/2$, $1/3$, $1/4$ ... ihres ursprünglichen Raumes komprimiert, so spritzt das Wasser 10 m, 20 m, 30 m ... hoch; die innere Luft hat einen „Überdruck“ (über die äußere) von 1, 2, 3 . . . Atmosphären.

Durch Anwendung zweier Druckpumpen kann der Wasserstand im Heronsball auch beim Ausspritzen immer auf derselben Höhe gehalten werden, da stets, abwechselnd durch die eine und die andere Pumpe, Wasser zugeführt wird.

§. 60. Der Heber. Man pflegt zwei Arten von Hebern zu unterscheiden, den Stechheber und den Winkelheber; der erstere, welcher dazu dient, eine geringe Menge Flüssigkeit aus einem Gefäße zu nehmen, besteht aus einer Röhre, welche oben bauchig erweitert ist (Fig. 93). Stellt man ihn mit dem unteren Ende in eine Flüssigkeit und saugt am oberen, so steigt die Flüssigkeit in der Röhre durch den überwiegenden Druck der äußeren Luft auf; hält man nun den Daumen auf die obere Öffnung, so kann man den Heber aus der Flüssigkeit nehmen, ohne daß etwas ausläuft, wenn die untere Öffnung hinreichend eng ist. Hält man den Heber über ein kleineres Gefäß und lüftet den Daumen, so fließt die Flüssigkeit aus. §. 60. Der Heber.

Fig. 93.

Stechheber.

Fig. 94.

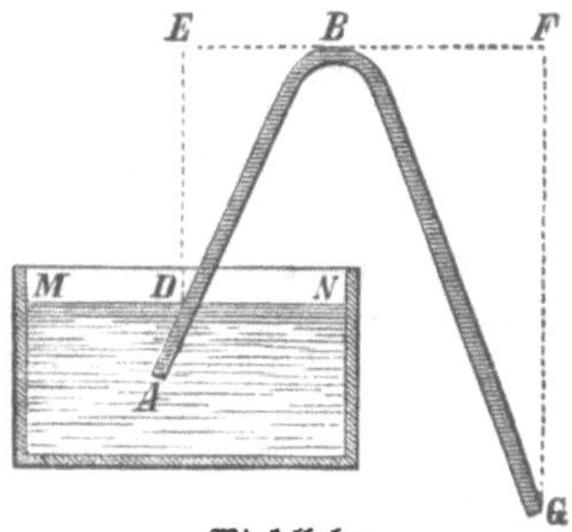

Winkelheber.

Der Winkelheber besteht aus einer gebogenen Glas- oder Metallröhre (Fig. 94). Er dient dazu, um die Flüssigkeit aus einem Gefäße in ein anderes überzuführen. Zu dem Zwecke taucht man das kürzere Heberende in das zu entleerende Gefäß und saugt am anderen Ende die Luft aus. Beträgt die Höhe D E wie immer, weniger als 10 m, so steigt das Wasser durch den Druck der Luft auf die Oberfläche M N der Flüssigkeit über den höchsten Punkt B des Hebers und fließt bis ans untere Ende G, von dem wir zunächst annehmen, daß es tiefer steht als die Oberfläche M N der Flüssigkeit in dem Gefäße. Nimmt man den Mund weg, so fließt das Wasser bei G beständig aus.

Liegt G mit MN in derselben Horizontalen, so bleibt das Wasser stehen, liegt G höher als MN, so fließt das Wasser nach dem Gefäß zurück.

Auf das Wasser bei D drückt nämlich die atmosphärische Luft und ihr entgegen die Wassersäule BD von der Höhe ED; da ED gewöhnlich kleiner als 10 m ist, so überwiegt der Luftdruck und es wird das Wasser mit dem Unterschiede der genannten Drucke nach G hingetrieben. Auf das ausfließende Wasser bei G drückt die atmosphärische Luft und will das Wasser nach dem Gefäße zurücktreiben; ihr entgegen wirkt die Wassersäule BG von der Höhe GF; ist nun, wie in unserer Figur, $FG > ED$, so wird der Luftdruck bei G durch die entgegenwirkende Wassersäule von der Höhe GF mehr geschwächt, als der Luftdruck bei D durch die ihr entgegenwirkende niedrigere Wassersäule (von der Höhe DE); es überwiegt also in diesem Falle der Druck bei D.

Steht G in gleicher Höhe mit MN, so sind auf beiden Seiten Luft- und Wasserdruck einander gleich und das Wasser kann deshalb weder vor-, noch rückwärtsfließen. Steht aber G höher als MN, so steht der Luft bei G ein geringerer Wasserdruck entgegen als bei D, der Luftdruck bei G überwiegt also und treibt das Wasser nach dem Gefäße zurück.

§. 61. Der Blasbalg.

§. 61. Der Blasbalg. Der gewöhnliche Blasbalg (Fig. 95), welcher zum Anfachen des Feuers benutzt wird, besteht aus zwei durch Leder verbundenen Holzplatten, von denen die eine (a) beweglich, die andere (b) fest ist; in der letzteren befindet sich außerdem ein Ventil v, welches sich nur nach innen öffnen kann. Der von den beiden Holzplatten und dem Leder gebildete Hohlraum endet vorn in eine eiserne Düse d, welche mit der Platte b fest und mit der a beweglich verbunden ist.

Fig. 95.

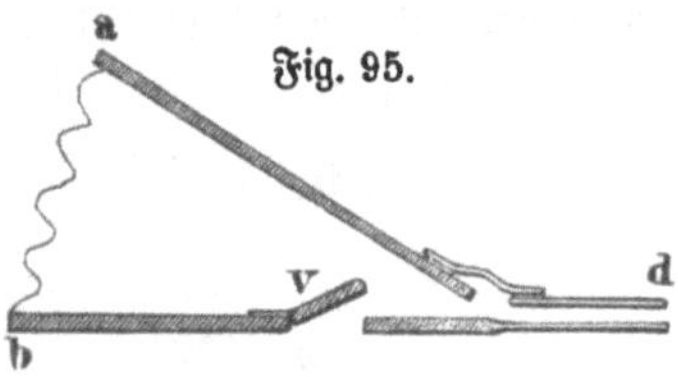

Einfacher Blasbalg.

Zieht man die Platte a auf, so entsteht im Blasbalg wegen Vergrößerung des Volumens ein verdünnter Raum, weshalb die äußere Luft durch das Ventil v und die Düse d einströmt; würde man in der Düse ein Ventil anbringen, welches sich nur nach außen öffnet, so könnte die Luft nur durch v einströmen. Drückt man den Blasbalg wieder zusammen, so schließt die komprimierte Luft das Ventil v und strömt durch die Düse aus.

Fig. 96.

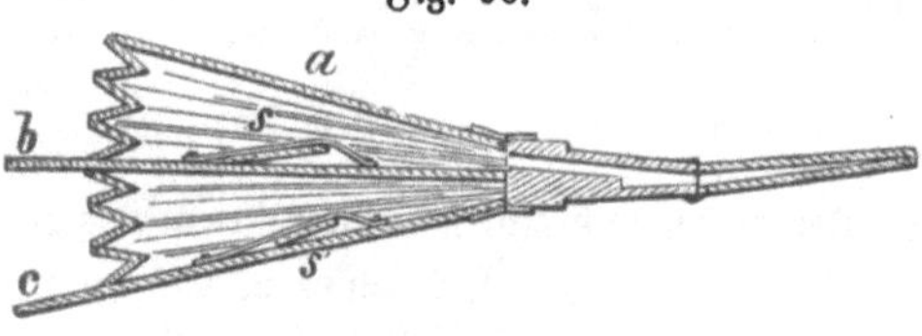

Zusammengesetzter Blasbalg.

Dieser einfache Blasbalg hat den Nachteil, daß die Luft nur beim Zusammenpressen ausströmt, und daß beim Aufziehen, wenn sich kein Ventil in der Düse d befindet, die Flamme sogar in den Blasbalg hineinschlägt. Bei dem zusammengesetzten oder Schmiede-Blasbalg (Fig. 96) ist dieser Übelstand vermieden, die Luft strömt beständig durch die Düse ins Feuer.

Er besteht aus 3 Holzplatten a, b und c, von denen die mittlere fest, die beiden äußeren aber beweglich und mit jener durch Leder verbunden sind. Der Schmiede-Blasbalg hat also zwei Hohlräume, von denen der obere mit einer Düse in Verbindung steht. In den Platten b und c befinden sich ferner zwei Ventile s und s', welche sich nur nach innen öffnen können. An der unteren Platte c hängt gewöhnlich ein Gewicht und auf der oberen a liegt ein schwerer Stein. Preßt man den unteren Hohlraum zusammen, so schließt die in demselben sich verdichtende Luft das Ventil s', öffnet s und ergießt sich in den oberen Hohlraum, um von da durch die Düse auszuströmen. Läßt man den unteren Hohlraum wieder auseinander gehen, so schließt sich das Ventil s, während s' sich öffnet; der untere Raum saugt wieder Luft ein, um sie beim Zusammenpressen an den oberen abzugeben. Wenn man anfangs den unteren Raum rasch hintereinander komprimiert und sich wieder ausdehnen läßt, so sammelt sich, indem durch die Düse die Luft nicht so rasch ausströmen kann, soviel Luft in dem oberen Raume an, daß späterhin auch bei langsamerer Bewegung noch genügend Luft in dem oberen Raum ist, welche durch die Düse ausströmen kann, während der untere Raum sich ausdehnt, um neue Luft einzusaugen. Auf diese Art wird das Ausströmen der Luft durch die Düse kontinuierlich.

II. Die Lehre von der Wärme.

a. Ausdehnung der Körper durch die Wärme.

§. 62. Begriff und Quellen der Wärme. Viele Körper (die Sonne, ein geheizter Ofen) bringen auf unser Gefühl eine eigentümliche Wirkung hervor, welche wir mit dem Namen W ä r m e bezeichnen. Die vornehmlichste Wärmequelle ist die Sonne, ihr zunächst steht die Erde selbst, welche eine bedeutende innere Wärme besitzt. Wärme kann künstlich erzeugt werden durch Reibung, Stoß und Schlag, durch Bohren, Hämmern und Feilen, kurz durch mechanische Arbeit. Hierauf beruhen die meisten Feuerzeuge; schon die Wilden haben durch Reiben trockener Holzstücke aneinander Feuer gemacht. — Beim Verbrennen der Körper (Holz, Steinkohle) entwickelt sich Wärme durch chemische Prozesse. — Auch durch Verdichtung kann Wärme erzeugt werden: In eine gläserne Röhre (Fig. 97) läßt sich ein genau anschließender Kolben mit Hilfe einer Stange auf- und abbewegen. Stößt man den Kolben, in dessen Ende man ein kleines Stück Zunder befestigt hat, rasch in die Röhre, so wird der Zunder so heiß, daß er zu brennen anfängt. Leichter

§. 62. Begriff und Quellen der Wärme.

Fig. 97.

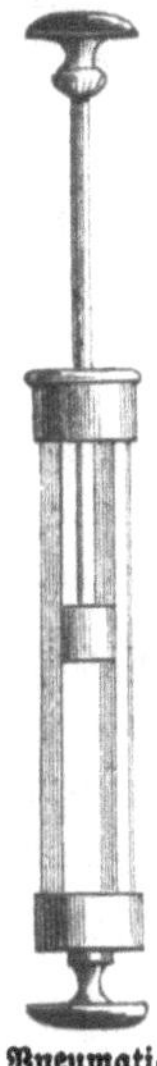

Pneumatisches Feuerzeug.

noch gelingt der Versuch, wenn man ein Stück Baumwolle, welches mit Schwefelkohlenstoff befeuchtet ist, an den Kolben anhängt (Pneumatisches Feuerzeug). Viele poröse Körper vermögen durch Adhäsion Luft und andere Gase so sehr in ihren Poren zu verdichten, daß sie durch die hierbei entstehende Wärme zu glühen oder zu brennen anfangen. Nicht selten hat sich schon Holzkohlenpulver, namentlich frisch ausgeglühtes, von selbst entzündet und in der Chemie wird gezeigt werden, daß Platinschwamm große Mengen Wasserstoff in seinen Poren verdichten kann, wobei er sich so sehr erhitzt, daß er glühend wird und den Wasserstoff entzündet (Döbereinersches Feuerzeug).

Früher hielt man die Wärme für einen Stoff, welcher in den heißen Körpern in großer Menge enthalten sei; ein heißer Körper kann, nach dieser Ansicht, andere Körper dadurch erhitzen, daß er Wärmestoff an sie abgiebt.

Zahlreiche Erfahrungen und Versuche machen indes die Ansicht wahrscheinlich, daß die Wärme eine Art (unsichtbare) Bewegung der kleinsten Teile (Moleküle) der Körper sei.

Ein Körper ist um so heißer, je lebhafter die Moleküle in Bewegung sind. Die Kälte ist von der Wärme nur durch den geringeren Grad der Bewegung der Moleküle verschieden. Durch Reibung, Stoß, Schlag, Zusammendrückung u. s. w. werden die Moleküle der Körper erschüttert; es verwandelt sich die hierbei geleistete Arbeit, resp. die äußere sichtbare Bewegung, in innere Arbeit, in unsichtbare Bewegung der Moleküle. Bei festen Körpern, bei denen wegen der starken Kohäsion die Moleküle sich nicht weit von einander entfernen können, findet schwingende Bewegung der Moleküle statt; bei den flüssigen Körpern können die Moleküle gleichzeitig, während sie schwingen, übereinander weggleiten, und bei den gasförmigen Körpern, deren Moleküle keine Kohäsion mehr haben, findet geradlinigfortschreitende Bewegung mit um so größerer Geschwindigkeit statt, je größer die Wärme des Gases ist.

Unter **Temperatur** oder „Wärmegrad" versteht man die Intensität der Bewegung der Moleküle.

Je höher die Temperatur eines Gases, um so größer ist die fortschreitende Geschwindigkeit seiner Moleküle und um so größer der „Druck" oder die „Spannkraft", d. h. der Stoß der Moleküle gegen jeden Quadratcentimeter der einschließenden Gefäßwände.

§. 63. Wirkungen der Wärme.

§. 63. Wirkungen der Wärme. Die Wärme hat verschiedene Wirkungen: sie wirkt auf unser Gefühl, sie dehnt die Körper aus und ist imstande, den Aggregatzustand derselben zu verändern. Eine Kugel, welche kalt durch einen Ring gerade hindurchgeht, geht erwärmt nicht mehr durch denselben; in einer enghalsigen Kochflasche sieht man das Wasser beim Erhitzen merklich steigen, noch mehr, wenn man einen Stöpsel mit enger Glasröhre aufsetzt. Befindet sich in einer sehr engen Glasröhre, welche an eine Glaskugel angeschmolzen ist, ein Quecksilbertropfen, so kann man schon durch die Wärme der Hand eine solche Ausdehnung der Luft bewirken, daß der Tropfen rasch aufsteigt. — Eis, Wachs, Blei werden schon bei geringer Wärme flüssig; Äther, Spiritus, Wasser gehen beim Erhitzen in Dampf über.

§. 64. Thermometer. Unser Gefühl ist kein zuverlässiger Wärmemesser; der eine findet denselben Raum warm, der andere kühl; taucht man die eine Hand in warmes, die andere in kaltes und darauf beide in laues Wasser, so hat die eine Hand das Gefühl der Kälte, die andere das der Wärme. §. 64. Thermometer

Zum genaueren Messen der Temperatur dienen die Thermometer (Wärmemesser); sie beruhen meist darauf, daß ein Körper in höherer Temperatur einen größeren Raum einnimmt, als in niederer; auch giebt es einige, wie Quecksilber und besonders Luft, von denen man Ursache hat anzunehmen, daß sie sich (annähernd) gleichmäßig mit der Temperatur ausdehnen. Das gebräuchlichste Thermometer ist das Quecksilberthermometer. Eine dickwandige enge Glasröhre, welche überall gleiche Weite hat, wird an einem Ende zu einem länglichen Hohlraum d (Fig. 98) oder einer Kugel aufgeblasen, während man dem anderen Ende eine trichterartige Gestalt giebt. Man erhitzt nunmehr den Hohlraum d und gießt dann rasch Quecksilber in b; durch das Erhitzen hat sich die Luft ausgedehnt und ist ein Teil derselben aus der Röhre entwichen; läßt man nun erkalten, so zieht sich die Luft in d und in der Röhre zusammen und das Quecksilber fließt in das Gefäß d herab. Durch mehrmalige Wiederholung dieses Verfahrens gelingt es, das Gefäß d und einen Teil der Röhre c mit Quecksilber zu füllen. Hierauf erhitzt man d, bis das Quecksilber an die verengte Stelle a gekommen und schmilzt mittels des Lötrohres bei a zu. Beim Erkaltenlassen zieht sich das Quecksilber wieder in den unteren Teil der Röhre und der obere ist luftfrei. Um nun die Einteilung in „Grade" herzustellen, bringt man das Thermometer in schmelzendes Eis; das Quecksilber zieht sich etwas zusammen und wenn dasselbe einen festen Stand angenommen, so bemerkt man sich diesen Punkt; er wird der Gefrierpunkt genannt; es ist ein fester Punkt, d. h. das Thermometer nimmt stets denselben Stand wieder ein, sobald es in schmelzendes Eis oder frierendes Wasser gestellt wird.

Fig. 98.

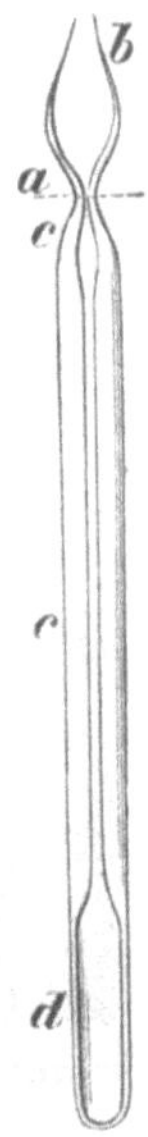

Quecksilber-thermometer.

Ein anderer (annähernd) fester Punkt ist der Siedepunkt des Wassers; um ihn zu erhalten, stellt man das Thermometer in siedendes Wasser, besser noch in die Dämpfe desselben. Der Siedepunkt ändert sich indessen mit dem Luftdrucke und deshalb ist es gut den Versuch vorzunehmen, wenn gerade der mittlere Luftdruck von 760 mm stattfindet (im anderen Falle ist man genötigt, eine durch Rechnung zu bestimmende Korrektion anzubringen).

Den Abstand zwischen dem Gefrier- und dem Siedepunkt nennt man den Fundamentalstand. Derselbe wird bei dem Thermometer nach Reaumur in 80, bei Celsius in 100 und bei Fahrenheit in 180 Theile oder Grade geteilt. Dabei schreiben Reaumur und Celsius an den Gefrierpunkt 0, also an den Siedepunkt der erste 80, der andere 100; Fahrenheit dagegen schreibt an den Gefrierpunkt 32, an den Siedepunkt also 212. Der Nullpunkt des Fahrenheitschen Thermometers liegt 32 Fahrenheitsche (oder circa 17 Celsiussche) Grade unter dem Gefrierpunkt des Wassers; er bezeichnet die größte Kälte, welche Fahrenheit im Winter 1709 erlebt hat.

Fig. 99.

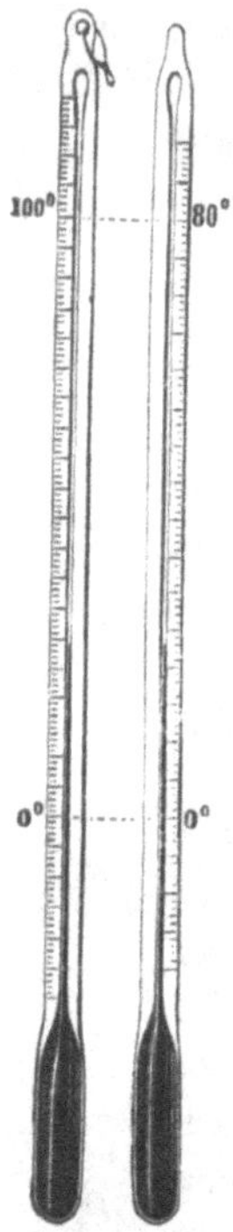

Thermometer.

Die Einteilung nach Graden setzt man auch über den Siedepunkt und unter den Gefrierpunkt fort und nennt die Grade unter dem Gefrierpunkt Kältegrade (—) und über demselben Wärmegrade (+).

Fig. 99 zeigt das Thermometer nach Reaumur und Celsius; das erstere ist vorzugsweise in Deutschland, das letztere in Frankreich in Gebrauch; während das Thermometer nach Fahrenheit in England und Amerika heimisch ist; in der Wissenschaft benutzt man durchweg das hundertteilige (Celsiussche) Thermometer.

Was die Verwandlung einer beliebigen Zahl Wärmegrade nach dem einen Thermometer in die nach einem der beiden andern betrifft, so ist zu bemerken, daß Reaumur auf demselben Raum 80 Grade hat, auf welchem Celsius 100 und Fahrenheit 180 besitzt; das Verhältnis der Gradezahlen bei den 3 Thermometern ist also 4:5:9. Bedenkt man noch, daß Fahrenheit am Gefrierpunkt nicht die Zahl 0, sondern 32 hat, so lassen sich folgende Verwandlungsformeln aufstellen:

$$n^0R = \frac{5}{4} n^0C; \; n^0R = \left(\frac{9}{4} n + 32\right)^0 F;$$

$$n^0C = \frac{4}{5} n^0R; \; n^0C = \left(\frac{9}{5} n + 32\right)^0 F;$$

$$n^0F = \frac{4}{9}\left(n - 32\right)^0 R; \; n^0F = \frac{5}{9}\left(n - 32\right)^0 C.$$

§. 65. Ausdehnung der Körper durch die Wärme.

§. 65. Ausdehnung der Körper durch die Wärme. Die Ausdehnung der festen Körper durch die Wärme kann man auf verschiedene Art nachweisen: 1) Eine Kugel, welche bei gewöhnlicher Temperatur durch einen Ring hindurchgeht, geht erhitzt nicht mehr durch. 2) Eine Eisen- oder Messingstange ist an ihrem einen Ende festgemacht, während sie mit dem andern gegen den kurzen Arm eines Winkelhebels stößt, dessen langer Arm mit seiner Spitze bis an einen eingeteilten Quadranten reicht. Wird die Stange erhitzt, so dreht sich der Hebel und die Spitze des langen Hebelarms zeigt die Ausdehnung der Stange in so vielfacher Vergrößerung, als der lange Arm größer ist als der kurze. Wird ein fester Körper erwärmt, so dehnt er sich verhältnismäßig weniger aus, als ein flüssiger oder gasförmiger, weil die Kohäsion bei ihm beträchtlich größer ist; auch dehnen sich die festen Körper bei gleicher Wärmezufuhr in höherer Temperatur um mehr aus als in niederer, weil die Kohäsion um so geringer wird, je weiter die Teilchen auseinanderrücken. Eine Eisenstange von 1 m Länge dehnt sich, wenn sie von 0 bis 1° C. erhitzt wird, um $\frac{1}{90000}$ m, eine ebenso große Glasstange um $\frac{1}{120000}$ m und eine Zinkstange um $\frac{1}{33900}$ m aus. Die Anzahl von Längeneinheiten, um welche sich die Längeneinheit eines Körpers ausdehnt, wenn er von 0—1° C. erhitzt wird, wird sein Ausdehnungskoefficient genannt: er beträgt bei Eisen $\frac{1}{90000}$, bei Glas $\frac{1}{120000}$, bei Zink $\frac{1}{33900}$; bei Kupfer $\frac{1}{58200}$, bei Silber $\frac{1}{52400}$, bei Gold $\frac{1}{64500}$ rc. Eine Silberstange, welche bei 0° C. eine Länge von 4 m besitzt, dehnt sich, wenn sie bis 25° C. erhitzt wird, um $\frac{1}{52400} \cdot 4 \cdot 25\,\text{m} = \frac{1}{524}$ aus und hat alsdann eine Länge von $4\frac{1}{524}$ m.

Ist Lo die Länge eines Körpers bei 0° C. und a der Ausdehnungskoefficient derselben, so beträgt die Länge Lt bei t° C:

$$Lt = Lo + at\,Lo = Lo\ (1 + at).$$

Die räumliche (kubische) Ausdehnung eines Körpers (die Ausdehnung nach allen drei Dimensionen) läßt sich, wenn der lineare Ausdehnungskoefficient bekannt ist, leicht bestimmen; der kubische Ausdehnungskoefficient ist nämlich (hinreichend genau) dreimal so groß, als der lineare.

Bei den flüssigen Körpern, welche sich stärker als die festen bei gleicher Wärmezufuhr ausdehnen, hat man die scheinbare von der wahren Ausdehnung zu unterscheiden; Flüssigkeiten werden stets in einem Gefäß erhitzt und da sich dieses auch ausdehnt, so erscheint die Ausdehnung der Flüssigkeit um so viel geringer, als sich das Gefäß ausgedehnt hat. Man findet deshalb die wahre Ausdehnung, wenn man zu der scheinbaren noch die Ausdehnung des Gefäßes hinzuzählt.

Alle gasfömigen Körper dehnen sich bei gleicher Wärmezufuhr um gleichviel aus; man kann aber auch annehmen, daß sie sich gleichmäßig mit der Wärme ausdehnen; die Gasmoleküle besitzen keine Kohäsion zu einander und daher ist die Ausdehnung bei niederer wie bei höherer Temperatur dieselbe und ein Gas dehnt sich ebenso stark aus, wie das andere. Gesetz von Gay-Lussac.

Der (kubische) Ausdehnungskoefficient der Gase beträgt $\frac{1}{273} = 0{,}003665$. Ist Vo das Volumen eines Gases bei 0° C., so ist das Volumen bei t°:

$$V_t = V_o\ (1 + 0{,}003665\ t).$$

Die ungleiche Ausdehnung verschiedener Metalle kann dazu benutzt werden, um den Gang der Uhren, welcher durch die ungleiche Länge des Pendels bei verschiedenen Temperaturen veränderlich wird, gleichförmig zu machen. Man bedient sich dazu eines eigentümlichen Pendels, des sogenannten Rostpendels; die Pendelstange desselben besteht aus

2 Teilen fe und gh (Fig. 100); der erstere ist an einem eisernen Gestänge a a' b b' befestigt, der zweite an einem Gestänge c d c' d' von Zink, welches bei d und d' mit den Eisenstangen verbunden ist. Erhöht sich die Temperatur, so dehnt sich sowohl die Eisenstange a b (und a' b'), als auch die Pendelstange fe und gh nach unten aus, während die Zinkstange c d (und c' d') sich nach oben ausdehnt. Wenn die Längen der Eisen- und Zinkstangen richtig bemessen sind, so bleibt die ganze Länge des Pendels fh in allen Temperaturen dieselbe und der Gang der Uhr ist von dem herrschenden Wärmegrad unabhängig. (Kompensationspendel.)

Fig 100.

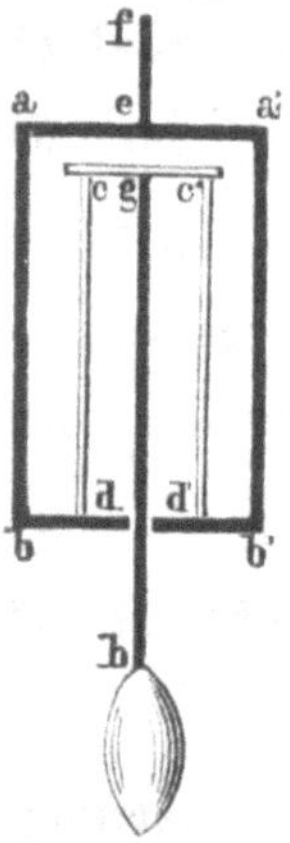

Kompensationspendel.

Kompensationsstreifen; Metallthermometer.

§. 66. Specifische Wärme. §. 66. **Specifische Wärme.** Ein Kilogramm Wasser braucht, um von 0° auf 100° C. erhitzt zu werden, eine weit größere Wärmemenge (circa 30 mal soviel) als 1 Kilogramm Quecksilber; dies erkennt man schon daraus, daß gleiche Gewichtsteile beider Flüssigkeiten verschieden lange Zeit brauchen, um von derselben Wärmequelle um gleichviel Grade erhitzt zu werden.

Überhaupt sind die Wärmemengen, welche gleiche Gewichtsteile verschiedener Körper nötig haben, um von 0° bis 1° C. erhitzt zu werden, sehr verschieden.

Die Wärmemenge, welche ein Kilogramm Wasser braucht, um von 0° auf 1° C. erhitzt zu werden, nennt man eine Kalorie oder eine Wärmeinheit; und unter der specifischen Wärme oder Wärmekapacität eines Körpers versteht man die Zahl von Wärmeeinheiten, welche zur Erhitzung eines Kilogramms desselben von 0° bis 1° C. nötig sind.

Zur Bestimmung der specifischen Wärme der Körper bedient man sich u. a. der Mischungsmethode. Wirft man eine eiserne Kugel von ein Kilogramm Gewicht und 110° C. in ein Liter Wasser von 18° C., so gleichen sich nach kurzer Zeit die Temperaturen beider Körper aus und nehmen schließlich die Temperatur 27° an. Während also das (Kilogramm) Wasser sich bloß um 9° erhitzte, hat das (Kilogramm) Eisen 99° verloren; das Wasser braucht also 11 mal so viel Wärme als das Eisen, um um 1° erhitzt zu werden, oder die specifische Wärme des Eisens ist $^1/_{11}$. (Vergl. Tab. II.)

Das Wasser hat von allen Körpern die größte specifische Wärme.

b. Veränderung des Aggregatzustandes durch die Wärme.

§. 67. Vom Schmelzen und Sieden. §. 67. **Vom Schmelzen und Sieden.** Indem die Wärme die Körper ausdehnt, lockert sie den Zusammenhang der Moleküle; die Kohäsion wird schwächer, je weiter die Moleküle auseinanderrücken. Erhitzt man einen festen Körper, z. B. ein Stück Wachs, so kann durch allmähliche Entfernung der Moleküle die

Kohäsion so sehr geschwächt werden, daß die Moleküle auseinanderfallen — das Wachs schmilzt.

Indessen lassen sich nicht alle festen Körper durch Erhitzen flüssig machen (Kohle, Thon); auch ist der Temperaturgrad, bei welchem das Schmelzen eintritt — Schmelzpunkt — bei den einzelnen Körpern sehr verschieden.

Die Schmelzpunkte einiger Körper sollen hier angeführt werden:

Platin 1700°; Schmiedeeisen 1600°; Stahl 1300°; Gußeisen 1100°; Gold 1200°; Kupfer 1050°; Silber 1000°; Zink 450°; Blei 335°; Wismut 265°; Zinn 235°; Schwefel 111°; Wachs 68°; Phosphor 44°; Butter 32°; Eis 0°; Quecksilber —39°; schweflige Säure —75°. Manche Metallgemische haben einen niedrigeren Schmelzpunkt als ihre Bestandteile; so schmilzt z. B. eine Legierung von 4 Teilen Wismut, 1 Teil Blei und 1 Teil Zinn (Rosesches Metallgemisch) bei 94°, also schon in siedendem Wasser, während eine Legierung von 4 Teilen Wismut, 1 Teil Kadmium, 1 Teil Zinn und 2 Teilen Blei seinen Schmelzpunkt schon bei 70° hat.

§. 68. Schmelz- und Erstarrungswärme. Wenn ein Körper bis zu seinem Schmelzpunkt erhitzt ist, so steigt seine Temperatur trotz aller Wärmezufuhr nicht mehr, bis das letzte Stück des Körpers flüssig geworden ist; alle Wärme, welche man vom beginnenden Schmelzen an zuführt, wird lediglich zur Überwindung der Kohäsion, resp. zum Flüssigmachen verwandt. Stellt man z. B. eine Schüssel mit Eis auf einen warmen Ofen, so zeigt ein eingetauchtes Thermometer ständig 0°, bis alles Eis geschmolzen ist. §. 68. Schmelz- und Erstarrungswärme.

Die zum Schmelzen notwendige Wärme nennt man Schmelzwärme; sie ist bei den einzelnen Körpern sehr verschieden; bei Eis beträgt sie z. B. 80 Kalorien. Gießt man nämlich ein Kilo Wasser von 80° C. auf ein Kilo Eis von 0° C., so schmilzt das Eis vollständig, während die Temperatur des Ganzen schließlich 0° C. zeigt.

Ein fester Körper kann nicht blos durch Erhitzen, sondern manchmal auch durch Auflösen flüssig werden (Zucker, Salz ꝛc. in Wasser).

Daß auch hierbei Wärme verbraucht wird, sieht man daran, daß während des Auflösens die Temperatur der Lösungsflüssigkeit sinkt. Diesen Umstand benutzt man häufig, um künstliche Kälte hervorzubringen. 5 Teile Salpeter und 5 Teile Salmiak in 10 Teilen Wasser von + 10° C. gelöst, bewirken eine Temperaturerniedrigung bis auf — 10° C.

Eine andere sehr gebräuchliche Kältemischung besteht aus gleichen Teilen Wasser und salpetersaurem Ammoniak; die Temperatur sinkt von + 10° C. bis — 15° C.

Ein Teil Schnee und ein Teil Kochsalz geben vermischt eine Kälte von — 18° C.; und ein Teil Schnee und ein Teil krystallisiertes Chlorcalcium erzeugen sogar eine Kälte von — 45° C.

Geht umgekehrt ein flüssiger Körper in den festen Zustand über, so giebt er genau soviel Wärme ab, als nötig sein würde um ihn wieder aus dem festen in den flüssigen Zustand überzuführen.

Es kommt öfter vor, daß Wasser, wenn es vollkommen ruhig steht, unter 0° C. erkaltet, ohne daß es gefriert; wenn man es alsdann schüttelt, so gefriert plötzlich ein Teil desselben und die Temperatur steigt auf 0° C. Gesetzt ein Kilo Wasser habe sich, ohne zu gefrieren, bis —10° C. abgekühlt, so gefriert beim Schütteln der achte Teil desselben, und die Temperatur steigt auf 0° C.; weil nun durch das Gefrieren von $^1/_8$ Kilo Wasser dieses sowohl sich selbst als die übrigen $^7/_8$ Kilo um 10° C. erhitzt, so entstehen beim Gefrieren 80 Kalorieen.

Die Wärmeentwickelung beim Gefrieren des Wassers bewirkt, daß die Eisbildung im Winter nur langsam vor sich geht.

Löst man essigsaures Natron in wenig siedendem Wasser auf und läßt es (bis etwa 15° C.) erkalten, so krystallisiert beim ruhigen Stehen nichts von dem Salze aus; wirft man nun ein Stück essigsaures Natron in die Lösung und stellt ein Thermometer ein, so krystallisiert plötzlich der größte Teil des gelösten Salzes und die Temperatur steigt nahezu auf 50° C.

§. 69. Vom Sieden und Verdunsten.

§. 69. Vom Sieden und Verdunsten. Wenn Wasser erhitzt wird, so steigt anfänglich die Temperatur immer mehr, bis das Thermometer 100° C. zeigt; dann aber bleibt die Temperatur konstant, während aus dem Innern des Wassers zahlreiche Dampfblasen aufsteigen — das Wasser siedet. Alle zugeführte Wärme wird während des Siedens dazu verwandt, um das Wasser in Dampf überzuführen.

Die Siedetemperaturen der verschiedenen Flüssigkeiten sind: Schweflige Säure —10° C.; Äther 35° C.; Schwefelkohlenstoff 47° C.; Alkohol 78° C.; Wasser 100° C.; Terpentinöl 161° C.; Phosphor 290° C.; Schwefelsäure 320° C.; Quecksilber 350° C.

Leitet man den Dampf einer siedenden Flüssigkeit durch ein Rohr, welches von kaltem Wasser umgeben ist, so wird er wieder flüssig. Diesen Prozeß nennt man Destillation. Fig. 101 zeigt einen Destillierapparat; a ist die Blase (der Kessel, worin die Flüssigkeit sich befindet), fb der Helm, cd der Schnabel dd das Schlangenrohr und e das Kühlfaß, in welches durch den Trichter h ständig kaltes Wasser aus dem Behälter K unten in das Kühlfaß einfließt, während oben bei l das warmgewordene abfließt. Der kondensierte Dampf tropft am Ende des Schlangenrohres in das untergestellte Gefäß g ab.

Beim Verdichten des Dampfes entsteht wieder genau soviel Wärme, als zur Erzeugung desselben notwendig gewesen. Wenn man beachtet, wieviel Kalorieen das Kühlwasser aufgenommen, während eine bestimmte Menge Dampf in Wasser übergegangen, so kann man berechnen, wieviel Kalorieen 1 Kilo Dampf abgiebt, während er sich kondensiert, oder umgekehrt, wieviel Kalorieen nötig sind, um 1 Kilo Wasser in Dampf überzuführen. Man hat auf diese Art gefunden, daß die Verdampfungswärme des Wassers 537 Kalorieen beträgt.

Fig. 101.

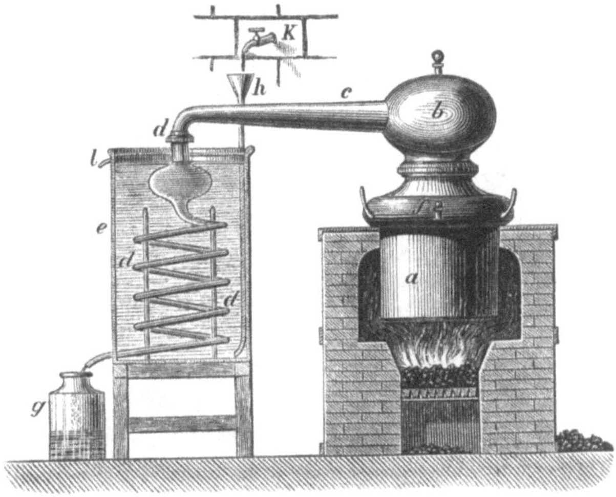

Destillierapparat.

Die Flüssigkeiten gehen übrigens bei jeder Temperatur, wenn sie auch beträchtlich tiefer als der Siedepunkt liegt, in Dampf über; das Wasser in einem offenstehenden Glase verschwindet selbst bei gewöhnlicher Temperatur nach und nach vollständig; es lösen sich von der Oberfläche immerfort kleine Teilchen ab, welche in die Luft übergehen; das Wasser verdunstet.

Beim Verdunsten geht die Dampfbildung nur an der Oberfläche, beim Sieden auch im Inneren vor sich.

Nicht alle Flüssigkeiten können in Dampf übergehen; Rüböl zersetzt sich, wenn es bis zum Sieden erhitzt wird; ein Rübölfleck auf Papier oder Leinwand verschwindet nicht, wie ein Petroleum- oder Terpentinölfleck. Auch feste Körper (Eis, Moschus, Jod) können verdunsten.

Die Flüssigkeiten brauchen zum Verdunsten ebensogut Wärme, wie zum Verdampfen; man verspürt z. B. eine beträchtliche Kälte, wenn Wasser oder Äther auf der Hand verdunstet.

Stellt man ein flaches Metallschälchen auf ein mit Wasser befeuchtetes Brettchen, gießt in dasselbe etwas Schwefelkohlenstoff und bläst mit dem Blasebalg darauf, so verdunstet der Schwefelkohlenstoff und das Wasser zwischen Brett und Schälchen gefriert. — Auch durch Verdunsten von Äther unter der Luftpumpe kann man Wasser zum Gefrieren bringen (§. 57).

Die Verdunstung geht im Freien um so rascher vor sich, je trockener die Luft ist und je lebhafter der Wind geht, d. h. je mehr frische Luft, welche noch keinen Dampf aufgenommen, mit der Flüssigkeit in Berührung kommt. Trockenplätze legt man an zugigen Orten an; bei scharfem Ostwinde verdunstet der Schweiß im Sommer rasch auf der Haut, wodurch leicht Erkältung entsteht.

§. 70. Abhängigkeit des Siedepunktes.

§. 70. Abhängigkeit des Siedepunktes vom Drucke. Auf hohen Bergen siedet das Wasser früher als im Thale und unter der Luftpumpe kann man fast ganz kaltes Wasser zum Sieden bringen (§. 57).

Fig. 102.

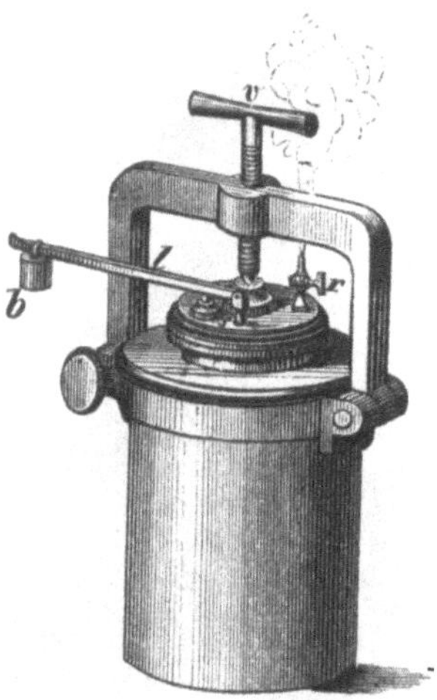

Dampfkochtopf.

In einem Dampfkochtopf (Fig. 102), welcher den Dampf erst bei sehr hohem Drucke durch ein Ventil entweichen läßt, siedet das Wasser weit über 100° C.

Hieraus ist ersichtlich, daß der Siedepunkt von dem auf der Flüssigkeit lastenden Drucke abhängt. Eine Dampfblase kann sich erst dann im Innern einer Flüssigkeit bilden, wenn die Spannkraft derselben dem äußeren Drucke gleich ist (Daltonsches Gesetz); ist das Wasser nicht heiß genug, so kann der Dampf, welcher sich entwickeln will, dem äußeren Druck nicht widerstehen.

Folgende kleine Tabelle giebt Aufschluß über den Zusammenhang zwischen der Siedetemperatur des Wassers und dem zugehörigen äußeren Drucke, welcher stets dem Dampfdruck selbst gleich ist:

Temperatur.	Druck in Atmosphären.	Temperatur.	Druck in Atmosphären.
0	0,006	134	3
50	0,121	144	4
100	1	153	5
121	2	181	10

Wenn ein Raum soviel Dampf enthält, als er bei einer bestimmten Temperatur aufnehmen kann, so sagt man, er sei mit Dampf *gesättigt*. Je höher die Temperatur, um so mehr Dampf kann derselbe Raum einnehmen.

Ein luftleerer Raum nimmt bei derselben Temperatur nicht mehr Dampf auf, als ein mit Luft erfüllter.

Ist ein Raum nicht mit Dampf gesättigt nnd erniedrigt man die Temperatur, so tritt schließlich der Sättigungspunkt ein; kühlt man noch weiter ab, so kondensiert sich ein Teil des Dampfes zu Wasser.

Nicht gesättigter Dampf wird auch *überhitzter* Dampf genannt. Stark überhitzte, d. h. weit von ihrem Sättigungspunkte entfernte Dämpfe befolgen die Gesetze von Mariotte und Gay-Lussac und heißen dann Gase. Nachdem es neuerdings gelungen, alle Luftarten durch hohen Druck und starke Kälte flüssig machen zu können, unterscheidet man nicht mehr zwischen *koercibelen* und *perma*-

nenten (verdichtbaren und nicht verdichtbaren) Gasen; sie können alle als Dämpfe betrachtet werden, welche aber bei gewöhnlicher Temperatur verschieden weit vom Sättigungspunkte entfernt sind.

c. Von den Dampfmaschinen.

§. 71. Die Erfindung der Dampfmaschine; Schiebeventil und excentrische Scheibe.

§. 71. Die Erfindung der Dampfmaschine; Schieberventil und excentrische Scheibe. Schon im Altertum hat man die Spannkraft des Wasserdampfes als Triebkraft zu benutzen gesucht (Herons rotierende Kugel, bei welcher der ausströmende Dampf durch den Rückstoß die als Dampfkessel dienende drehbare Kugel in Rotation versetzte), allein zu wirklich brauchbaren Resultaten führten erst die Versuche von Papin (1687).

Fig. 103.

Apparat von Papin.

Auf eine als Dampfkessel dienende kleine Metallkugel (Fig. 103) ist eine starkwandige Glasröhre, in welcher ein Kolben auf- und abgehen kann, aufgeschraubt. Füllt man die Kugel teilweise mit Wasser und bringt dasselbe zum Sieden, so treibt der entstehende Dampf den Kolben in die Höhe. Taucht man nun die Kugel in kaltes Wasser, so wird der Dampf kondensiert, es bildet sich in der Kugel und in der Röhre ein starkverdünnter Raum und der Kolben wird durch den überwiegenden Druck der äußeren Luft wieder herunterbewegt. Durch abermaliges Erhitzen des Kessels und nachfolgendes Abkühlen kann das Spiel des Kolbens wiederholt werden. Am Anfang des vorigen Jahrhunderts hat Newcomen nach diesem Princip eine zum Treiben einer Pumpe dienende Dampfmaschine gebaut; sie wurde atmosphärische Dampfmaschine genannt, weil die atmosphärische Luft (durch Niederdrücken des Kolbens) wesentlich die Arbeit an der Maschine verrichtete.

Fig. 104.

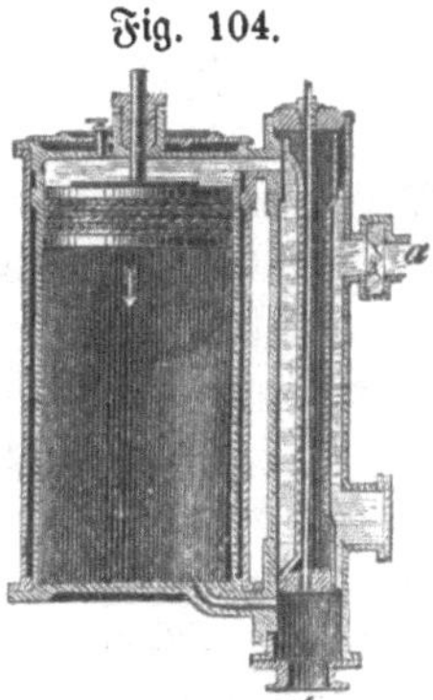

Schieberventil.

Fig. 105.

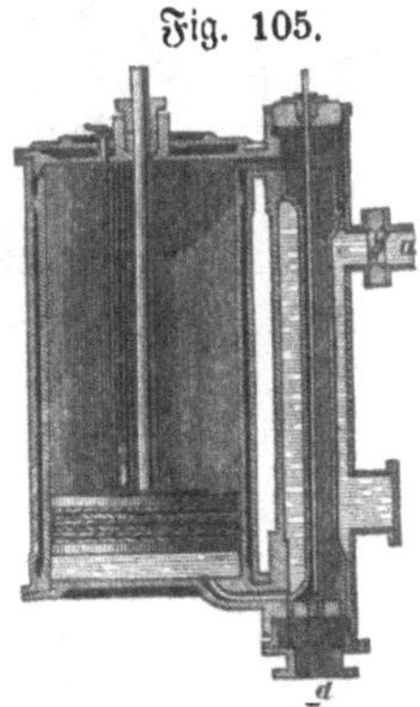

Schieberventil.

Ein großer Schritt vorwärts in der Vervollkommnung der Dampfmaschine ist aber von Watt 1763 gethan worden. Es gelang ihm vor allem einen Mechanismus herzustellen, mit Hilfe dessen er den Dampf abwechselnd über und unter den Kolben führen und dadurch von der Beihilfe des Atmosphärendruckes absehen konnte.

Der genannte Mechanismus besteht aus zwei Apparaten, dem Schieberventil und der *excentrischen Scheibe*. Fig. 104 und 105 zeigen den ersten Apparat in 2 verschiedenen Stellungen. In Fig. 104 befindet sich der Kolben am oberen Ende des Cylinders und ist im Begriffe abwärts zu gehen. An der einen Seite des Cylinders nun ist eine oben und unten mit demselben kommunizierende Röhre angebracht, in welcher sich eine andere, in der Mitte engere, an den Enden an die erste anschließende Röhre auf- und abbewegen kann. Mittels einer durch die innere Röhre gehenden Stange kann dieselbe in Bewegung gesetzt werden. Bei a wird der Dampf aus dem Kessel in die weite Röhre eingeführt und kann die Dampfzufuhr durch die bei a befindliche „Drosselklappe“ reguliert werden. Der aus dem Kessel strömende Dampf erfüllt zunächst das weitere Rohr und geht von da durch den oberen Dampfweg über den Kolben, um ihn niederzudrücken; gleichzeitig wird der alte, unter dem Kolben befindliche Dampf durch den unteren Dampfweg bei d ausgetrieben.

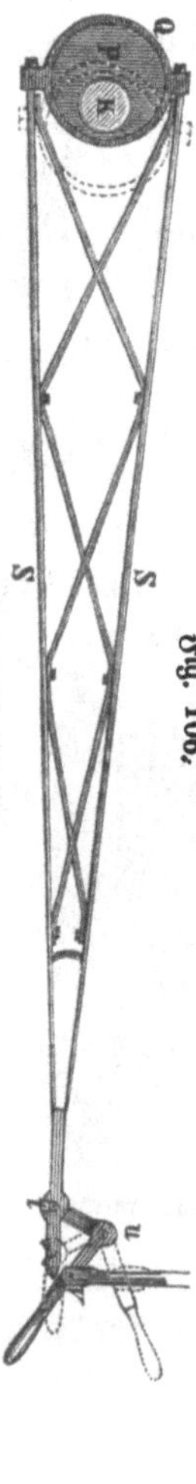

Excentrische Scheibe.

Fig. 106.

Mit dem Kolben bewegt sich die innere Röhre, der „Schieber“, abwärts und wenn der Kolben unten angekommen ist, wie Fig. 105 zeigt, so kann jetzt der Dampf aus dem Kessel unten eintreten, während der alte über dem Kolben durch die innere Röhre hindurch bei d entweicht.

Zur Bewegung des Schiebers dient die „excentrische Scheibe“ (Fig. 106), d. h. eine Scheibe, welche sich um einen Punkt K drehen kann, welcher nicht mit ihrem Mittelpunkt zusammenfällt. Um die Scheibe P ist ein Ring Q gelegt, an welchem ein Gestänge S S angebracht ist. Dieses Gestänge ist bei t mit einem Winkelhebel t u v, welcher seinen Drehungspunkt in u hat, verbunden; bei v ist die Stange angebracht, welche den Schieber bewegen soll.

Die excentrische Scheibe sitzt auf der großen Welle der Maschine und dreht sich beim Gange derselben um; bald steht ihr größerer Teil nach hinten, bald nach vorn (siehe die punktierten Kreise); der um die Scheibe gelegte Ring kann, ebenso wie das Gestänge S S, nicht rundum, sondern nur vor- und rückwärtsgehen, wobei die Scheibe in dem Ring schleift. Durch die hin- und hergängige Bewegung des Gestänges wird der Hebel t u v um u auf- und abbewegt und diese Bewegung überträgt sich auf die Stange, welche an dem Schieber befestigt ist.

§. 72. Die Wattsche Niederdruckmaschine.

§. 72. Die Wattsche Niederdruckmaschine. Wenn die Arbeit, welche eine Dampfmaschine zu verrichten hat, keine große Dampfspannung erfordert, so pflegt man eine sogen. *Niederdruckmaschine* anzuwenden, bei welcher der Dampf höchstens eine Spannung von 2 (gewöhnlich aber nur $1\frac{1}{4}$—$1\frac{1}{2}$) Atmosphären besitzt. Ließe man dabei den verbrauchten Dampf aus dem Cylinder in die freie Luft strömen, so stände der Kolben auf der Seite, wo der alte Dampf sich befindet, mit der freien Luft in Verbindung und würde einen Gegendruck von 1 Atmosphäre erfahren; es bliebe alsdann der Spannkraft des neuen Dampfes ein zu geringer Teil übrig, teils um die gewünschte Arbeit zu verrichten und teils um die zahlreichen Reibungswiderstände zu überwinden. Um dies zu vermeiden, leitet man den verbrauchten Dampf in einen besonderen Behälter, den Kondensator, in welchem derselbe durch ständiges Einspritzen von kaltem Wasser verdichtet wird; dieses Wasser, durch die vom Dampfe bei der Verdichtung abgegebene Wärme erhitzt, muß, ebenso wie etwa noch im Kondensator enthaltene Luft, ständig durch eine Pumpe abgeführt werden; in den stark verdünnten Raume des Kondensators kann der alte Dampf einströmen, ohne daß der Kolben einen bemerkenswerten Gegendruck erfährt.

Fig. 107 zeigt die Wattsche Niederdruckmaschine; A ist der Cylinder, B der Kolben, C die Kolbenstange; a das Dampfrohr, b b das Schieberventil, d der

Fig. 107.

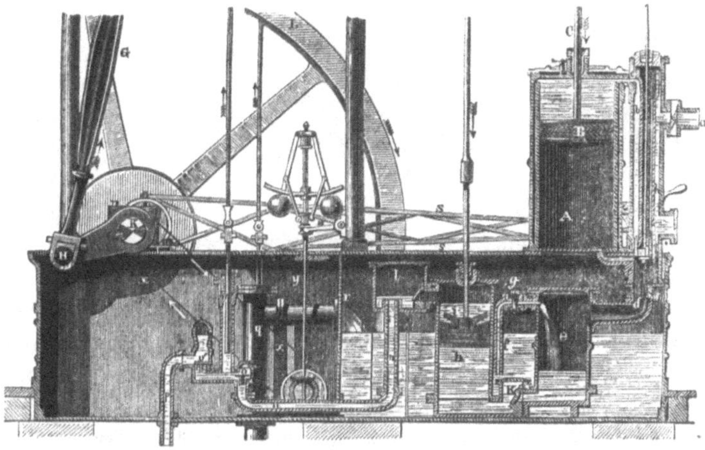

Niederdruckmaschine.

Dampfweg nach dem Kondensator e. Der Kondensator steht in einem Kasten, in welchen durch die Kaltwasserpumpe q ständig kaltes Wasser eingepumpt wird; aus dem Rohre f fließt dasselbe in den Kondensator und kann der Zufluß durch den Hahn g reguliert werden; die Luft- oder Warmwasserpumpe h i führt das warmgewordene Wasser des Kondensators nach l und durch die Röhre n u nach der Druckpumpe o o′ p, welche dasselbe in den Kessel durch die Röhre p zurückbefördert.

Fig. 108 zeigt andere Teile der Niederdruckmaschine; um den festen Punkt E kann sich der sog. Balancier FD drehen; der eine Endpunkt D ist mittels eines beweglichen Viereckes — **Wattsches Parallelogramm** — mit der Kolbenstange C verbunden; wäre die Kolbenstange direkt mit dem Balancier verbunden, so müßte sie, weil der Endpunkt D des Balanciers einen Kreisbogen beschreibt,

Fig. 108.

Niederdruckmaschine.

verbogen werden; es ist deshalb das Ende der Kolbenstange an der einen Ecke eines beweglichen Viereckes angebracht, welches bei der Drehung des Balanciers seine Gestalt verändern kann und so gestattet, daß die Kolbenstange in gerader Richtung auf- und abgeht. An dem Balancier sind ferner die Kolbenstangen für die drei Pumpen, welche durch die Maschine selbst in Gang gesetzt werden, befestigt; der zweite Endpunkt F des Balanciers aber ist mit einer langen Stange G, **Treibstange** genannt, in Verbindung, welche ihrerseits mittels der Kurbel HK (Fig. 107) die große Welle K umtreibt. Auf der Welle K sitzt zunächst die excentrische Scheibe, das Schwungrad L, sowie eine andere Scheibe, über welche eine Schnur x x geht, die ein konisches Rad umdreht; durch dieses wird wieder ein zweites, konisches Rad in Bewegung gesetzt, mit dessen Axe y der **Centrifugalregulator** in Verbindung steht. Dieser Apparat hat den Zweck, den Dampfzufluß dadurch zu regulieren, daß er die Drosselklappe im Dampfrohre mehr auf- oder zudreht, je nachdem die Maschine zu langsam oder zu schnell geht; er besteht aus einem beweglichen Viereck, von welchem zwei Seiten an den Enden mit schweren Kugeln versehen sind, während die zwei anderen an einer um die Achse y gelegten Hülse angreifen. Geht die Maschine rasch, so heben sich durch die Schwungkraft die Kugeln und damit auch die auf der Achse verschiebbare Hülse, während beim langsamen Gang die Kugeln und die Hülse herabgehen. An der Hülse aber ist eine Stange befestigt, welche mit der Drosselklappe in Verbindung steht und dieselbe nach der einen oder der anderen Richtung dreht.

§. 73. Die Hochdruckmaschine. Wenn eine Maschine schwerere Arbeiten zu verrichten hat, der Dampf also eine größere Spannkraft (4—10 Atmosphären) besitzen muß, so giebt man der Maschine eine etwas andere Einrichtung und nennt sie Hochdruckmaschine. Wenn der Dampf mehr als 4 Atmosphären hat, so kann man schon eher eine Atmosphäre verlieren; man kann alsdann den Kondensator und mindestens 2 Pumpen weglassen (indem man den verbrauchten Dampf in die freie Luft strömen läßt), wodurch die Maschine beträchtlich einfacher wird. §. 73. Die Hochdruckmaschine.

Fig. 109.

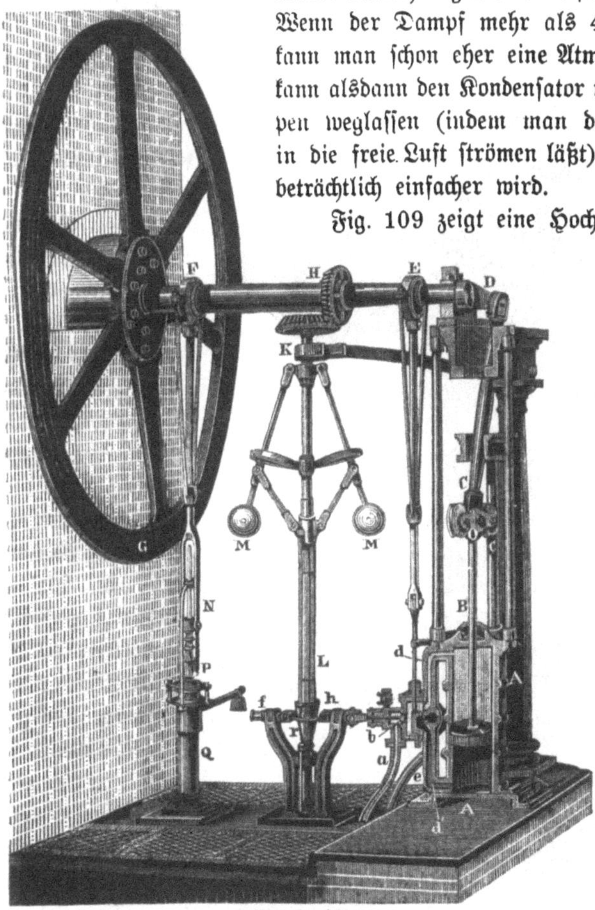

Hochdruckmaschine.

Fig. 109 zeigt eine Hochdruckmaschine; man erkennt sogleich den Cylinder (A A), die Kolbenstange B, die Treibstange C, die Kurbel D, die große Welle mit der excentrischen Scheibe E zur Bewegung des Schiebers, die konischen Räder H und K, den Schwungkugelregulator M M L, welcher ein Ventil b in dem Dampfrohre a mehr oder weniger zu schließen bestimmt ist; ferner die excentrische Scheibe F, welche die Kesselspeisepumpe N P Q zu bewegen hat und das große Schwungrad G.

Das Schieberventil mit den Dampfwegen d und d′ hat hier eine andere, unschwer zu entziffernde Einrichtung; außerdem ist noch zu erwähnen das Rohr e, durch welches der verbrauchte Dampf aus dem Schieberkasten entweicht.

Damit die Kolbenstange nicht verbogen wird, ist eine Geradführung O angebracht, welche aus zwei Rollen besteht, die an zwei Stangen c (von denen in der Figur nur eine gezeichnet ist) auf- und niederlaufen.

Eine besondere Art von Hochdruckmaschinen ist die Lokomotive (Fig. 110); wegen des raschen Ganges und dem starken Dampfverbrauch derselben hat der Kessel, welcher den ganzen cylindrischen Körper der Maschine ausmacht, eine eigentümliche Einrichtung; er ist von einer großen Zahl Röhren (bis 200) durchzogen, durch welche die Feuergase streichen; das Kesselwasser, welches diese Röhren umgiebt, verdampft sehr rasch, weil fast jeder Tropfen die heißen Röhren berührt. Außerdem ist der ganze Feuerraum M doppelwandig und der Zwischenraum zwischen den Wandungen mit Wasser ausgefüllt; g ist die Feuerthüre und X der Aschenfall. Der entstandene Dampf sammelt sich im Dampfdom O, geht von da in die Dampfröhre P, welche sich vorn in zwei Röhren verzweigt und von da weiter in die zwei Schieber und in die zwei Cylinder der Maschine. Auf der Spitze des Dampfdomes, sowie an dem vorderen Teil des Kessels ist je 1 Sicher-

Fig. 110.

Lokomotive.

heitsventil R angebracht, welches nicht durch ein Gewicht, sondern durch eine starke Feder S geschlossen gehalten wird. In Fig. 111 ist der Verschluß des Dampfrohres U (Fig. 110) besonders abgebildet; derselbe wird von zwei mit Einschnitten versehenen Blättchen gebildet, von welchen das eine am Dampfrohre befestigt ist, während das andere von dem Lokomotivführer gedreht werden kann. Stehen die Einschnitte beider Blättchen übereinander, so kann der Dampf in das Dampfrohr P eintreten; im anderen Falle ist der Dampf abgesperrt und die Lokomotive kommt zum Stillstand.

Fig. 111.

Dampfrohrverschluß.

Der verbrauchte Dampf geht aus den Cylindern in die Röhre Q (Fig. 110) und von da in den Schornstein; da er stoßweise austritt, so bringt er, indem er den Rauch und die Feuergase aus dem Schornstein treibt, Luftverdünnungen hervor, wodurch ein lebhafter Zug im Feuerherd unterhalten wird.

Die Bewegung der Maschine wird dadurch hervorgebracht, daß die Treibstange an einem Punkte des großen Mittelrades, welcher etwas von der Achse desselben entfernt liegt, angreift.

Wir beschreiben nun noch die Vorrichtung, welche dazu dient, die Lokomotive bald vor- und bald rückwärts gehen zu machen.

Auf der Achse des Mittelrades sitzen zwei excentrische Scheiben, welche um 180° gegen einander gedreht sind, so daß die eine vorwärts geht, wenn die

Fig. 112.

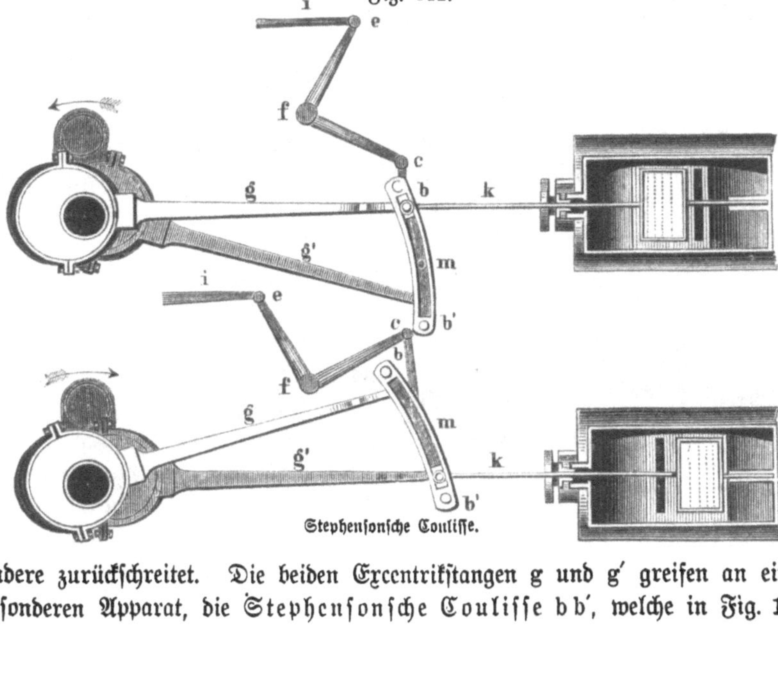

Stephensonsche Coulisse.

andere zurückschreitet. Die beiden Excentrikstangen g und g′ greifen an einen besonderen Apparat, die Stephensonsche Coulisse b b′, welche in Fig. 112

besonders abgebildet ist. In der in der Figur angegebenen Stellung liegt der Anfang der Stange k, welche den Schieber zu bewegen hat an dem oberen Ende b der Coulisse, und es ist jetzt die Excentrikstange g (und die vordere excentrische Scheibe), welche den Schieber bewegt, während die Excentrikstange g′ nur die Coulisse um den Punkt b hin und her oscillieren macht. Die Mitte m der Coulisse ist mit einem Winkelhebel m c f e i verbunden, welcher sich um den Punkt f drehen kann. Wenn der Lokomotivführer den Hebel so bewegt, daß die Coulisse heraufgezogen wird, so legt sich schließlich der Punkt b′ an das Ende der Schieberstange k an und die Excentrikstange g′ übernimmt die Bewegung des Schiebers; da diese sich entgegengesetzt, wie die Stange g bewegt, so nimmt auch die Schieberstange eine umgekehrte Bewegung an und die Maschine bewegt sich nach der entgegengesetzten Richtung.

Anmerkung. Außer Niederdruck- und Hochdruckmaschinen giebt es auch noch Mitteldruckmaschinen, bei denen der Dampf eine Spannkraft von $1\frac{1}{2}$—4 Atmosphären besitzt; sie arbeiten teils mit, teils ohne Kondensation. — Von einem anderen Gesichtspunkte aus teilt man die Dampfmaschinen in stationäre, Lokomobilen und Lokomotiven ein; die ersteren bleiben immer an demselben Orte; die anderen lassen sich, indem sie auf Rädern stehen, an beliebige Orte bringen, um dort Arbeitsmaschinen, wie z. B. Dreschmaschinen, in Gang zu setzen; die dritten endlich dienen dazu, um Personen und Güter von einem Orte zum anderen zu befördern; zu ihnen gehören auch die Schiffsmaschinen, welche so konstruiert sind, daß sie einen möglichst geringen Raum einnehmen. Noch erwähnen wir hier die Gaskraftmaschinen, bei denen durch die Entzündung eines explosibelen Gemenges von Luft und Leuchtgas der Kolben in Bewegung gesetzt wird (Lenoir, Otto und Langen). — Auch durch erhitzte Luft hat man Maschinen zu treiben gesucht — kalorische Maschinen (Ericsson).

d. Fortpflanzung der Wärme.

§. 74. Wärme durch Leitung.

§. 74. Wärme durch Leitung. Taucht man einen silbernen Löffel in siedendes Wasser, so verspürt man alsbald die Wärme an dem aus dem Wasser hervorragenden Stiele; ein in siedendes Wasser getauchtes Hölzchen dagegen bleibt am heraussteheden Ende ziemlich lange kalt. Ebenso wird ein eiserner Stab rasch über seine ganze Länge hin warm, wenn er an irgend einer Stelle erwärmt wird, was bei einem Holz- oder Glasstabe weit weniger stattfindet. Es giebt demnach Körper, bei welchen die Wärme rasch von einem Teilchen zum anderen geht und diese nennt man gute Wärmeleiter; zu ihnen gehören vor allem die Metalle (namentlich Silber); die anderen, welche diese Eigenschaft nicht besitzen, nennt man schlechte Leiter: Pelz, Haare, Wolle, Federn, Wasser, Schnee, Luft ꝛc.

Fig. 113.

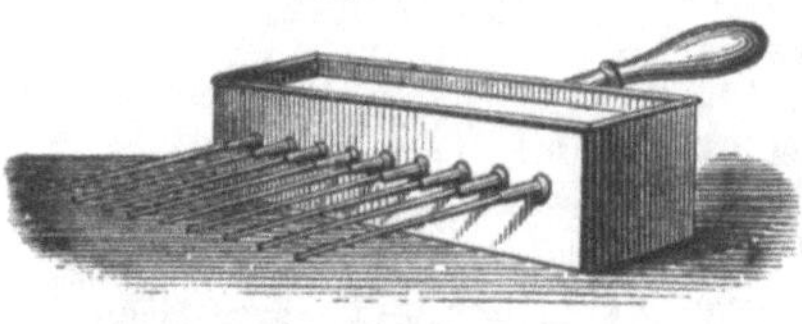

Wärmeleitungsfähigkeit (Ingenhouz).

Um den Grad der Leitungsfähigkeit verschiedener Körper zu zeigen, hat Ingenhouz einen besonderen Apparat (Fig. 113) konstruiert; er besteht aus einem Blechkasten, in dessen eine Seitenwand gleichdicke und gleichlange Stäbchen von verschiedenem Materiale, Silber, Kupfer, Holz, Glas 2c. eingesetzt sind; die Stäbchen sind mit Wachs überzogen. Gießt man nun siedendes Wasser in das Gefäß, so zeigt sich, daß die Wachsschicht auf den einzelnen Stäbchen nicht bis zu gleicher Entfernung von der Gefäßwand abschmilzt. Dabei ist indessen zu bemerken, daß die Geschwindigkeit des Abschmelzens kein Maß für die Leitungsfähigkeit ist; denn es ist auch noch die specifische Wärme in Betracht zu ziehen, bei Wismut z. B., welches ein schlechterer Leiter als Eisen ist, schmilzt das Wachs deshalb rascher, weil es weniger Wärme braucht, um bis zur Schmelztemperatur des Wachses erhitzt zu werden.

Auch dadurch kann man die verschiedene Leitungsfähigkeit z. B. von Eisen und Kupfer zeigen, daß man zwei vollkommen gleiche Stangen aus diesen Metallen, an welchen man in gleichen Abständen Holzkugeln mittels Wachs angeklebt hat, erhitzt (Fig. 114); nach und nach fallen erst die der Wärmequelle näheren und dann die ferneren Kugeln ab und zwar erfolgt dies bei der Kupferstange rascher, als bei der Eisenstange.

Fig. 114.

Wärmeleitung.

Auch wenn die Wärme von einem Körper auf einen anderen bei direkter Berührung übergeht, spricht man von Leitung der Wärme.

Im Winter kleidet man sich in Wolle und Pelz, weil diese Stoffe, als schlechte Wärmeleiter, die Körperwärme nur langsam nach außen dringen lassen; im Sommer dagegen zieht man leinene Kleider an. Bügeleisengriffe polstert man mit Haaren und Leder. Ofenthüren versieht man mit Holz- oder Glasgriffen. Bei den Doppelfenstern ist es die Luft, welche als schlechter Leiter die rasche Abkühlung der Zimmer verhindert; der Schnee schützt die Saaten vor dem Erfrieren 2c.

§. 75. Fortpflanzung der Wärme durch Strahlung. Selbst an kalten Wintertagen zeigt ein Thermometer, welches in der Sonne hängt, eine Temperatur über 0° C., während ein dicht daneben im Schatten befindliches unter 0° C. steht; und doch kann die Luft an so nahe neben einander befindlichen Orten keine wesentlich verschiedene Temperatur haben. §. 75. Fortpflanzung der Wärme durch Strahlung.

Steht ein heißer Körper einem Thermometer gegenüber, so steigt dasselbe sofort, bringt man aber einen Metallschirm dazwischen, so ist dies nicht der Fall; die Wärme des heißen Körpers ist also nicht durch Leitung auf die Luft, und von da auf das Thermometer übergegangen; sie ist durch die Luft gestrahlt, ohne dieselbe wesentlich in ihrer Temperatur zu erhöhen.

Die Wärme strahlt selbst durch (möglichst) luftleere Glasröhren; man nimmt deshalb an, daß es einen sehr feinen Stoff, „Äther“ genannt, gäbe, welcher durch heiße Körper in schwingende Bewegung versetzt werde und diese seine Bewegung auf unsere Gefühlsnerven übertrage. Er muß im ganzen Weltenraume und auch im Inneren der Körper verbreitet sein, da uns auch von der Sonne und dem Monde Wärmestrahlen zukommen, und da alle Körper (manche freilich nur, wenn sie sehr dünn sind) Wärme durchlassen.

Der Umstand, daß ein Thermometer nicht steigt, wenn sich in gerader Linie zwischen ihm und einem heißen Körper ein Metallschirm befindet, beweist, daß die strahlende Wärme sich in geraden Linien — Wärmestrahlen — verbreitet.

Je weiter man von einem heißen Körper sich entfernt, um so weniger Wärme verspürt man. Dabei gilt das Gesetz: Die Intensität der strahlenden Wärme nimmt ab im Quadrate der Entfernung. Denkt man sich einen heißen Körper im Mittelpunkte einer Hohlkugel von 1 m Durchmesser, so fällt auf die innere Fläche derselben eine gewisse Wärmemenge. Denkt man sich denselben Körper in dem Mittelpunkte einer Hohlkugel von 2 m Durchmesser, so fällt dieselbe Wärmemenge jetzt auf eine 4 mal so große Fläche, weshalb die Erwärmung derselben 4 mal schwächer wird. In den Mittelpunkt einer Hohlkugel von 3 m Durchmesser gebracht, schickt er auch auf die Innenfläche derselben, welche 9 mal größer ist als die der ersten Kugel, dieselbe Wärmemenge, weswegen die Erwärmung 9 mal schwächer ausfällt.

Fig. 115.

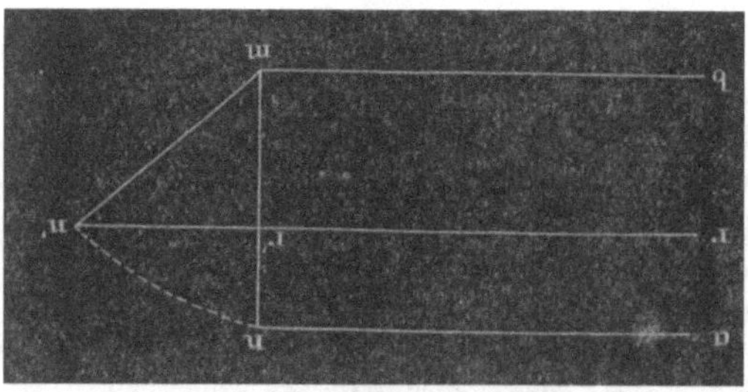

Senkrecht- und schiefauffallende Wärmestrahlen.

Stellt man eine Fläche schief gegen die einfallenden Strahlen, so wird sie von weniger Strahlen getroffen, als wenn sie senkrecht dagegen steht, weshalb auch im ersten Falle die Erwärmung geringer ausfällt als im zweiten. In Fig. 115 fallen eine Reihe paralleler Strahlen auf die Fläche m n; dreht man dieselbe in die Lage m n′, so fallen alle Strahlen, welche oberhalb n′r liegen, nicht mehr auf die Fläche, weshalb dieselbe weniger erwärmt wird als m n.

§. 76. Fortpflanzung der Wärme durch Strömung.

§. 76. Fortpflanzung der Wärme durch Strömung. Wird Wasser in einem Probierglas, auf dessen Boden sich ein durch ein Gewichtchen beschwertes Stück Eis befindet, oben erhitzt, so dauert es sehr lange, bis das Eis geschmolzen ist; das Wasser ist ein schlechter Wärmeleiter, welches die zugeführte Wärme nur schwer durch Leitung von einer Wasserschicht zur andern fortpflanzt. Wird aber Wasser, dem einige Sägespäne beigemengt sind (Fig. 116) von unten erhitzt, so wird es rasch auch oben warm; die unterste Schicht, welche der Wärmequelle am nächsten ist, wird zuerst erwärmt, dehnt sich aus und steigt in die Höhe; dann wiederholt sich dieser Vorgang mit der zweituntersten Schicht 2c. So steigen die unteren Schichten nach oben, um dann wieder, wenn heißere nachfolgen, herabzusinken. Auf diese Weise wird das Wasser rasch durch die ganze Masse hindurch heiß; die Wärme pflanzt sich hier durch Strömung fort. An den beigemengten Sägespänen kann man das Auf- und Absteigen der Schichten leicht bemerken.

Fig. 116.

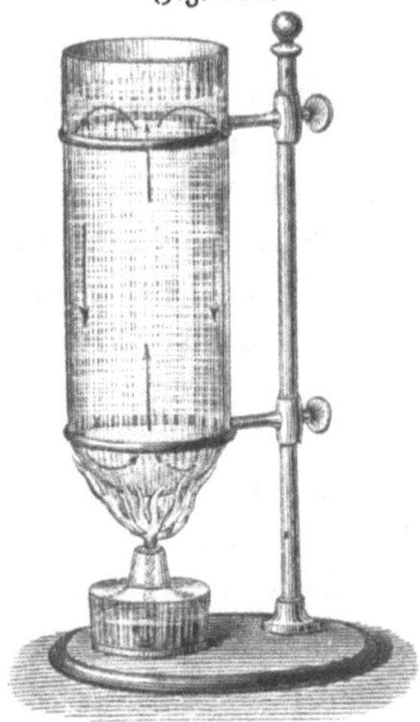

Strömung.

Von dieser Strömung des Wassers beim Erwärmen macht man bei der Wasserheizung Gebrauch; von einem Kessel gehen eine Anzahl Röhren, welche in die Wände der zu heizenden Zimmer eingelegt sind und wieder zum Kessel zurückführen. Erhitzt man das Wasser im Kessel, so steigt es aufwärts, um, wenn es seine Wärme abgegeben hat, wieder nach dem Kessel zurückzufließen; es wird dann abermals erhitzt u. s. w.

§. 77. Strömung erhitzter Luftmassen. Setzt man eine drehbare Papierschlange auf einen geheizten Ofen, so dreht sie sich um; die Luft wird durch den Ofen erhitzt, steigt in die Höhe und indem sie schräg gegen die Windungen der Papierschlange stößt, setzt sie dieselbe in Bewegung. §. 77. Strömung erhitzter Luftmassen.

Wenn ein Ofen angeheizt wird, so strömt die kalte Luft unten an denselben, wird erhitzt, steigt in die Höhe und sinkt später, nachdem sie sich abgekühlt, wieder herab, um von neuem erhitzt zu werden und aufzusteigen.

Die Luft strömt aber auch durch die Roststäbe in den Ofen, da durch das Feuer die Luft im Ofen, im Rohr und im Schornstein erhitzt und ausgedehnt wird, weshalb sie rasch emporsteigt und einen verdünnten Raum hinter sich läßt, in den die untere Luft einströmt.

Ist das Rohr oder der Schornstein zu eng, so kann der Rauch nicht rasch genug entweichen, weshalb auch das Zuströmen neuer Luft — der Zug — gehindert ist. Ist der Schornstein zu weit und zu hoch, so kann das Feuer die viele Luft nicht hinreichend erwärmen und es entsteht ebenfalls ein schlechter Zug. Die Höhe und Weite des Schornsteins muß zur Größe der Feuerung in einem bestimmten Verhältnis stehen.

Das Lampenglas hat dieselbe Bedeutung für die Beleuchtung, wie den Schornstein für die Heizung; die Luft im Innern desselben wird durch die Flamme rasch erwärmt, weshalb die äußere einströmt und ihren Sauerstoff an die Flamme abgiebt; hierdurch wird eine beträchtliche Hitze und Helligkeit erzielt, der Kohlenstoff des Beleuchtungsmaterials glüht weiß und nicht rot, wie dies ohne Cylinder der Fall sein würde; auch würde der Kohlenstoff nicht vollständig verbrennen, sondern als Ruß aufsteigen.

Damit bei Rundbrennern die Luft hinreichend mit der Flamme in Berührung kommt und allen Sauerstoff abgiebt, ist der Cylinder da, wo die Flamme sich befindet, eingeschnürt (Benklerscher Cylinder). Bei Rundbrennern wendet man gewöhnlich einen Brenner an, welcher einen doppelten Luftzug — von außen an und von innen in die Flamme — möglich macht (Argandscher Brenner); er besteht aus zwei Messingcylindern, zwischen welchen sich der Docht befindet.

Bei den Flachbrennern wendet man, um die Luft, welche durch die mit vielen Löchern versehene Gallerie einströmt, gehörig mit der Flamme in Berührung zu bringen, ein Metallhütchen an; das Zugglas dagegen ist da, wo die Flamme sich befindet, stark ausgebaucht, es darf nicht zu nahe an die Flamme kommen, weil es sonst leicht springen würde, da der flache Docht nicht rundum gleichmäßig erwärmt.

Öffnet man die Thür eines geheizten Zimmers nur wenig und hält eine brennende Kerze in den Spalt, so schlägt die Flamme unten einwärts und oben auswärts und in der Mitte steht sie aufrecht. Hieraus ist ersichtlich, daß die kältere Luft unten in das Zimmer ein- und die heiße des Zimmers oben ausströmt. Die Luftheizung, welche jetzt vielfach Anwendung findet, beruht ebenfalls auf der Strömung erhitzter Luftmassen. In einer besonderen Heizkammer im Kellerraum wird Luft erhitzt, welche durch Mauerkanäle in die einzelnen Zimmer geleitet wird und etwa in der halben Höhe des Zimmers aus einer verschließbaren Öffnung eintritt; aus einer nahe am Boden des Zimmers befindlichen Öffnung dagegen strömt die kalt gewordene Luft aus.

§. 78 Absorption, Durchlassung und Zurückwerfung der Wärme.

§. 78. Absorption, Durchlassung und Zurückwerfung der Wärme.

Wenn Wärme auf einen Körper z. B. auf eine Glasscheibe fällt, so wird sie zum Teil durchgelassen, zum Teil von der Oberfläche reflektiert und zum Teil im Inneren der Scheibe verschluckt (absorbiert).

Manche Körper, wie z. B. polierte Metallflächen, reflektieren die Wärme besonders gut und zwar nach dem in der Mechanik (§. 40) besprochenen Gesetze: der Reflexionswinkel ist gleich dem Einfallswinkel. Läßt man Sonnenstrahlen, welche wegen der weiten Entfernung der Sonne einander parallel sind, auf einen Hohlspiegel fallen, so werden sie in einen Punkt, den Brennpunkt reflektiert; ein Stück Zunder in diesen Punkt gebracht, fängt nach kurzer Zeit zu brennen an.

Stellt man zwei solche Spiegel einander gegenüber, bringt in den Brennpunkt des einen glühende Kohlen, welche man mit einem Blasebalg lebhaft anfacht, und in den andern ein Stück Zunder, so gerät dieser alsbald in Brand; die Wärmestrahlen, welche von dem Brennpunkt des ersten Spiegels ausgehen, werden von diesem parallel auf den zweiten geworfen, welcher sie in seinen Brennpunkt reflektiert. Mit Hilfe großer Brennspiegel soll Archimedes die Schiffe der Römer im Hafen von Syrakus angezündet haben.

In der Nähe einer Mauer empfindet man bei Sonnenschein eine starke Hitze; auch das Straßenpflaster reflektiert die Sonnenwärme ziemlich gut.

Daß manche Körper die Wärme gut durchlassen sieht man schon daran, daß es in einem Zimmer sehr heiß wird, wenn die Fenster geschlossen sind. Übrigens läßt schwarzes Glas die Wärme fast ebenso gut durch wie farbloses (weißes). Ganz besonders durchlässig aber ist Steinsalz, Sylvin, Flußspat und die dunkele Lösung von Jod in Schwefelkohlenstoff, wie man sich mittels eines feinen Wärmemessers überzeugen kann; als solches kann man u. a. das Lesliesche Differentialthermometer (Fig. 117) benutzen. Dasselbe besteht aus einer zweimal rechtwinklig umgebogenen, oben in Kugeln endigenden Glasröhre, welche zum Teil mit gefärbtem Alkohol oder Wasser gefüllt ist. Wird die eine Kugel erwärmt, so dehnt sich die Luft in derselben aus und drückt die Flüssigkeit herunter; damit die Kugel besser die Wärme einsauge, wird sie mit Kienruß geschwärzt. Andere, feinere Wärmemesser werden wir in der Elektricitätslehre kennen lernen. Körper, welche die Wärme gut durchlassen, nennt man durchwärmig (diatherman), die anderen undurchwärmig (atherman).

Fig. 117.

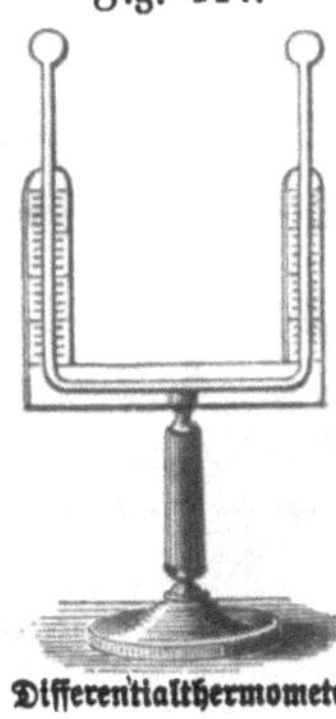

Differentialthermometer.

Nicht alle Körper, welche das Licht gut durchlassen, lassen auch die Wärme durch; so ist Wasser z. B. sehr durchsichtig, aber sehr wenig durchwärmig, namentlich, wenn man etwas Alaun darin aufgelöst hat. Jod in Schwefelkohlenstoff gelöst, ist völlig undurchsichtig, aber in hohem Grade durchwärmig.

Nicht alle heiße Körper strahlen die Wärme gleich gut aus; setzt man z. B. einen mit Wasser gefüllten Würfel aus Messingblech, dessen eine Seitenfläche poliert, die andere unpoliert, die dritte mit Bleiweiß, die vierte mit Kienruß überzogen ist, über eine Spiritusflamme, so wird ein Lesliesches Differentialthermometer verschieden schnell steigen, je nachdem ihm diese oder jene Seitenfläche des Würfels gegenübersteht. Am schlechtesten strahlen die Metalle, namentlich, wenn ihre Oberfläche poliert ist (eiserne und Thonöfen). Diejenigen Körper, welche am besten ausstrahlen, wie Kienruß, Bleiweiß, Hausenblase, Glas, Graphit, Gummilack u. s. w., nehmen auch am besten die Wärme auf; dies geht schon daraus hervor, daß, wenn Körper von verschiedener Temperatur in demselben Raume beisammen sind, schließlich alle auf dieselbe Temperatur kommen. Strahlte ein Körper besser aus, als er aufnähme, so müßte er immer kälter und kälter werden; umgekehrt müßte ein Körper sich unaufhörlich erhitzen, wenn er besser aufnähme, als er strahlte.

e. Meteorologie.

§. 79. Tages- und Jahrestemperatur.

§. 79. Tages- und Jahrestemperatur. Die Temperatur ist zu den verschiedenen Stunden eines Tages sehr verschieden; man findet die mittlere Temperatur eines Tages, wenn man aus allen Thermometerständen, welche während eines Tages und der Nacht geherrscht haben, das Mittel nimmt. Es genügt indessen schon, wenn man nur drei Beobachtungen, etwa um 6 Uhr morgens, 2 Uhr mittags und 10 Uhr abends anstellt und die Summe der Grade durch 3 dividiert.

Die mittlere Tagestemperatur wird ferner ziemlich genau erhalten, wenn man aus der höchsten und tiefsten Temperatur eines Tages und der Nacht das Mittel nimmt. Um die höchste Temperatur eines Tages zu finden, bedient man sich des Maximumthermometers (Fig. 118); es ist ein horizontal zu legendes Quecksilberthermometer, in dessen Röhre sich ein Stahlstift befindet, welcher beim Steigen des Quecksilbers vorwärts getrieben, beim Zurückgehen aber, da das Quecksilber keine Kohäsion an das Eisen hat, liegen gelassen wird. Um die tiefste Temperatur zu finden, bedient man sich eines Weingeistthermometers, in dessen Röhre sich ein Glasstäbchen befindet; wenn der Weingeist zurückgeht, so zieht er durch Adhäsion das Glasstäbchen mit, wenn er aber vorwärts geht, so fließt er an demselben vorbei und läßt es liegen — Minimumthermometer.

Fig. 118.

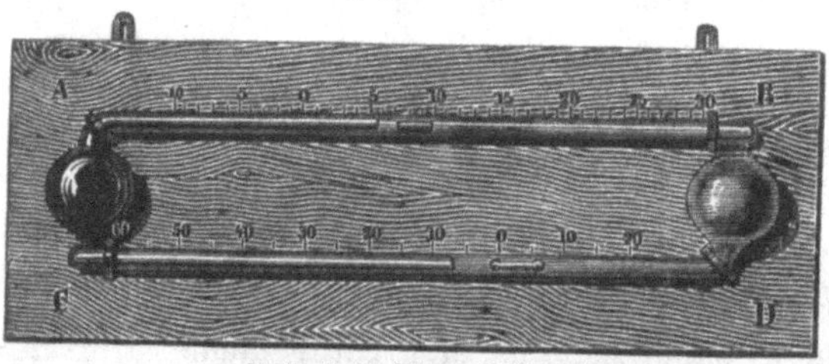

Rutherfords Thermometrograph.

Nimmt man aus den mittleren Temperaturen aller Tage eines Monats das Mittel, so erhält man die mittlere Temperatur dieses Monats und ebenso erhält man die mittlere Jahrestemperatur, wenn man aus den mittleren Temperaturen aller Monate das Mittel zieht. Die mittlere Temperatur des Oktobers stimmt in unseren Gegenden annähernd mit der des Jahres überein.

Linien, welche durch Orte gleicher mittlerer Jahrestemperatur gezogen sind, nennt man Isothermen. Die mittlere Temperatur eines Ortes hängt ab von der geographischen Breite, der Höhe über dem Meere, der Lage der benachbarten Gebirgszüge, der Nähe des Meeres u. s. w. Je höher man sich über die Erde erhebt, um so mehr nimmt die Temperatur ab und zwar ungefähr um 1° C. für eine Erhebung um je 200 m. Umgekehrt nimmt die Wärme zu, wenn man ins Innere der Erde dringt und zwar um je 1° C. für 35 m. Wenn dieses Gesetz, welches sich allerdings nur auf Beobachtungen bis zu verhältnismäßig geringer Tiefe unter der Erdoberfläche stützt, bis zum Erdmittelpunkt hin als richtig angenommen werden dürfte, so müßte bereits bei 3500 m unter der Erdoberfläche Siedehitze erreicht sein und am Mittelpunkte der Erde müßte sich alles in flüssigem oder gasförmigem Zustande befinden.

Die Vulkane und die heißen Quellen geben übrigens Zeugnis von der inneren Erdwärme: Geyser auf Island 100° C., Burscheid 78° C., Karlsbad 74° C., Wiesbaden 70° C. u. s. w.

§. 80. Absolute und relative Feuchtigkeit. Selbst bei sehr niederer Temperatur ist immer Wasserdampf in der Luft; die Menge des in einem bestimmten Volumen, z. B. 1 Liter Luft, enthaltenen Feuchtigkeitsmenge, die sogen. absolute Feuchtigkeit, richtet sich im allgemeinen nach der Temperatur und der Windrichtung; Süd- und Westluft enthält in unseren Gegenden, weil sie vom Meere kommt, eine größere Menge Wasserdampf als Nord- und Ostluft, welche über weite Länderstrecken gegangen; außerdem kann die Luft um so mehr Wasserdampf aufnehmen, je heißer sie ist. §. 80. Absolute und relative Feuchtigkeit.

Wenn die Luft bei der herrschenden Temperatur keinen Wasserdampf mehr aufnehmen will, so ist sie gesättigt; gewöhnlich aber ist sie nicht gesättigt; angenommen, die Luft enthielte nur halb soviel Wasserdampf, als sie bei der herrschenden Temperatur aufnehmen könnte, so würde man sagen, die relative Feuchtigkeit, d. i. das Verhältnis der wirklich in der Luft enthaltenen Feuchtigkeitsmenge zu derjenigen, welche sie bei dieser Temperatur aufnehmen könnte, sei $^1/_2$.

Ist die Luft nicht mit Wasserdampf gesättigt, so kann man dadurch die Sättigung erreichen, daß man die Temperatur erniedrigt; sinkt die Temperatur noch mehr, so schlägt sich ein Teil des Wasserdampfes flüssig nieder; so beschlagen sich in kühlen Nächten die Fensterscheiben und die Erdoberfläche, namentlich die Wiesen, mit Wasser — Tau. In heiteren Nächten, wo die Erde ihre Wärme in dem unendlichen Raume gut ausstrahlen kann, bildet sich der Tau besonders reichlich, während er bei bedecktem Himmel, unter einem Zeltdache, einer Bank u. s. w. nicht entsteht, weil die ausgestrahlte Wärme wieder nach der Erde von den Wolken oder dem Zeltdache zurückgeworfen wird. Der Temperaturgrad, bis zu welchem die Luft abgekühlt werden muß, so daß ein Teil des Wasserdampfes sich flüssig niederschlägt, nennt man den Taupunkt. Liegt derselbe unter 0°, so entsteht Reif.

§. 81. Hygrometer.

§. 81 Hygrometer. Um den Taupunkt zu finden, bedient man sich des Hygrometers von Daniell (Fig. 119.) Es besteht aus einer zweimal umgebogenen Glasröhre, welche in zwei Kugeln a und b endigt; die erstere ist teilweise vergoldet, die andere mit Musselin umwickelt; in der ersten Kugel befindet sich außerdem ein Thermometer t und ein eben solches ist am Gestell angebracht; beide Kugeln enthalten etwas Äther und der ganze Apparat ist luftleer, resp. mit Ätherdampf erfüllt.

Fig. 119.

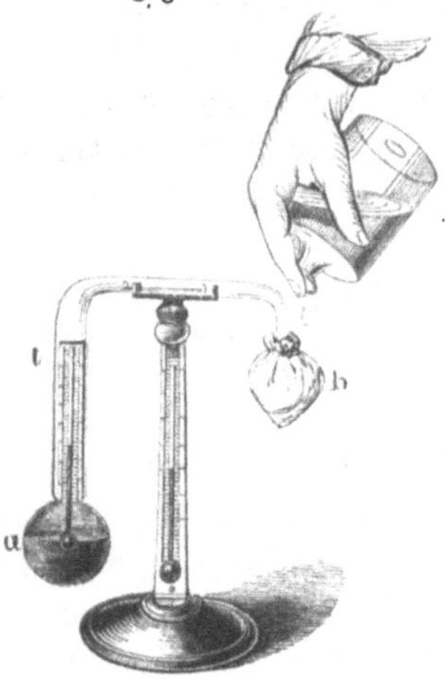

Daniells Hygrometer.

Läßt man nun Äther auf den Musselin tropfen, so verdunstet derselbe rasch, wodurch die Kugel b und der Ätherdampf im Inneren derselben derart sich abgekühlt, daß er flüssig wird; hierdurch entsteht ein verdünnter Raum, weshalb der Äther in a rasch verdunstet und eine hinreichende Kälte erzeugt, um die Luft, welche a umgiebt, bis auf den Taupunkt abzukühlen. Sobald die Vergoldung ihren Glanz zu verlieren anfängt, ist der Taupunkt, der an dem inneren Thermometer abgelesen werden kann, erreicht. Um wieviel der Taupunkt unter der äußeren Temperatur liegt, ergiebt sich aus der Vergleichung des inneren Thermometers mit dem äußeren.

Manche Körper, wie Haare, Holz, Papier, Tierblase, die Frucht des Reiherschnabels sind in hohem Grade hygroskopisch, d. h. sie ziehen Wasser an, wenn die Luft feucht ist und entlassen dasselbe wieder, wenn die Luft trocken wird; dabei verändern sie ihre Gestalt oder Größe und können deshalb auch einigermaßen als Hygrometer gebraucht werden. Fig. 120 zeigt ein Haarhygrometer (Saussure). Das eine Ende eines Haares ist in der Mitte eines Rahmens fest gemacht und das andere über eine Rolle geschlungen; ein kleines angehängtes Gewichtchen zieht das Haar straff an. Mit dem Rädchen ist ein Zeiger verbunden, dessen Spitze an einem eingeteilten Bogen spielt. Ist die Luft feucht, so zieht das Haar Wasser an, es verlängert sich und die Zeigerspitze bewegt sich nach der einen Seite; wird die Luft trocken, so zieht sich das Haar zusammen und die Zeigerspitze bewegt sich nach der anderen Seite.

§. 82. Nebel und Wolken.

§. 82. Nebel und Wolken. Wenn die Luft sich unter den Taupunkt abkühlt, so bilden sich aus dem in der Luft enthaltenen unsichtbaren Wasserdampfe Nebel oder Wolken, gerade so wie sich der aus kochendem Wasser aufsteigende Wasserdampf in größerer Höhe, nachdem er mit der kalten Luft in Berührung gekommen, als Dunst oder Schwaden zeigt. Die wegen ihrer Kleinheit unsichtbaren Teilchen des Wasserdampfes scheinen sich bei der Kälte zu größeren, sichtbaren Tröpfchen zusammenzuballen. Andere freilich sehen den Dunst oder Nebel als Luftbläschen an, welche mit einer Wasserschicht überzogen sind

Fig. 121.

a.

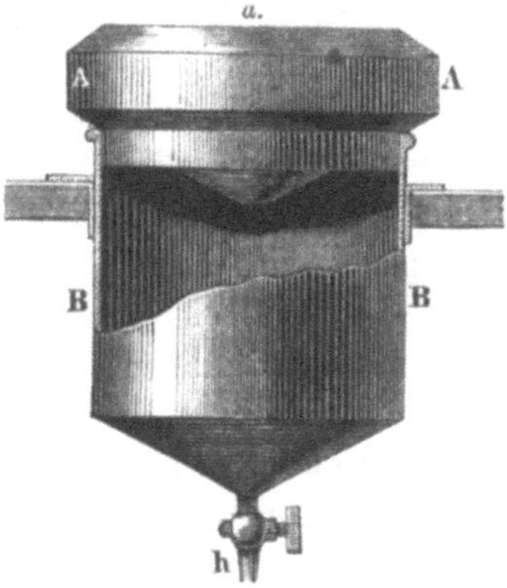

Ombrometer.

b.

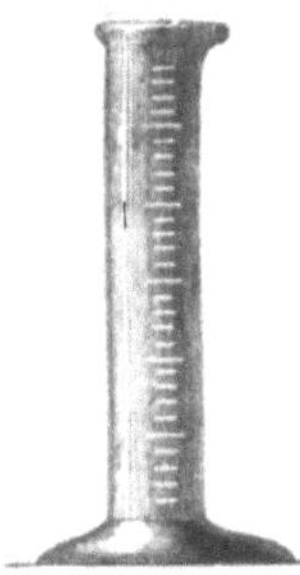

Meßcylinder.

Fig. 120.

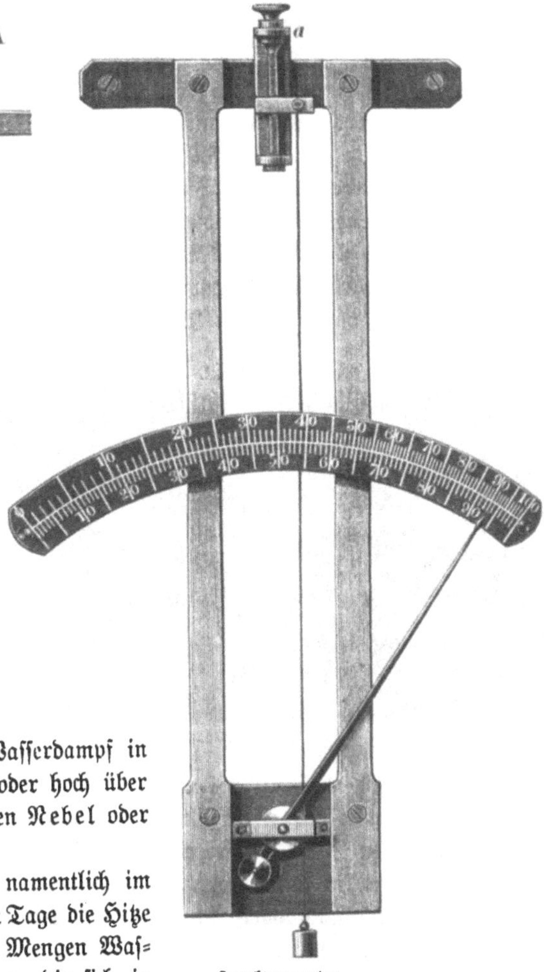

Haarhygrometer.

Je nachdem sich der Wasserdampf in der Nähe der Erdoberfläche oder hoch über derselben kondensiert, entstehen **Nebel** oder **Wolken**.

Die Nebel bilden sich namentlich im Herbst und Frühjahr, wo am Tage die Hitze hinreichend ist, um größere Mengen Wasserdampf erzeugen zu können, die sich in der warmen Luft auflösen, während es abends und namentlich morgens kühl genug ist, um einen Teil des Wasserdampfes zum Kondensieren zu bringen.

Die gewöhnliche Höhe der Wolken beträgt 800—1000 m.

§. 83. Niederschläge. Es ist anzunehmen, daß die Wolken, weil sie §. 83. Niederschläge.
schwerer sind als die Luft, beständig sinken; wenn nichts destoweniger annähernd

die Höhe und Gestalt einer Wolke dieselbe bleibt, so rührt dies daher, daß sich dieselbe teilweise, wenn sie in untere heißere Luftschichten kommt, auflöst, während sich oben neue Dunstmassen bilden. Ist die Masse des Wasserdampfes sehr groß in der Luft und tritt rasche Abkühlung ein, so werden die einzelnen Dunsttröpfchen so schwer, daß sie zur Erde als Regen niederfallen.

Um die Menge des auffallenden Regens zu messen, bedient man sich des Ombrometers, d. i. Regenmessers (Fig. 121); es besteht aus Auffangegefäß A, dessen oberer Durchmesser genau bekannt ist und einem Cylinder B, in welchem sich das Wasser ansammelt; um das Verdunsten möglichst zu verhüten, sind A und B durch eine enge Öffnung verbunden. Die etwa während eines Tages in das Ombrometer gefallene Regenmenge kann man durch den Hahn h in einen eingeteilten Meßcylinder fließen lassen. — Bei niederer Lufttemperatur frieren die Wassertröpfchen und fallen in schönen Krystallen (hexagonales System) als Schnee nieder (Fig. 122).

Im Frühjahr und Herbst fallen nicht selten kleine Eiskörnchen nieder — Graupeln, Schlossen, während im Hochsommer öfter dicke, aus mehreren übereinander gelagerten Eisschichten bestehende Hagelkörner niederfallen.

Fig. 122.

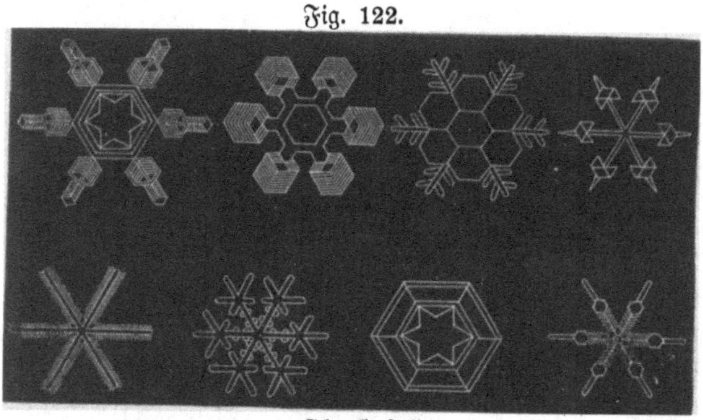

Schneekrystalle.

Nach Vogel und Nöllner bildet sich der Hagel dadurch, daß Graupelkörner aus großer Höhe auf Wolken treffen, deren Wassertröpfchen unter 0° abgekühlt sind. Durch die Erschütterung gefrieren diese Tröpfchen sofort, indem sie sich schichtenweise um das Graupelkorn legen. Das Glatteis bildet sich, wenn nach starkem Frost Tauwetter eintritt und ein leiser Regen auf die noch unter 0° C. abgekühlte Erde fällt.

Es kann aber auch vorkommen, daß überkaltetes (unter 0° C. abgekühltes) Wasser niederfällt, welches beim Anstoßen gegen die Erde oder gegen Bäume sofort in großen Massen gefriert, so daß oft ganze Wälder unter dem Gewichte des Eises zusammenbrechen — Rauhfrost. Übrigens herrscht über alle atmosphärischen Vorgänge noch ein ziemliches Dunkel.

§. 84. Von den Winden.

§. 84. Von den Winden. Der Wind entsteht durch die ungleichmäßige Erwärmung der Erde. Wenn die Erde an irgend einer Stelle erwärmt wird, so erwärmt sich auch die über ihr befindliche Luft und dehnt sich zunächst nach obenhin aus, weil von den Seiten her ein gleicher Gegendruck ausgeübt wird;

es wird deshalb *zunächst* auch ein Steigen oder Fallen des Barometers an der Erdoberfläche nicht eintreten; denn über dem Quecksilber steht noch dieselbe Luftmasse wie vorher, wenn sich dieselbe auch zu größerer Höhe ausgedehnt hat. In einiger Entfernung von der Erdoberfläche aber ist der Druck der Luft über der erwärmten Erdstrecke größer, als in gleicher Höhe in der Umgebung, denn hier ist das Gewicht der *über* dem Barometer befindlichen Luftmasse größer, als dort. Infolge dessen strömt die Luft über der erwärmten Erdstrecke *oben* nach der Umgebung hin ab; dies bewirkt aber eine Abnahme des Luftdruckes an der Erdoberfläche — *barometrisches Minimum* —, weshalb die kältere und dichtere Luft der Umgebung *unten* nach der erwärmten Erdstrecke hinströmt.

Kühlt sich umgekehrt ein Stück der Erdoberfläche ab, so verdichtet sich die Luft und die Höhe derselben vermindert sich; dadurch ändert sich der Barometerstand an der Oberfläche der Erde zunächst nicht; aber in einiger Höhe über derselben ist der Luftdruck geringer, als in der Umgebung, weshalb oben die Luft aus der Umgebung zuströmt; dadurch aber vergrößert sich die Luftmenge über der erkalteten Erdstrecke und das Barometer an der Erdoberfläche steigt — *barometrisches Maximum*.

In den Tropen nun bilden sich wegen der dort herrschenden hohen Temperatur immerwährend umfangreiche barometrische Minima; die erhitzte Luft strömt oben nach Norden und Süden hinab, während unten von Norden und Süden kältere Luft zuströmt.

Auf diese Art würde sich auf der nördlichen Halbkugel in der Nähe des Äquators oben ein *Südwind*, unten ein *Nordwind* herausbilden; auf der südlichen Halbkugel aber würden oben und unten die entgegengesetzten Windrichtungen, wie auf der nördlichen, eintreten. Man nennt diese Winde, welche zwischen den Wendekreisen mit größter Regelmäßigkeit wehen, *Passatwinde*; ihre Richtung ist indessen nicht genau die obenangegebene, sie wird vielmehr durch die Rotation der Erde um ihre Achse einigermaßen verändert. Der Nordwind, welcher an der Erdoberfläche nach dem Äquator hinströmt und ursprünglich eine geringe Drehgeschwindigkeit besitzt, kommt in Gegenden, in welchen die Drehgeschwindigkeit (von West nach Ost) größer ist; er bleibt deshalb etwas hinter den Orten der Erde, auf die er anfänglich gerichtet war, zurück und trifft westlicher gelegene, weshalb er eine östliche Richtung zu haben scheint; er verwandelt sich in einen *Nordostpassat*. Ähnlich geht der obere Südwind in einen Südwestpassat über und auf der südlichen Halbkugel bildet sich unten ein *Südost*- und oben ein *Nordwestwind* heraus.

Inmitten der tropischen Minima selbst strömt die Luft wesentlich aufwärts, es ist also ein Windzug nicht bemerkbar — *Region der Kalmen*; — doch aber wird diese Ruhe nicht selten von heftigen *Wirbelstürmen* unterbrochen.

Auch in höheren Breiten bilden sich barometrische Maxima und Minima, wenn auch in viel kleinerem Maßstabe; so bewegen sich ständig über den atlantischen Ocean, meist in der Richtung von Südwest nach Nordost, barometrische Minima, welche das nördliche Europa durchlaufen (Irland, Schottland, Norwegen, Schweden bis in Rußland hinein); sie bedingen wesentlich das Wetter in Mittel- und Südeuropa. Wenn im Nordwesten von Europa ein barometrisches Minimum erscheint, so strömt im südlichen Europa der Wind aus Südost nach demselben hin; je weiter aber das Minimum nach Osten vorrückt, um so mehr dreht sich der Wind nach Süd, Südwest und Nordwest. Die Windrichtung würde, was allerdings seltener vorkommt, in der entgegengesetzten Richtung stattfinden, wenn ein Minimum südlich von uns vorüberginge (Dovesches Winddrehungsgesetz).

Regelmäßige Winde bilden sich noch an den Küsten des Meeres; am Tage entsteht über dem Lande, weil sich dasselbe rascher erwärmt als das Wasser, ein barometrisches Minimum, so daß oben die Luft vom Lande nach dem Meere und unten vom Meere nach dem Lande hinströmt. Während der Nacht bildet sich über dem Lande, welches sich stärker abkühlt als das Wasser, ein barometrisches Maximum, weshalb die Luft vom Meere oben zuströmt, während unten die Luft vom Lande nach dem Meere geht.

Ebenso wie sich in den Tropen regelmäßige Winde bilden, entstehen auch regelmäßige Meeresströmungen; einer der bekanntesten ist der Äquatorialstrom des atlantischen Oceans, welcher von dem Guinea-Busen längs des Äquators zunächst nach Westen strömt; ein Teil desselben geht an der Mündung des Amazonenstromes nördlich in den Golf von Mexico, in welchen er durch den Nordostpassat hineingepreßt wird; von da bewegt er sich nun als warmer Wasserstrom — Golfstrom — an den Ostküsten des amerikanischen Festlandes hin und steigt bis zu den Westküsten von England und Norwegen herauf, weshalb die Temperatur dort höher ist, als sie ohnedies sein würde. Unten strömt vom hohen Norden eiskaltes Wasser nach dem Äquator hin.

III. Magnetismus.

§. 85. Grundeigenschaften der Magnete.

§. 85. Grundeigenschaften der Magnete. Schon im Altertume (600 J. v. Chr.) hatte man die Beobachtung gemacht, daß gewisse Eisensteine (Eisenoxydul-oxyd) die Eigenschaft haben, Eisen anziehen zu können; von ihrem ersten Fundorte Magnesia in Kleinasien haben sie den Namen Magnetsteine oder natürliche Magnete erhalten.

Später fand man, daß ein Stahlstab ebenfalls magnetisch wird, wenn er mit einem natürlichen Magneten bestrichen wird — künstlicher Magnet; man verwendet jetzt gewöhnlich nur die letzteren, weil sie sich leicht in jede Form bringen lassen. Taucht man einen Magnet in Eisenfeile, so bleiben dieselben wesentlich an zwei Punkten hängen, welche man die Pole nennt (Fig. 123).

Die Anziehung zwischen einem Magnet und einem Stück Eisen ist gegenseitig; hängt man ein Stück Eisen an einem Faden auf und bringt es in die Nähe eines Magnetes, so wird es von diesem angezogen; ebenso wird ein an einem Faden aufgehängter Magnetstab von einem Stück Eisen angezogen.

Fig. 123.

Magnet.

Die Anziehung eines Magnetes durch ein Stück Eisen kann man auch auf die Art zeigen, daß man eine Magnetnadel (Fig. 124), welche in der Mitte ein Achathütchen trägt, auf eine Spitze setzt und ihr ein Stück Eisen nähert. Eine solche Magnetnadel ist so hergerichtet, daß sie ihre Pole an den beiden Enden hat; taucht man sie in Eisenfeile, so bleiben sie wesentlich nur an den Polen hängen; die Mitte, der Indifferenzpunkt, besitzt keine Anziehungskraft.

Fig. 124.

Magnetnadel.

Wird eine Magnetnadel auf eine Spitze gestellt, so dreht sie sich von selbst so lange, bis der eine Pol (ungefähr) nach Norden, der andere nach Süden zeigt; man nennt deshalb den ersteren Nordpol, den letzteren Südpol und macht jenem dadurch vor diesem kenntlich, daß man die ganze Nordhälfte der Nadel blau anlaufen läßt.

Wenn man einen Magnet zerbricht, so ist jedes Stück selbst wieder ein vollständiger Magnet.

Durch Erwärmen und Rosten verliert ein Magnet an Kraft.

§. 86. Verhalten zweier Magnete zu einander. Nähert man dem Nordpole einer Magnetnadel den Nordpol eines anderen Magnetes, so bewegt sich der erstere von dem letzteren weg; dasselbe thut der Südpol der Nadel, wenn man ihm den Südpol eines anderen Magnetes nähert. Dagegen wird der Nordpol der Nadel von dem Südpole und der Südpol der Nadel von dem Nordpole eines anderen Magnetes angezogen: **§. 86. Verhalten zweier Magnete zu einander.**

Gleichnamige Pole zweier Magnete stoßen einander ab und ungleichnamige ziehen einander an.

Ein unmagnetisches Stück Eisen zieht beide Pole einer Magnetnadel an, und es ist deshalb leicht zu unterscheiden, ob ein Stück Eisen magnetisch ist oder nicht;

im ersten Falle wird das eine Ende den einen Pol der Magnetnadel abstoßen; stößt dieses Ende z. B. den Nordpol ab, so ist es selbst ein Nordpol; im zweiten Falle zieht das Eisen beide Pole der Nadel an.

Die magnetische Anziehung und Abstoßung nimmt ab im Quadrate der Entfernung.

Hängt man an den einen Pol eines Magnetes, z. B. an den Nordpol, ein Stück Eisen, so ist es imstande, wieder kleinere Eisenstücke zu tragen (Fig. 125); ein Stück Eisen wird also in der Nähe eines Magnetes selbst magnetisch und zwar erhält es an dem Ende, welches am Nordpole eines Magnetes hängt, seinen Südpol und an dem anderen seinen Nordpol; nähert man nämlich dem unteren Ende eine Magnetnadel, so wird das Nordende derselben abgestoßen.

Fig. 125.

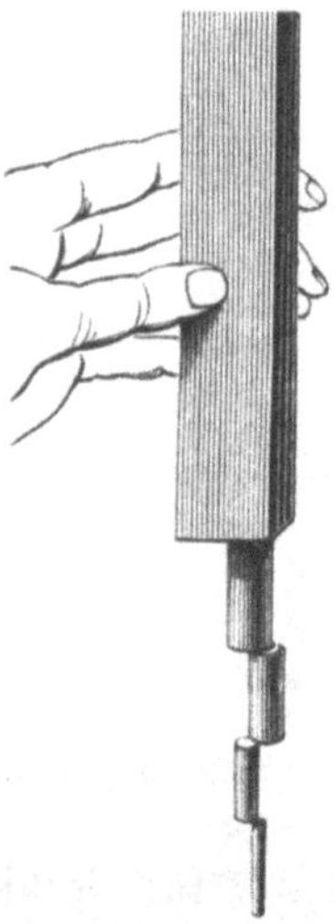

Eisen wird in der Nähe eines Magnetes selbst magnetisch.

Hängt man zwei Magnetstäbe mit den gleichnamigen Polen aufeinander, so erlangen sie eine viel größere Tragkraft als einer allein; legt man sie aber mit den ungleichnamigen Polen aufeinander, so wird die Tragkraft vermindert oder ganz aufgehoben: ein Magnetstab, welcher ein schweres Stück Eisen kaum zu tragen vermag, trägt es sicher und wohl noch ein schwereres, wenn man einen anderen Magnetstab mit den gleichnamigen Polen auf ihn legt; dagegen fällt ein Stück Eisen, welches an dem einen Pole eines Magneten hängt, ab, wenn man den ungleichnamigen Pol eines anderen Magnetstabes nähert, oder den letzteren auf den ersteren legt. Ein Stück weiches Eisen bleibt sehr leicht an einem Magnete hängen; ein Stück Stahl erst, wenn es einige Zeit mit dem Magneten in Berührung gewesen; dagegen verliert auch das weiche Eisen alsbald seinen Magnetismus wieder, wenn es vom Magnete abgenommen wird, während Stahl dauernd einen Teil des einmal erlangten Magnetismus beibehält.

§. 87. Herstellung künstlicher Magnete.

§. 87. Herstellung künstlicher Magnete. Künstliche Magnete stellt man her, indem man Stahlstäbe mit einem Magnete in geeigneter Weise streicht. Man kann dabei verschiedene Methoden befolgen: 1) Man setzt den Nordpol eines Magnetes auf die Mitte des Stahlstabes auf, streicht nach dem einen Ende, kehrt durch die Luft nach der Mitte zurück, und wiederholt dasselbe Verfahren beliebig oftmal; ebenso oft streicht man in gleicher Weise die andere Hälfte des Stahlstabes mit dem Südpole des Magnetes. Der Stahlstab erhält an dem Ende seinen Nordpol, welches mit dem Südpol bestrichen worden.

2) Man setzt in der Mitte des Stahlstabes a b (Fig. 126) zwei Magnete, den einen mit seinem Nordpol A, den anderen mit seinem Südpol B auf und streicht mit dem einen nach dem einen Ende b des Stahlstabes, mit dem anderen nach

dem anderen Ende a, kehrt mit beiden Magneten durch die Luft nach der Mitte des Stahlstabes zurück rc.

3) Will man ein Hufeisen (Fig. 127) magnetisch machen, so setzt man einen Hufeisenmagnet mit den beiden Polen an der Umbiegung auf und fährt nach den Enden hin, kehrt durch die Luft nach der Umbiegung zurück und wiederholt dieses Verfahren beliebig oftmal. Legt man ein Stück Eisen — Anker — vor die Enden des Hufeisens, so wird es rascher magnetisch. Ein Magnet behält nämlich seinen Magnetismus besser, wenn er etwas zu tragen hat; man kann sogar durch vorsichtiges Anhängen von Gewichten an den Anker nach und nach den Magnetismus verstärken.

Fig. 126.

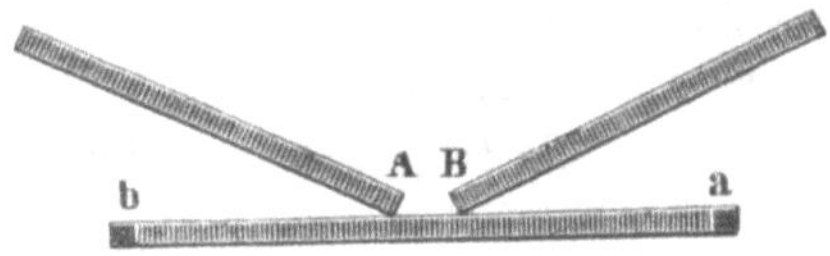

Magnetisierung eines Eisenstabes.

Da ein dicker Stahlstab nur schwer durch die ganze Masse hindurch magnetisch wird, so setzt man ihn gewöhnlich aus mehreren dünnen Lamellen, welche einzeln magnetisch gemacht und mit den gleichnamigen Polen aufeinander gelegt werden, zusammen (vergl. Fig. 127 u. Fig. 128).

Stahlstäbe werden auch schon durch wiederholte Erschütterungen magnetisch, so z. B. die Feilen, Bohrer und Hämmer, kurz alle stählerne Werkzeuge der Schlosser und Schmiede, nachdem sie öfter gebraucht worden sind.

Fig. 127.

Hufeisenmagnet, aus mehreren Lamellen bestehend.

Fig. 128.

Stabmagnet, aus mehreren Lamellen bestehend.

§. 88. Der Erdmagnetismus. Wird eine Magnetnadel, welche an einem Faden in der Mitte aufgehängt ist, über einen größeren Stabmagnet gehalten, so stellt sie sich jedenfalls so, daß ihre Pole nach den ungleichnamigen des Stabmagnetes hinweisen. Schwebt die Nadel gerade über der Mitte des Stabmagnetes (Fig. 129), so stellt sie sich horizontal, denn ihr Nordpol ist gerade so weit von dem Südpole des Stabmagnetes entfernt und wird gerade so stark von diesem angezogen, wie ihr Südpol von dem Nordpole des Stabmagnetes. Hält man die Nadel mehr nach dem einen Ende, z. B. nach dem Nordende des Stabmagnetes hin, so wird ihr Südpol s stärker von dem Nordpole N des Stab- §. 88. Der Erdmagnetismus.

Fig. 129.

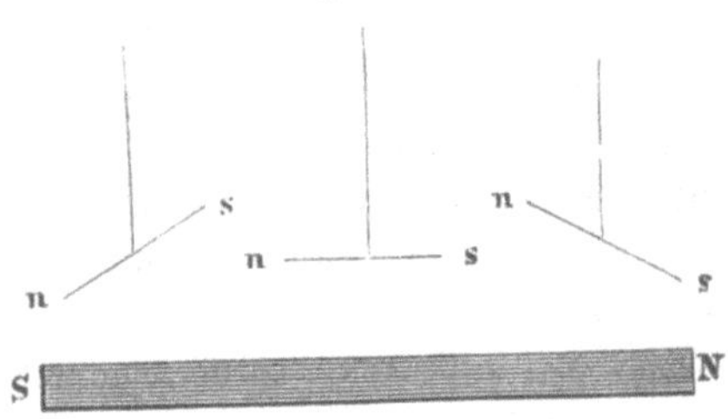

Inklination.

magnetes angezogen, als ihr Nordpol n von dem Südpole S; daher neigt sich denn die Nadel mit ihrem Südende abwärts und stellt sich über dem Nordpole S fast vertikal herab.

Wenn man eine solche Nadel an verschiedenen Stellen der Erde aufhängt, so bemerkt man, daß sie sich in der Nähe des Äquators horizontal und nach den Polen hin immer stärker mit dem einen Ende herabsenkt. In unseren Gegenden steht z. B. die Nadel mit ihrem Nordende nach unten und zwar derart, daß sie mit dem Horizonte einen Winkel von 66° bildet. Geht man noch weiter nördlich, so senkt sich das Nordende noch mehr herab und auf der Insel Boothia Felix steht sie vollkommen vertikal.

Auf der südlichen Halbkugel senkt sich in gleicher Weise das Südende abwärts und im Süden von Vandiemensland stellt sich die Nadel vertikal.

Hieraus geht hervor, daß die Erde ebenfalls ein Magnet ist, welche ihren Nordpol auf der Insel Boothia Felix und ihren Südpol im Süden von Vandiemensland hat. Zu bemerken ist dabei, daß wir die Pole eines Magnetes falsch bezeichnen, wir müßten eigentlich den Pol, welcher nach Norden zeigt, Südpol nennen.

Zieht man eine Linie durch alle Orte der Erde, an denen sich eine in ihrem Schwerpunkte aufgehängte und in einer Vertikalebene drehbare Nadel — sog. Inklinationsnadel, wagrecht stellt, d. h. an denen die Inklination 0° ist, so bildet diese den magnetischen Äquator; es ist dies eine unregelmäßige krumme Linie, welche den geographischen Äquator zweimal schneidet.

Auch der Umstand, daß die gewöhnliche Magnetnadel (Fig. 124), welche sich wesentlich in einer horizontalen Ebene drehen kann, die sogen. Deklinationsnadel, immer mit dem einen Pole (ungefähr) nach Norden, mit dem anderen nach Süden zeigt, beweist, daß die Erde selbst ein Magnet ist.

§. 89. Veränderlichkeit des Erdmagnetismus.

§. 89. Veränderlichkeit des Erdmagnetismus. Die Deklinationsnadel hat nicht zu allen Zeiten dieselbe Richtung gehabt. Während sie heutzutage in unseren Gegenden 15° westlich vom geographischen Norden zeigt, hat sie früher (im 16. Jahrhundert) nach Osten gestanden; in der Mitte des 17. Jahrhunderts zeigte sie mit ihrem Nordpol genau nach dem geographischen Norden, seit dieser Zeit ist ihre Abweichung — Deklination — immer westlicher geworden; bis zum Jahre 1814, wo sie in unsern Gegenden 22° westlich zeigte; von da ab aber hat die westliche Deklination allmählich wieder bis 15° abgenommen. Die Magnetpole der Erde bleiben also im Laufe der Jahrhunderte nicht an derselben Stelle; sie schwanken um die geographischen Pole in östlicher und westlicher Richtung, ohne sich, wie es scheint, weit von ihnen zu entfernen. Ebenso ist die Inklination, d. h. der Winkel, den die Inklinationsnadel mit dem Horizonte bildet, veränderlich, sie hat in unseren Gegenden ständig, aber nur wenig abgenommen; der Nordpol der Erde scheint sich also auch von unseren Gegenden allmählich zu entfernen.

Da die Magnetpole der Erde nicht mit dem geographischen zusammenfallen, so kann auch die Deklination nicht an allen Orten der Erde dieselbe sein; während sie bei uns 15° westlich ist, beträgt sie in Wien 12°, in Petersburg 6°, in Moskau 3° und im Ural 0°, d. h. hier zeigt die Nadel gleichzeitig nach dem geographischen und magnetischen Nordpole. In ganz Asien und Amerika ist die Deklination östlich.

Außer diesen säkularen Schwankungen der Deklinationsnadel giebt es auch noch jährliche und tägliche; im Sommer ist die Deklination größer als im Winter und am Tage größer als in der Nacht. Plötzliche Schwankungen erfährt außerdem die Magnetnadel durch Gewitter, Erdbeben und Nordlichter.

§. 90. Der Kompaß. Schon im 13. Jahrhundert hat man die Deklinationsnadel zur Orientierung namentlich auf dem Meere benutzt — Kompaß. Da indessen ein Schiff vielfache Schwankungen erfährt, so mußte dafür gesorgt werden, daß sich dieselben nicht auf die Magnetnadel übertrugen. Zu dem Zwecke ist der Boden des Gehäuses c c (Fig. 130 *a*), auf dem die Spitze befestigt ist, stark beschwert, so daß sich die Spitze stets vertikal zu stellen strebt; außerdem ist das Gehäuse in zwei Ringen d d und f f aufgehängt, so daß bei den Schwankungen des Schiffes zwar die Ringe, nicht aber die Spitze, auf welcher die Nadel schwebt, in Bewegung gerät — Cardanische Aufhängung. §. 90. Der Kompaß.

Fig. 130 a und b.

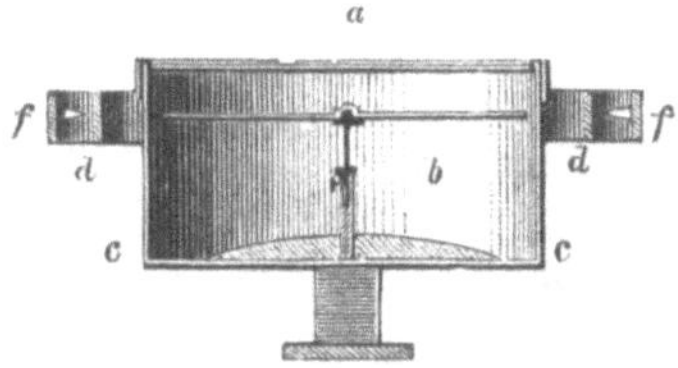

Gehäuse.

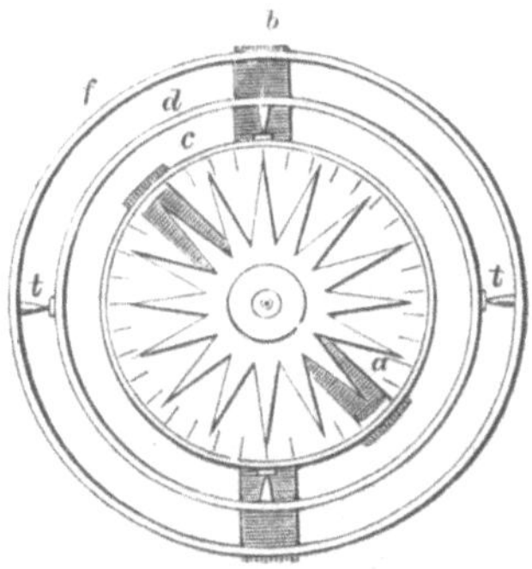

Schiffskompaß.

Ein gewöhnlicher Kompaß ist einfacher eingerichtet, er besteht aus einem rundlichen, flachen Gehäuse (Uhrgehäuse), in dessen Mitte auf einer Spitze eine Magnetnadel schwebt; auf dem Boden sind im Innern durch zwei senkrecht aufeinanderstehende Linien die Himmelsgegenden verzeichnet; außerdem ist noch ein Pfeil von der Mitte aus gezogen, welcher mit der Nordsüdlinie den Deklinationswinkel (in unseren Gegenden 15°) bildet. Hält man den Kompaß so, daß die Nordspitze der Nadel auf dem Pfeile steht, so zeigt die (um 15° östlich davon liegende) Nordsüdlinie genau nach dem geographischen Norden.

IV. Von der Elektricität.

a. Die Reibungselektricität.

§. 91. Haupteigensch. eines elektr. Körpers.

§. 91. Haupteigenschaften eines elektrischen Körpers. Schon 600 v. Chr. hat man die Beobachtung gemacht, daß Bernstein (ἤλεκτρον), wenn er mit Wolle oder Pelz gerieben wird, die Eigenschaft erlangt, leichte Körper, wie Papierschnitzeln, anziehen zu können. Dasselbe thut Glas, wenn es mit Seide, Harz, Kautschuk, Schwefel u. s. w., wenn sie mit Wolle oder Pelz gerieben werden — man nennt sie elektrische Körper. Die leichten Körperchen, welche urspünglich von einem elektrischen Körper angezogen wurden, springen alsbald wieder von demselben ab, wie man am deutlichsten sehen kann, wenn man ein Hollundermarkkügelchen an einem seidenen Faden aufhängt und ihm einen elektrischen Körper nähert (Fig. 131). Wenn ein Hollundermarkkügelchen mit einem elektrischen Körper in Berührung gewesen ist, so ist es nunmehr selbst elektrisch geworden und vermag kleine Papierschnitzeln anzuziehen. Ein elektrischer Körper verliert durch Berührung mit einem unelektrischen an Kraft; er ist, wenn er nicht von neuem gerieben wird, nicht mehr imstande, so lebhaft wie vorhin anziehend zu wirken. Auch an die Luft giebt ein elektrischer Körper von seiner Elektricität ab. Während ein Magnet nichts an Kraft verliert, wenn er andere durch Bestreichen magnetisch macht, geben die elektrischen Körper leicht von ihrer Elektricität ab, sie sind imstande andere Körper durch Mitteilung elektrisch zu machen.

Fig. 131.

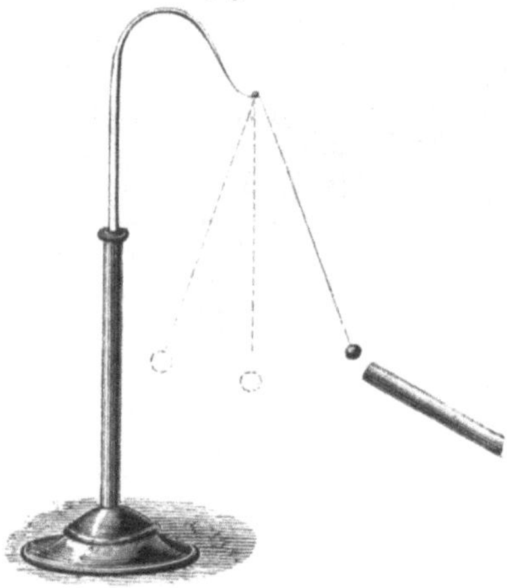

Elektrisches Pendel.

Berührt man eine geriebene Glas- oder Harzstange wiederholt mit der Hand, so verliert sie ihre Elektricität teilweise oder ganz; sie ist auf die Hand und von da in die Erde übergegangen.

§. 92. Positive u. negative elektr. Körper.

§. 92. Positive und negative elektrische Körper. Hat man ein Hollundermarkkügelchen durch Berührung mit einer geriebenen Glasstange elektrisch gemacht, so daß es nun von dieser abgestoßen wird, so wird es jetzt von einer geriebenen Harzstange angezogen und zwar lebhafter, als wenn es unelektrisch wäre.

Dasselbe tritt ein, wenn man das Hollundermarkkügelchen mittels einer geriebenen Harzstange elektrisch macht und ihm dann eine geriebene Glasstange nähert.

Glas und Harz müssen also, wenn sie gerieben werden, nicht dieselbe Elektricität besitzen, sonst könnte nicht die eine abstoßen, was die andere anzieht.

Nun verhalten sich alle Körper, welche elektrisch werden können, entweder wie Glas oder Harz; es giebt deswegen zwei und nur zwei Elektricitäten, welche man als Glas- und Harzelektricität unterscheidet, und für welche das Gesetz gilt:

Gleichnamige Elektricitäten stoßen einander ab und ungleichnamige ziehen einander an.

Daß gleichnamig elektrische Körper einander abstoßen, kann man sehr schön mittels zweier an Seidenfäden aufgehängten Kollodiumballons nachweisen; zieht man jeden mehrmals sanft durch die Hand, so sind sie so stark elektrisch geworden, daß sie sich weit auseinanderstellen und nur sehr langsam wieder zusammengehen.

Ebenso stellen sich zwei Fäden, an welchen Hollundermarkkügelchen befestigt sind, auseinander, wenn beide mit einer geriebenen Glas- oder Harzstange berührt werden; hat man sie z. B. mit einer Glasstange berührt und kommt nun mit einer geriebenen Harzstange in die Nähe, so werden die Kügelchen sehr lebhaft angezogen; entfernt man die Harzstange, nachdem sie nur kurze Zeit mit den Kügelchen in Berührung war, so stehen dieselben jetzt nicht mehr so weit auseinander und kommt man wieder mit der Harzstange nahe, so werden sie wieder angezogen; sie haben also noch etwas Glaselektricität; entfernt man abermals die Harzstange, so ist es möglich, daß die Kügelchen gar nicht mehr auseinanderstehen; sie sind jetzt unelektrisch; berührt man sie abermals mit der Harzstange, so divergieren sie nunmehr und werden von der Harzstange abgestoßen, sie haben jetzt Harzelektricität.

Glas- und Harzelektricität verhalten sich also wie positive und negative Zahlen, welche sich teilweise oder ganz ausgleichen können; man bezeichnet deshalb auch die Elektricität des Glases als die positive und die des Harzes als die negative.

Da gleiche Mengen positiver und negativer Elektricität einander ausgleichen können, so läßt sich ein unelektrischer Körper als ein solcher betrachten, der positive und negative Elektricität in gleicher Menge besitzt. Ein positiv oder negativ elektrischer Körper ist ein solcher, der einen Überschuß von positiver oder negativer Elektricität besitzt.

In betreff der elektrischen Anziehung und Abstoßung gilt ferner das Gesetz: Die elektrische Anziehung und Abstoßung nimmt ab im Quadrate der Entfernung.

§. 93. Gute und schlechte Leiter. Will man eine Metall-Stange oder -Scheibe durch Reiben (etwa mit Wolle oder Pelz) elektrisch machen, so darf man das Metall selbst nicht anfassen; man muß es an einem Glas-, Hartgummi- oder Harzgriff halten. §. 93. Gute und schlechte Leiter.

Berührt man eine elektrische Metallstange an irgend einem Punkte mit der Hand, so ist sie sofort unelektrisch, während eine elektrische Glas- oder Harzstange ihre Elektricität nur an dem Berührungspunkte verliert.

Diese und ähnliche Versuche beweisen, daß die Elektricität bei manchen

Körpern rasch von einem Teilchen zum anderen übergehen kann, man nennt sie gute Leiter der Elektricität. Zu ihnen gehören die Metalle (vor allem Silber), Kohle und viele Flüssigkeiten, feuchte Luft 2c. Schlechte Leiter sind Harz, Kautschuk, Wolle, Haare, Seide, Schwefel, Elfenbein und Glas.

Hält man einen elektrischen Körper von guten Leitern fern, dadurch, daß man ihn mit schlechten Leitern — Isolatoren — umgiebt, so behält er seine Elektricität längere Zeit.

§. 94. Verbreitung der Elektricität auf der Oberfläche der Körper.

§. 94. Verbreitung der Elektricität auf der Oberfläche der Körper. Eine Metallröhre (Fig. 132) trägt außen eine kleine Metallstange, an welcher zwei Leinenfäden mit Hollundermarkkügelchen hängen; ebenso sind im Inneren zwei solche Fäden angehängt. Macht man die Röhre elektrisch, so divergieren blos die äußeren Kügelchen, woraus wir den Schluß ziehen, daß die Elektricität sich nur auf der Oberfläche der Körper verbreitet.

Fig. 132.

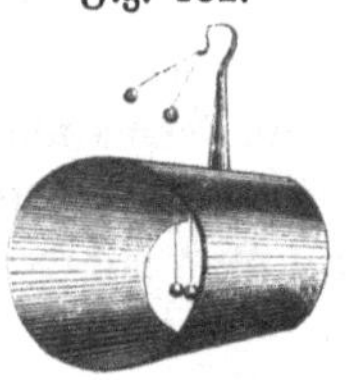

Verbreitung der Elektricität auf der Oberfläche.

Ist ein Körper kugelförmig, so verbreitet sich die Elektricität auf der Oberfläche derart, daß überall auf die Einheit der Fläche die gleiche Elektricitätsmenge kommt. Hat der Körper Ecken und Spitzen, so sammelt sich dort verhältnismäßig mehr Elektricität an, als an den übrigen Stellen.

Da gleichnamige Elektricitäten einander abstoßen, so suchen die Elektricitätsteilchen auf der Oberfläche der Körper sich von einander zu entfernen, es herrscht eine „Spannung" zwischen denselben; die Spannung ist um so größer, je mehr Elektricitätsteilchen auf einem bestimmten Flächenstück angehäuft sind. Bei kugelförmigen Körpern ist die Dichtigkeit überall dieselbe; hat der Körper Ecken und Spitzen, so ist sie dort größer, als an den übrigen Stellen.

Fig. 133.

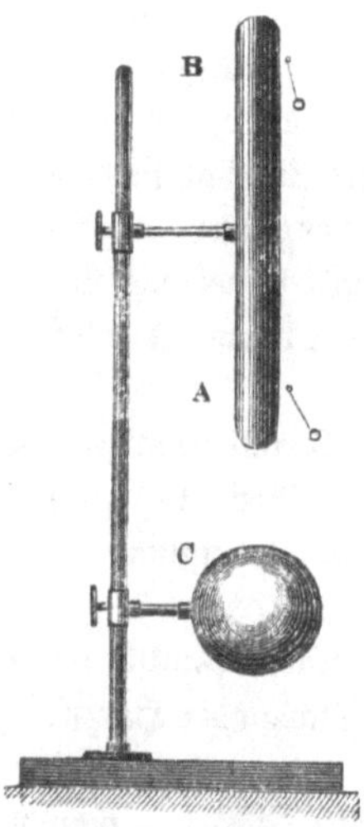

Elektrische Verteilung.

Die Abstoßung, welche gleichnamige Elektricitätsteilchen auf einander ausüben, ist auch die Ursache, warum die Elektricität so leicht von einem Körper, namentlich wenn er Ecken und Spitzen hat, entweicht. Berührt man eine unelektrische Metallkugel mit einer elektrischen, so geht solange Elektricität von der zweiten auf die erste über, bis die Dichtigkeit d. h. die Elektricitätsmenge auf der Einheit der Fläche dieselbe ist.

§. 95. Elektrische Verteilung.

§. 95. Elektrische Verteilung. Fig. 133 zeigt eine Messingröhre AB, welche an einem Glasstabe befestigt ist und an einer Stange auf- und abgeschoben werden kann. An der Röhre ist oben und unten ein Leifaden mit einem Hollundermarkkügelchen angebracht. Macht man nun die Metallkugel C, welche sich unterhalb der Röhre A B befindet, elektrisch, etwa positiv, so entfernen sich die Kügelchen von der Röhre AB und man kann durch Annähern einer geriebenen Glas- oder Harzstange leicht zeigen, daß das untere negativ, das obere positiv elektrisch ist. Macht man die Kugel C, etwa durch Berührung mit dem Finger, unelektrisch, so fallen die Kügelchen wieder an die Röhre. Die Kugel C hat an die Röhre A B offenbar keine Elektricität abgegeben, denn sonst müßte sie durchweg positiv elektrisch sein und sich auch noch so zeigen, nachdem die Kugel C unelektrisch gemacht worden. Man legt den Vorgang folgendermaßen aus: In der Metallröhre A B ist positive und negative Elektricität in gleicher Menge; kommt nun ein, etwa positiv elektrischer Körper in die Nähe, so zieht er die negative herbei (nach A) und stößt die positive ab (nach B); entfernt man den elektrischen Körper oder macht ihn unelektrisch, so vereinigen sich die zwei Elektricitäten auf der Röhre A B wieder, so daß sie unelektrisch erscheint.

Diese Art der Elektricitätserregung bezeichnet man mit dem Namen elektrische Verteilung oder Influenz.

Macht man die Kugel C elektrisch, etwa positiv, und hält den Finger auf die Röhre A B, so bleiben die Kügelchen an ihr liegen; nimmt man dann den Finger weg und macht die Kugel C unelektrisch, so entfernen sich die Kügelchen von der Röhre und zwar beide mit negativer Elektricität. Die Kugel C bewirkte eine Verteilung der beiden auf A B befindlichen Elektricitäten, sie stieß die positive in den Finger (und von da in die Erde) ab, während die negative durch die positive der Kugel C festgehalten wurde. Entfernt man den Finger und macht C unelektrisch, so wird die auf A B befindliche negative Elektricität nicht mehr festgehalten; sie verbreitet sich über die ganze Röhre und geht auch in beide Kügelchen.

Fig. 134.

Elektroskop.

§. 96. Das Elektroskop. Um geringe Mengen von Elektricität nachweisen zu können, bedient man sich des Elektroskops (Fig. 134); es besteht gewöhnlich aus einem Glase, durch dessen Öffnung ein Draht isoliert hindurch geht, der an seinem unteren Ende zwei Goldblättchen oder Strohhalme trägt, während auf das obere ein Messingknopf aufgeschraubt ist. Das Glas steht auf einer Holz- oder Metallscheibe und ist oben gut gefirnißt. §. 96. Das Elektroskop.

Nähert man dem Knopfe einen elektrischen Körper, z. B. eine negativ elektrische Harzstange, so gehen die Blättchen mit negativer Elektricität auseinander; die negative Elektricität der Harzstange 'zieht die positive des Metallknopfes und der Blättchen nach oben in den Knopf und stößt die negative in die Blättchen. Entfernt man die Harzstange, so fallen die Blättchen wieder zusammen, die positive Elektricität im Knopfe vereinigt sich wieder mit der negativen der Blättchen.

Hält man, während die Harzstange in der Nähe ist, den Finger auf den Knopf, so bleiben die Blättchen beisammen; die abgestoßene negative Elektricität ist in den Finger und von da in die Erde gegangen; nimmt man nun den Finger und dann die Stange weg, so divergieren die Blättchen und zwar mit positiver Elektricität; nach Entfernung der Harzstange wird die positive Elektricität nicht mehr im Knopfe festgehalten und verbreitet sich deshalb auch über die Goldblättchen. Das Elektroskop ist jetzt positiv geladen. Nähert man nun dem Knopfe einen elektrischen Körper, so gehen entweder die Goldblättchen noch weiter auseinander oder näher zusammen; das erstere findet statt, wenn der Körper positiv, das letztere, wenn er negativ elektrisch ist; ist der Körper z. B. positiv elektrisch, so wirkt er verteilend auf die gebundenen Elektricitäten des Metalles, er zieht negative in den Knopf und stößt positive in die Goldblättchen; dadurch werden dieselben noch stärker positiv als vorher und die Divergenz der Goldblättchen vergrößert sich.

Das Elektroskop kann also dazu dienen, um zu untersuchen, ob ein elektrischer Körper, selbst wenn er sehr wenig Elektricität besitzt, positiv oder negativ ist.

§. 97. Der Kondensator.

§. 47. Der Kondensator. Ein dem Elektroskop ähnlicher Apparat ist der Kondensator (Fig. 135); statt eines Metallknopfes trägt der Apparat eine Messingplatte A, welche oben gefirnißt ist und auf die sich eine zweite, unten gefirnißte Messingplatte B, welche mit einem Glasgriff C versehen ist, aufsetzen läßt. Berührt man B mit einem z. B. positiv elektrischen Körper, so wird B positiv und wirkt verteilend auf die zwei in A enthaltenen Elektricitäten; positive Elektricität wird in den Finger abgestoßen und negative auf A festgehalten — gebunden; diese negative auf A bindet ebenso viel positive auf B, so daß das Plattenpaar sich wie ein unelektrischer Körper verhält; es nimmt deshalb auch B alle Elektricität des mit ihr in Berührung befindlichen elektrischen Körpers an und nicht blos soviel, daß die Dichtigkeit auf ihr und dem Körper gleich ist; auch kann man durch mehrmalige Berührung des wiederholt elektrisch gemachten Körpers neue Mengen positiver Elektricität auf B bringen, welche eine gleiche Menge negativer Elektricität auf A bindet. (Bei einem Elektroskope ist dies nicht der Fall, dort ist die Elektricität frei und wirkt abstoßend auf neue, welche hinzukommen soll.) Da die Elektricitäten auf A und B einander binden, so schlagen auch die Goldblättchen nicht eher aus, als bis man B abhebt, wodurch die negative Elektricität auf A frei wird, sich über die Goldblättchen verbreitet und dieselben zum Ausschlagen bringt.

Fig. 135.

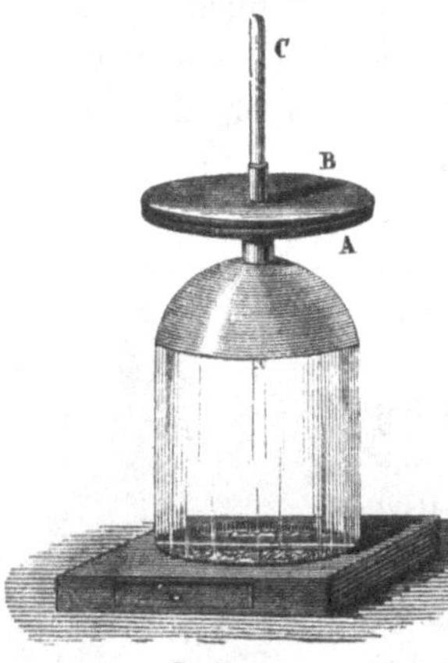

Kondensator.

Auf diese Art ist es möglich selbst sehr geringe Mengen Elektricität nachzuweisen.

§. 98. Die Reibungselektrisiermaschine.

§. 98. Die Reibungselektrisiermaschine. Die Elektrisiermaschinen dienen dazu, größere Mengen Elektricität hervorzurufen; die gewöhnlichste ist die Reibungselektrisiermaschine (Fig. 136). Sie besteht aus einer Glasscheibe, welche mittels einer Kurbel um eine gläserne Achse drehbar ist, und aus dem Reibzeug, das sind zwei mit Zinkamalgam bestrichene Kissen, zwischen denen die Scheibe sich dreht, sowie aus zwei gewöhnlich kugelförmigen Konduktoren, von denen der eine die positive Elektricität der Glasscheibe, der andere die negative des Reibzeugs aufnimmt; der letztere ist unmittelbar mit dem Reibzeuge leitend verbunden; an dem anderen sind zwei Holzringe befestigt, in welche auf der der Scheibe zugekehrten Seite je ein Drahtring eingelegt ist, welcher die Elektricität der Scheibe aufnimmt und auf den Konduktor überleitet.

Fig. 136.

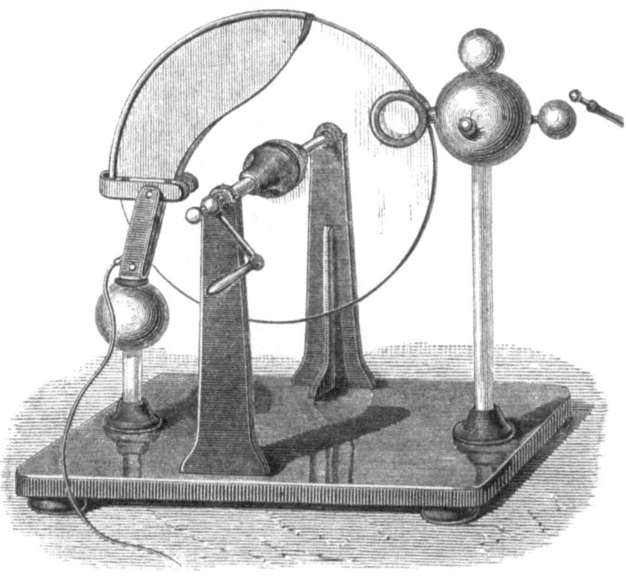

Reibungselektrisiermaschine.

Die einfachsten Versuche, welche man mit der Elektrisiermaschine anstellen kann, sind folgende:

1) Stellt man einem der Konduktoren eine mit der Erde leitend verbundene Metallkugel gegenüber, so springen schon von einiger Ferne Funken von positiver oder negativer Elektricität im Zickzack über; die Funken werden besonders kräftig, wenn man den Funkenzieher durch eine Kette mit dem anderen Konduktor verbindet. Im luftleeren Raume springt die Elektricität auf große Strecken in Büschelform über, wie dies mittels des luftleer gemachten „elektrischen Eies" (Fig. 137) oder der Geißlerschen Röhren gezeigt werden kann. Dünne Luft gestattet der Elektricität besser den Durchgang, als dichte; der absolut leere Raum ist aber ein vollkommener Nichtleiter der Elektricität.

2) Eine Spitze auf den Konduktor gesetzt, vermindert die Schlagweite oder hebt sie ganz auf; die positive Elektricität strömt dabei in Form von Büscheln aus; die negative dagegen giebt sich nur als ein feines, helles Pünktchen auf der Spitze zu erkennen.

3) Legt man ein gezahntes Rädchen auf einen Harzkuchen, läßt auf dasselbe einen oder mehrere Funken aufschlagen und streut Bärlappsamen auf den Kuchen, so

bemerkt man, nachdem das Rädchen durch rasches Auf- und Abbewegen des Kuchens weggeschleudert worden, bei positiver Elektricität eine schön strahlige, bei negativer eine oder mehrere rundliche Figuren; sie treten besonders schön hervor, wenn man den überflüssigen Bärlappsamen wegbläst.

Fig. 137.

Elektrisches Ei.

4) Befestigt man ein Stückchen mit Jodkaliumkleister getränktes Papier an einem Metallstabe und läßt aus einer Spitze Funken auf das Papier schlagen, so erhält es blaue Flecken, was auf eine Zersetzung des Jodkaliums durch die Elektricität hinweist.

5) Läßt man elektrische Funken auf Äther oder heißen Alkohol schlagen, der in einem Metallgefäße sich befindet, so entzündet er sich.

6) Einige allbekannte Apparate sollen hier nur erwähnt werden: die elektrische Spinne, der Isolierschemel, der Korkkugeltanz, die Blitztafel und Blitzröhre, das elektrische Glockenspiel, die elektrische Pistole und das elektrische Flugrad.

Noch fügen wir bei, daß man in der Nähe der Elektrisiermaschine einen eigentümlichen Geruch, nach Ozon, wahrnimmt.

§. 99. Die Leidner oder Kleistsche Flasche.

§. 99. Die Leidner oder Kleistsche Flasche.

Um größere Mengen Elektricität anzusammeln und damit stärkere Wirkungen zu erzielen, bedient man sich der Leidner Flasche oder der Franklinschen Tafel. Der erste Apparat (Fig. 138) besteht aus einer weiten Flasche, welche innen und außen bis zu einer gewissen Höhe mit Stanniol belegt und deren oberer Teil gut gefirnißt ist. Auf dem Halse sitzt ein gefirnißter Holzdeckel, durch den ein Metalldraht, der oben einen Knopf trägt, hindurchgeht und mit dem Boden der Flasche leitend verbunden ist.

Fig. 138.

Leidner Flasche.

Läßt man auf den Knopf Funken z. B. positiver Elektricität schlagen, während das äußere Stanniol mit der Erde leitend verbunden ist, so verbreitet sich die positive Elektricität auf das innere Stanniol und wirkt verteilend auf die zwei Elektricitäten des äußeren; sie zieht die negative an und hält sie fest, die positive aber stößt sie in den Boden ab. Da die äußere und innere Elektricität einander binden, so ist es annähernd so gut, als ob der Apparat unelektrisch wäre; man kann immer neue Mengen einführen, bis die Spannung so groß wird, daß die zwei Elektricitäten entweder über den Hals oder durch das Glas zueinander springen.

Ist die Flasche hinreichend geladen, so kann man sie mit Hilfe des Ausladers wieder entladen. Der Auslader besteht aus zwei mit isolierenden Griffen versehenen, in Knöpfe endigenden, gebogenen Drähten, die sich um ein Scharnier drehen lassen. Berührt man mit dem Knopfe des einen Drahtes das äußere Beleg und nähert den Knopf des anderen dem Knopfe der Leidner Flasche, so springen die beiden Elektricitäten in einem kräftigen Funken zu einander über.

§. 100. Versuche mit der Leidner Flasche und der elektrischen Batterie. §. 100. Versuche mit der Leidner Flasche und der elektr. Batterie.
Die Versuche, welche man mit größeren Mengen Elektricität anstellen kann, lassen sich in mechanische, physiologische, chemische, thermische, optische und magnetische einteilen. Zu manchen genügt eine einzige Leidner Flasche, zu anderen muß man eine ganze Batterie solcher Flaschen, deren innere sowohl wie äußere Belege untereinander verbunden sind, anwenden. Fig. 139 zeigt eine solche elektrische Batterie; neun Flaschen stehen in einem inwendig mit Stanniol belegten Kasten, an welchem sich außen ein Henkel befindet, der mit dem inneren Stanniol leitend verbunden ist; ebenso stehen die Knöpfe der Flaschen durch Drähte miteinander in Verbindung.

Fig. 139.

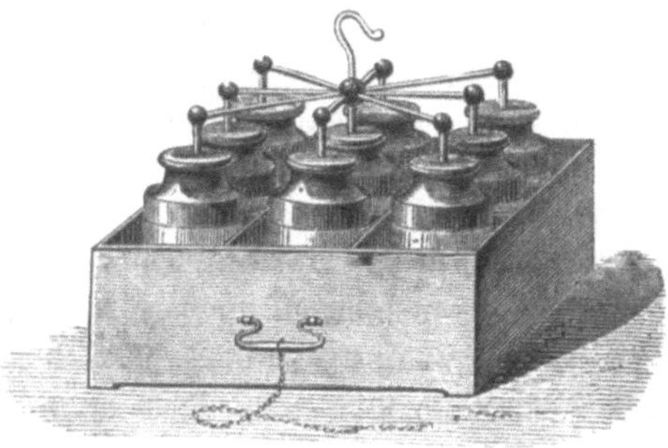

Elektrische Batterie.

Um die Batterie zu laden, läßt man Funken auf den Verbindungsknopf schlagen, während die am Haken des Kasten befestigte Kette mit der Erde leitend verbunden ist. Will man die Batterie entladen, so hängt man die Kette an den einen Knopf des Ausladers und nähert den anderen Knopf dem Verbindungsknopfe der Flaschen.

Zu den mechanischen Wirkungen gehört das Durchschlagen von Papier, Holz, Glas, zu den physiologischen gehören die Erschütterungen des menschlichen Körpers, welche beim gleichzeitigen Berühren des inneren und äußeren Beleges hervorgerufen werden; zu den thermischen und optischen das Entzünden von Kolophonium, Schießbaumwolle, Schießpulver (statt dessen auch ein Gemenge von chlorsaurem Kali und Schwefelantimon), das Glühendmachen von Stanniol, Eisendraht u. s. w.

Wickelt man übersponnenen Kupferdraht über eine Glasröhre, in welcher eine Nähnadel liegt und läßt den Schlag einer Leidner Flasche oder einer Batterie durch den Draht gehen, so wird die Nadel magnetisch. Chemische Wirkungen lassen sich nur in untergeordnetem Maße durch Entladung von Flaschen hervorrufen.

§. 101. Die atmosphärische Elektricität.

§. 101. Die atmosphärische Elektricität. Großartige elektrische Entladungen treten bei den Gewittern auf. Übrigens zeigt sich auch die Luft bei heiterem Himmel elektrisch. Schon als Otto v. Guericke zuerst Funken aus einer geriebenen Schwefelkugel zog, verglich er den Funken mit dem Blitze und das Knistern mit dem Donner. Franklin ließ bei einem Gewitter einen Drachen steigen und konnte aus der Schnur desselben Funken ziehen. Die Entstehung der Elektricität der Luft und der Wolken ist noch nicht erklärt; der Blitz entsteht durch die Ausgleichung der entgegengesetzten Elektricitäten zweier Wolken oder einer Wolke und eines Gegenstandes auf der Erde; der Donner wird durch die Erschütterung und Erwärmung der Luft hervorgerufen und kommt immer später als der Blitz, weil sich das Licht rascher fortpflanzt als der Schall (Licht 42000 Meilen, Schall 333 m). Von sehr fernen Gewittern sieht man oft noch den Blitz, aber man hört den Donner nicht mehr — Wetterleuchten. Steht eine z. B. positiv elektrische Wolke über einem Thurm oder einem anderen hohen Gegenstand, so zieht sie negative Elektricität in den oberen Teil desselben und stößt positive in die Erde. Endigt der Turm in eine Spitze, so strömt die negative Elektricität nach der Wolke hin und die Spitze leuchtet im Dunkeln — St. Elmsfeuer (Leuchten der Schiffsmasten und Baumkronen bei Gewittern). Endigt der Gegenstand nicht in eine Spitze, so sammelt sich dort eine größere Menge negativer Elektricität an, welche schließlich mit der positiven der Wolke sich ausgleicht — der Blitz schlägt ein. Zündet der Blitz nicht, sondern zertrümmert er bloß die Gegenstände, so nennt man dies einen kalten Schlag.

Um sich bei Gewittern im Freien vor dem Blitze zu schützen, stellt man sich am besten in einiger Entfernung von hohen Gegenständen (Bäumen rc.) auf; es ist sowohl gefährlich zu nahe bei hohen Gegenständen, in welche möglicherweise der Blitz einschlagen kann, zu stehen, als auch der einzige hohe Gegenstand in weiterem Umkreise zu sein. Im Hause lösche man das Feuer, weil Rauch und dünne Luft ein guter Leiter der Elektricität ist, und halte sich von Öfen und sonstigen guten Leitern fern. Übrigens kann der Blitz auch durch den sogen. Rückschlag gefährlich werden. Schwebt eine elektrische Wolke über mehreren hohen Gegenständen, so bewirkt sie in allen zugleich elektrische Verteilung. Schlägt nun der Blitz in den einen dieser Gegenstände, so vereinigen sich auch die zwei getrennten Elektricitäten in den anderen Gegenständen, und dies kann eine Entzündung oder bei lebenden Wesen den Tod zur Folge haben.

Um das Einschlagen des Blitzes in Gebäude zu verhindern, stellt man auf die Dachfirste einen Metallstab oder ein kupfernes Drahtseil, auf dessen Ende ein Platinhütchen gesetzt ist; dieses Drahtseil, die sogen. Auffangestange, steht mit einer metallenen Leitung, welche über die Dachfirste geht und schließlich in die

Erde geführt wird, wo sie meist in ein zusammengerolltes Zinkseil endigt, in Verbindung. Die metallene Spitze eines solchen „Blitzableiters" verhindert nach dem Vorigen die Anhäufung von Elektricität und somit das Einschlagen.

Eine andere Erscheinung wird ebenfalls häufig als eine elektrische angesehen, nämlich das Nordlicht, welches in höheren Breiten, aber auch hie und da bei uns sichtbar ist. Die Nordlichter bestehen aus zahlreichen, wechselnden, farbigen, Strahlen, welche alle nach einem Punkte hinzugehen scheinen, nämlich nach dem Punkte, auf welchen die Inklinationsnadel hinweist. Übrigens ist die Form der Nordlichter sehr verschieden. In der Nähe des Südpols bemerkt man eine ähnliche Erscheinung — Südlicht.

b. Berührungs- oder galvanische Elektricität.

§. 102. Entdeckung der galvanischen Elektricität. Luigi Galvani in Bologna machte im Jahre 1790 die Bemerkung, daß die Schenkelmuskeln frisch getöteter und enthäuteter Frösche jedesmal in Zuckungen gerieten, wenn die Rückenmarksnerven mit einem Messer berührt und gleichzeitig aus einer in der Nähe befindlichen Elektrisiermaschine Funken gezogen wurden. Diese Erscheinung, welche heutzutage als elektrischer Rückschlag (§. 101) gedeutet wird, suchte Galvani durch Annahme einer den Tieren eigentümlichen Elektricität zu erklären. §. 102. Entdeckung der galvanischen Elektricität.

Um den Einfluß der Luftelektricität auf die vermeintliche tierische Elektricität zu prüfen, hing Galvani frisch getötete und enthäutete Frösche an einem kupfernen Haken an dem eisernen Geländer seines Gartens auf; die Frösche gerieten jedesmal in Zuckungen, wenn der Wind die Füße gegen das Geländer trieb. Heutzutage pflegt man den Versuch in der Art anzustellen, daß man die Schenkelmuskeln eines Frosches mit einem Kupferstreifen K (Fig. 140) und die bloßgelegten Rückenmarksnerven mit einem Zinkstreifen Z berührt, der mit dem Kupferstreifen scharnierartig verbunden ist.

Fig. 140.

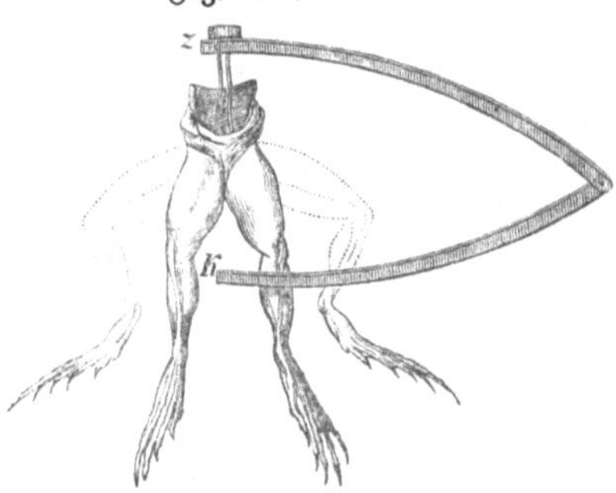

Froschversuch.

Nach Galvanis Ansicht entladet sich die tierische Elektricität durch den metallischen Bogen und versetzt dadurch den Frosch in Zuckungen. Volta in Paris wies aber nach, daß solche Zuckungen nicht eintreten, wenn beide Streifen des metallischen Bogens von demselben Metalle sind, desgleichen wenn man einen Frosch etwa an einem eisernen Haken an ein eisernes Geländer hängt; er schloß daraus, daß die

Quelle der Elektricität nicht im Frosche, sondern an der Berührungsstelle der zwei verschiedenen Metalle liege.

Diese Elektricität, welche nicht dem Wesen, sondern nur der Entstehungsweise nach von der Reibungselektricität verschieden ist, nennt man galvanische, Berührungs- oder Kontakt-Elektricität.

Berührt man eine Zink- und eine Kupferplatte, welche man an zwei isolierenden Handgriffen hält, miteinander, so wird das Zink positiv und das Kupfer negativ elektrisch, wie sich allerdings nur mit feinen Apparaten (Kondensator) nachweisen läßt.

Volta hat eine ganze Anzahl von Körpern, namentlich Metalle, miteinander in Berührung gebracht und in jedem Falle untersucht, welcher der beiden Körper positiv und welcher negativ wird; ebenso auch, wie groß die entstehende Elektricitätsmenge verhältnismäßig ist. Er hat alsdann eine Reihe aufgestellt, welche so geordnet ist, daß das vorhergehende Metall bei der Berührung positiv, das nachfolgende negativ wird, und daß die am weitesten in der Reihe auseinanderstehenden Glieder die größte Elektricitätsmenge liefern.

Diese Reihe, Spannungsreihe genannt, heißt: Zink, Blei, Zinn, Eisen, Kupfer, Silber, Gold, Platin, Kohle.

Aber nicht bloß feste Körper, sondern auch feste und flüssige (und sogar zwei flüssige) werden in Berührung miteinander, das eine positiv, das andere negativ elektrisch. Manche Physiker sind übrigens der Meinung, daß zwei absolut trockene Platten keine Elektricität lieferten, indem die geringe Menge Elektricität, welche sich thatsächlich zeigt, von einer auf der Oberfläche der Metalle lagernden Feuchtigkeitsschicht herrühre.

Als Ursache der galvanischen Elektricität nimmt man eine besondere Kraft, die elektromotorische an, welche bei der Berührung zweier verschiedener Körper die Trennung der positiven und negativen Elektricität bewirkt.

§. 103. Einfache galvanische Kette.

§. 103. Einfache galvanische Kette. Stellt man zwei verschiedene Metalle, z. B. eine Zink- und eine Kupferplatte, in eine Flüssigkeit, wie verdünnte Schwefelsäure oder Kochsalzlösung, so zeigt sich das obere Ende der Kupferplatte positiv und das der Zinkplatte negativ elektrisch (Fig. 141). Sind an die beiden Metallplatten zwei Kupferdrähte angelötet und verbindet man dieselben durch einen feinen Eisen- oder Platindraht, so kommt derselbe ins Glühen. Hält man ferner den einen Draht auf eine Holzraspel, während man mit dem anderen über die Holzraspel wegfährt, so bemerkt man ein lebhaftes Funkensprühen; indem die beiden Elektricitäten durch den feinen Draht oder über die Holzraspel hinweg sich vereinigen, entsteht eine ähnliche Wärmewirkung, wie wenn man den Schlag einer Leidner Flasche durch einen feinen Draht gehen läßt.

Fig. 141.

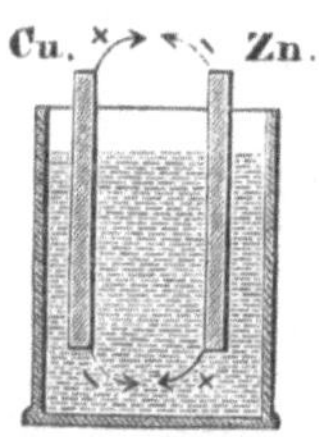

Einfache galvan. Kette.

Zwei Metalle und eine Flüssigkeit miteinander in Berührung bilden eine einfache galvanische Kette oder ein galvanisches Element; die an die Metallplatten angelöteten Drähte nennt man Poldrähte; sind die Poldrähte in leitender Verbindung, so ist die Kette geschlossen, sonst geöffnet. Durch eine Leidner Flasche kann man einen Draht nur für die sehr kurze Dauer der Entladung glühend machen; bei einem galvanischen Elemente aber dauert das Glühen längere Zeit fort; durch die Berührung der zwei Metalle mit der Flüssigkeit bilden sich unaufhörlich gleiche Mengen positiver und negativer Elektricität, welche auf dem Drahte sich vereinigen und verschwinden, und durch neue sich bildende Elektricitätsmengen immerwährend ersetzt werden. Man hat es also hier mit einem kontinuierlichen elektrischen Strome zu thun, oder eigentlich mit zwei Strömen; der Strom der positiven Elektricität geht oben von der Kupferplatte (Fig. 141) nach der Zinkplatte hin und umgekehrt strömt die negative Elektricität kontinuierlich von dem oberen Zinkende nach dem Kupfer hin. Man nennt das Kupfer den positiven und das Zink den negativen Pol.

Genau genommen geht der positive Strom oben vom Kupfer nach dem Zink und strömt dann vom Zink innerhalb der Flüssigkeit nach dem Kupfer, während der negative Strom die umgekehrte Richtung verfolgt. Da innerhalb der Flüssigkeit die positive Elektricität vom Zink zum Kupfer und die negative vom Kupfer zum Zink geht, so nennt man das Zink auch das positive Metall (aber den negativen Pol) und das Kupfer das negative Metall (aber den positiven Pol).

§. 104. Galvanische Batterie. Ebenso wie man mehrere Leidner Flaschen §. 104. Galvanische Batterie.

Fig. 142.

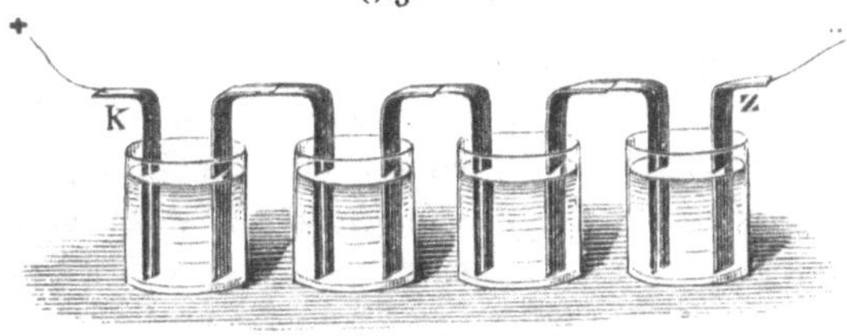

Galvanische Batterie.

143.

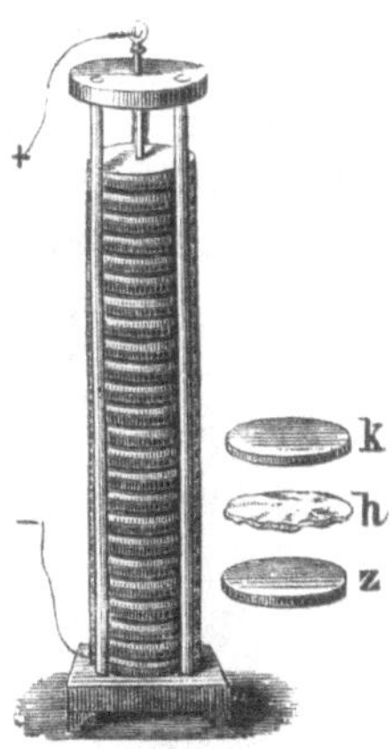

Voltasche Säule.

zu einer elektrischen Batterie vereinigen kann, lassen sich auch mehrere einfache galvanische Ketten zu einer galvanischen Batterie (Fig. 142) zusammensetzen; man hat nur nötig, das elektropositive Metall der einen Kette mit dem elektronegativen der folgenden zu verbinden; es bleibt dann im ersten und letzten Becher je eine Platte übrig, von denen die eine elektropositiv, die andere elektronegativ ist. Eine andere und zwar die älteste Form der galvanischen Batterie ist die Voltasche Säule (Fig. 143); sie besteht aus einer großen Zahl Voltascher Elemente, von denen jedes von einer Zink- und Kupferplatte mit zwischengelegter feuchter Scheibe gebildet ist. Neben der Säule ist ein solches Element, auseinandergelegt, abgebildet. Die Voltasche Säule ist im Dezember 1799 zuerst aufgebaut worden.

Andere Formen, wie den Trogapparat u. s. w. wollen wir, als heutzutage nicht mehr gebräuchlich, übergehen.

§. 105. Konstante Ketten.

§. 105. Konstante Ketten. Die bis jetzt erwähnten galvanischen Ketten haben den Nachteil, daß sie sehr rasch an Kraft abnehmen. Es rührt dies von den chemischen Zersetzungen her, welche beim Schließen des Stromes in der Flüssigkeit vor sich gehen. Bei einer gewöhnlichen mit verdünnter Schwefelsäure gefüllten Kette entsteht durch den galvanischen Strom eine Zersetzung der Flüssigkeit, infolgedessen schwefelsaures Zinkoxyd, welches sich in der Flüssigkeit löst, und Wasserstoff, welcher sich an der Kupferplatte absetzt, bildet. Wasserstoff und Zink suchen aber einen Strom zu erzeugen, der dem ursprünglichen entgegengesetzt ist und ihn schwächt; man nennt ihn Polarisationsstrom. Gelingt es, den Wasserstoff zu beseitigen, oder überhaupt nicht entstehen zu lassen, so bleibt die Kraft der Kette längere Zeit konstant. Es giebt sehr viele mehr oder minder konstante Ketten, von denen wir nachfolgende anführen:

Fig. 144.

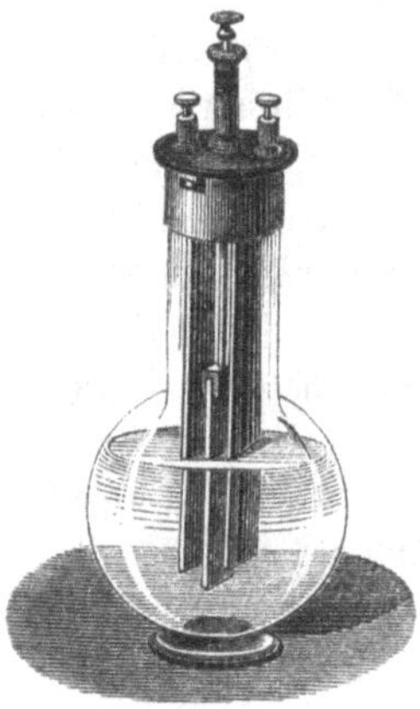

Tauchelement.

1) Das Chromsäure- oder Tauchelement (Fig. 144); es besteht aus zwei Kohlenplatten und einer dazwischen befindlichen, mittels einer Stange auf- und abschiebbaren Zinkplatte; das Element ist sonach eigentlich ein doppeltwirkendes; die Flüssigkeit besteht aus 1 Teil zweifach chromsauren Kali, 12 Teilen Wasser und 2 Teilen konzentrierter Schwefelsäure; sobald der Strom geschlossen wird, bildet sich schwefelsaures Zink und Wasserstoff, welcher letztere die Chromsäure unter Bildung von Chromhydroxyd zersetzt ($H_3 + CrO_3 = CrH_3O_3$); auf diese Art wird der Wasserstoff weggeschafft.

Fig. 145.

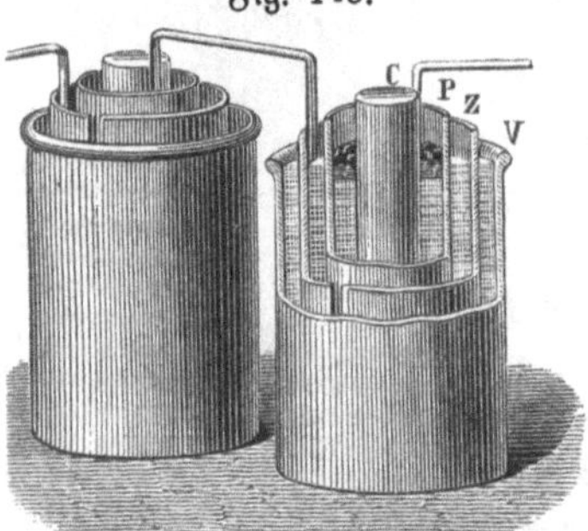

Daniellsche Kette.

2) Die Daniellsche Kette (Fig. 145); sie besteht aus einem Glase V, in welchem sich ein Zinkcylinder Z befindet; hierin steht eine poröse Thonzelle P und darin ein Kupfercylinder C; in das Glas wird verdünnte Schwefelsäure und in die Thonzelle Kupfervitriol ge-

gossen. Beim Schließen des Stromes bildet sich schwefelsaures Zink und Wasserstoff, welcher letztere mit dem Kupfervitriol Kupfer und Schwefelsäurehydrat erzeugt ($H_2 + CuSO_4 = Cu + H_2SO_4$). Dieses Element ist nicht sehr stark, aber im hohen Maße konstant.

Fig. 146.

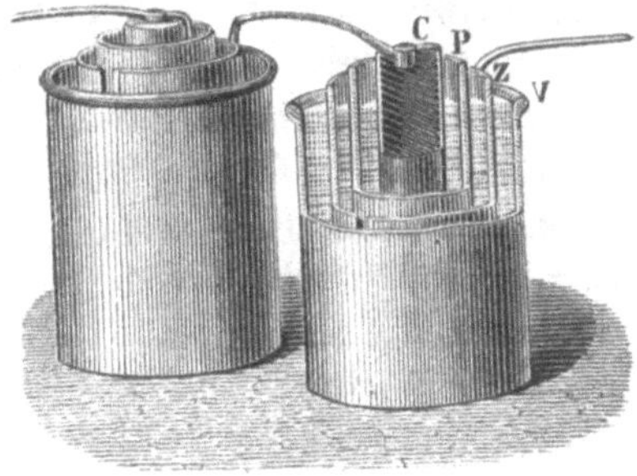

Bunsensches Element.

3) Das Bunsensche Element (Fig. 146); es besteht aus einem Glase V, in welchem ein Zinkcylinder C steht; in diesem befindet sich eine Thonzelle P und darin ein Kohlencylinder C oder eine Kohlenplatte. In das Glas gießt man verdünnte Schwefelsäure und in die Thonzelle konzentrierte Salpetersäure. Wiederum entsteht beim Schließen des Stromes Zinksulfat und Wasserstoff, welcher letztere mit der Salpetersäure Wasser und Stickstoffdioxyd bildet ($H + HNO_3 = NO_2 + H_2O$).

4) Die Grovesche Kette; sie unterscheidet sich von der Bunsenschen blos dadurch, daß ein Platinblech, statt einer Kohlenplatte in der konzentrierten Salpetersäure steht.

Die Bunsensche und Grovesche Kette liefern einen sehr starken und nahezu konstanten Strom.

Fig. 147.

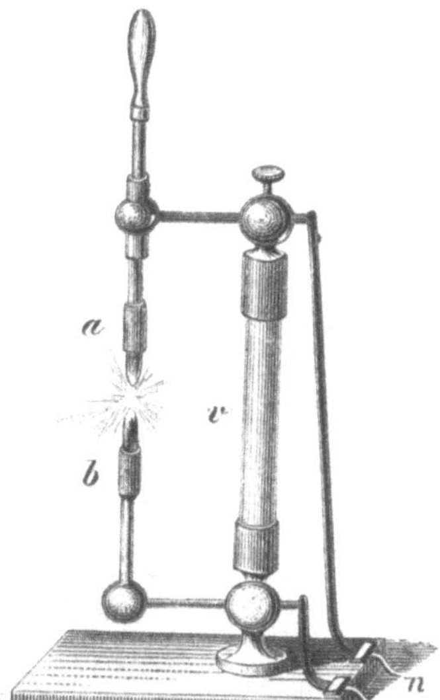

Elektrisches Licht.

§. 106. Thermische, optische und physiologische Wirkungen des galvanischen Stromes. Wir haben schon gesehen, daß der galvanische Strom feine Drähte glühend machen kann; man benutzt dies u. a. um Minen in Bergwerken zu entzünden, Felsen zu sprengen u. s. w. In eine Patrone ist ein feiner Eisendraht eingefügt, dessen Enden an zwei kurzen Kupferdrähten befestigt sind, die aus der Patrone hervorsehen. Verbindet man die hervorstehenden Drahtenden mit den Poldrähten einer galvanischen Batterie und schließt dieselbe, so wird der Eisendraht glühend und entzündet die Sprengmasse. — Besonders wichtig sind die Glüherscheinungen, welche zwei Kohlenstücke (aus der sehr harten und dichten Gaskohle) liefern, wenn der elektrische Strom durch dieselben hindurchgeht (Fig. 147). Auf

§. 106. Thermische, optische und physiologische Wirkungen des galvanischen Stromes.

einem Fußbrette steht eine Glassäule v, welche oben und unten Messingfassungen besitzt, durch welche Messingdrähte wagerecht hindurchgehen; mit diesen Messingdrähten sind vertikale Messingstangen a und b verbunden, in deren Höhlungen 2 Kohlenspitzen eingesetzt werden können. Führt man bei p den positiven und bei n den negativen Poldraht ein, schiebt die obere Kohlenspitze herab, bis sie die untere berührt und schließt die Batterie, so fangen die Kohlenspitzen zu glühen an, und setzen das Glühen fort, wenn man sie auch um mehrere Millimeter von einander entfernt — elektrisches Licht. Die positive Kohlenspitze verbrennt doppelt so rasch, wie die negative, und man muß durch Abwärtsbewegen der oberen Kohlenspitze dafür sorgen, daß die Entfernung der Kohlenspitzen nicht zu groß wird. Man hat übrigens auch elektrische Lampen konstruiert, welche selbstthätig die Kohlenspitzen in der richtigen Entfernung halten. Das elektrische Licht wird zur Straßenbeleuchtung, in Theatern, bei nächtlichen Bauten und zur kräftigen Beleuchtung kleiner Objekte (photoelektrisches Mikroskop) benutzt.

Übrigens bedarf es zur Herstellung des elektrischen Lichtes einer größeren Batterie von 30—100 guten Bunsenschen Elementen; dagegen kann man schon mit 4—6 Elementen das Glühen der Kohlenspitzen hervorbringen.

§. 107. Magnetische Wirkungen. **§. 107. Magnetische Wirkungen.** Im Jahre 1820 machte Oersted die Bemerkung, daß eine Magnetnadel ihre gewöhnliche Südnordrichtung verläßt, wenn man in ihrer Nähe einen galvanischen Strom schließt. In Fig. 148 ist a b die gewöhnliche Richtung einer Deklinationsnadel; wird oberhalb derselben ein galvanischer Strom vorbeigeführt, so dreht sich die Nadel und bildet mit ihrer früheren Lage einen um so größeren Winkel, je stärker der Strom ist. Kehrt man den Strom um, so schlägt die Nadel nach der entgegengesetzten Richtung aus, ebenso, wenn man den Strom unterhalb der Nadel vorbeiführt. Geht der Strom in gleicher Höhe mit der Nadel, so hebt oder senkt sich das Nordende. Ampere hat alle Fälle in eine Regel zusammengefaßt: Man denke sich eine Person in den Strom, so daß derselbe von den Füßen nach dem Kopfe fließt; legt sich als-

Fig. 148.

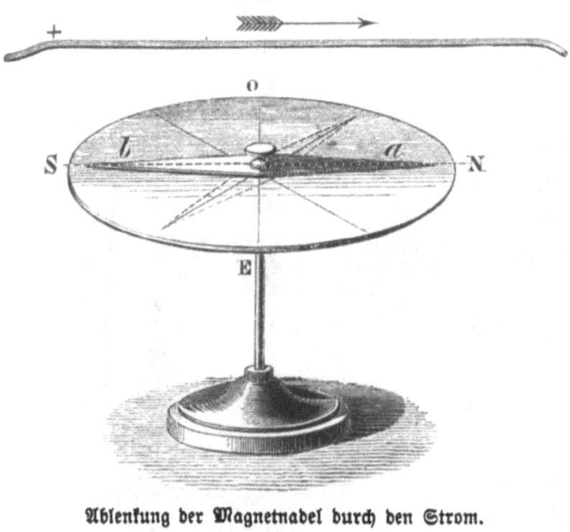

Ablenkung der Magnetnadel durch den Strom.

dann die Person so (auf den Bauch, den Rücken oder die Seite), daß sie das Nordende der Nadel im Gesicht hat, so dreht sich das Nordende nach der Seite hin, nach welcher die ausgestreckte linke Hand zeigt.

Fig. 149.

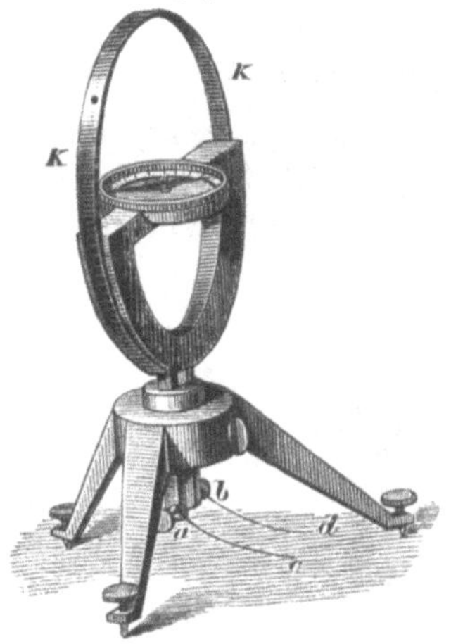

Tangentenbussole.

Aus der Größe der Ablenkung einer Magnetnadel durch einen galvanischen Strom kann man die Stärke des letzteren erkennen. Man hat zu diesem Zwecke verschiedene Instrumente u. a. die *Tangentenbussole* (Fig. 149) konstruiert. In der Mitte eines unten offenen Metallringes K K ist eine Magnetnadel auf eine Spitze aufgesetzt, welche über einem eingeteilten Kreise spielen kann; die beiden Enden des Ringes a und b werden mit den Poldrähten einer galvanischen Batterie verbunden. Der Apparat wird so gestellt, daß die Richtung der Deklinationsnadel in die Ebene des Ringes fällt.

Um feinere Ströme zu messen hat man den *Multiplikator* hergestellt; bei diesem Apparat wird die Nadel an einem Coconfaden aufgehängt und der Strom vielmal um die Nadel herumgeführt, was dadurch bewerkstelligt wird, daß man statt eines Drahtringes ein Holzkästchen anwendet, um welches ein mit Seide übersponnener Kupferdraht vielmal herum gewunden ist. Außerdem wendet man statt einer einfachen eine sogen. *astatische Doppelnadel* an.

Fig. 150.

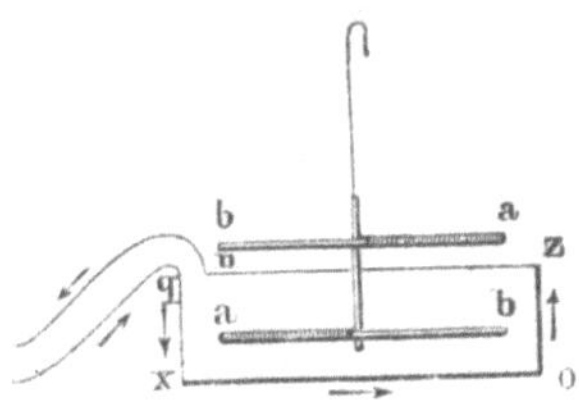

Astatische Doppelnadel.

Fig. 151.

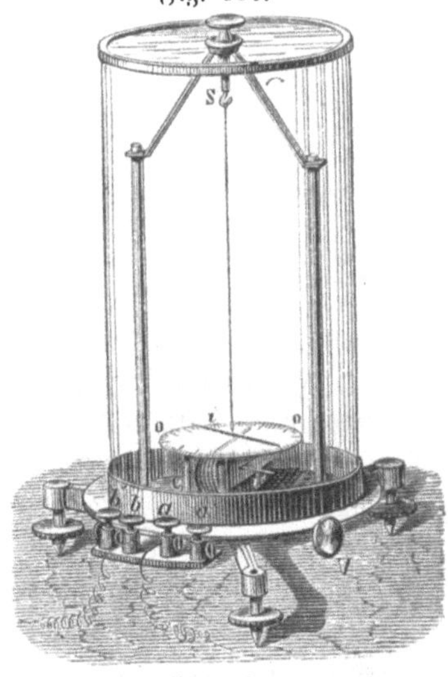

Multiplikator.

Fig. 150 zeigt den Multiplikator schematisch. Zwei feine Magnetnadeln a b und b a sind durch Silberdraht mit einander verbunden und das Ganze an einem Coconfaden aufgehängt; die Nadeln stehen mit den verkehrten Polen übereinander, und wenn die eine kaum stärker magnetisch ist als die andere, so wird die Doppelnadel durch den Magnetismus der Erde mit sehr geringer Kraft in die Richtung von Nord nach Süd gestellt, so daß schon ein schwacher Strom die Nadel abzulenken vermag. Über ein Kästchen n z o x y ist übersponnener Kupferdraht in vielfachen Windungen geführt; die eine der beiden Nadeln spielt innerhalb, die andere außerhalb des Kästchens. Figur 151 zeigt den Multiplikator in voller Ausrüstung; die obere Nadel spielt über einem eingeteilten Kreise o o.

Andere magnetische Wirkungen werden wir später kennen lernen.

§. 108. Chemische Wirkungen. **§. 108. Chemische Wirkungen.** Durch die Seitenwände zweier oben mit Hähnen versehener Glasröhren (Fig. 152), welche mit einer dritten in eine offene Kugel sich erweiternden Glasröhre kommunizieren, gehen zwei Platindrähte, welche einerseits in zwei Platinblättchen endigen und andererseits in zwei Klemmschrauben a und b eingefügt sind. Durch Eingießen von verdünnter Schwefelsäure in die Kugel der dritten Röhre füllt man die beiden anderen und schließt alsdann die Hähne. Leitet man nun einen galvanischen Strom in a und b, so beginnt eine lebhafte Gasentwickelung an den beiden Platinblättchen; die eine Röhre füllt sich mit Sauerstoff, die andere mit Wasserstoff und zwar bildet sich der letztere dem Volumen nach in doppelter Menge, wie der erstere. An der Menge der in einer bestimmten Zeit entwickelten Gase kann man die Stärke des galvanischen Stromes erkennen.

Fig. 152.

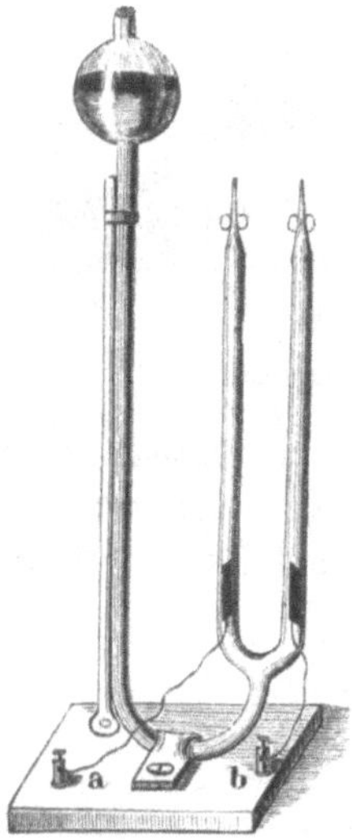

Wasserzersetzungsapparat.

Fig. 153.

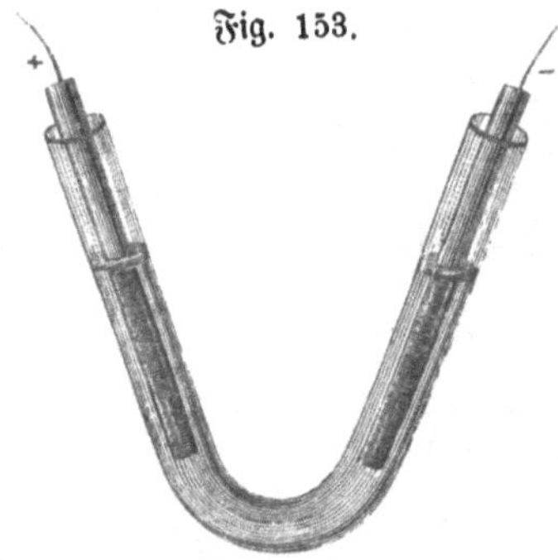

Zersetzung von Salzen.

Sehr viele Körper lassen sich mit Hilfe des galvanischen Stromes zersetzen. In eine gebogenen Glasröhre (Fig. 153) tauchen zwei an Platindrähte befestigte Platinplättchen; füllt man diese Röhre z. B. mit Chlorkupferlösung, der etwas Schwefelsäure zugesetzt ist, weil dadurch die Leitungsfähigkeit der Flüssigkeit erhöht wird und leitet einen galvanischen Strom ein, so setzt sich an derjenigen Platte, welche mit dem negativen Pol der Batterie in Verbindung steht, Kupfer ab, während an der anderen Chlor aufsteigt. Man nimmt deshalb an, das Kupfer sei elektropositiv und das Chlor elektronegativ, d. h. Chlor und Kupfer verbänden sich deshalb chemisch miteinander, weil sie in Berührung miteinander entgegengesetzt elektrisch würden; hiernach wäre chemische Verwandtschaft und elektrischer Gegensatz einerlei. Überhaupt setzt sich der metallische Bestandteil einer Verbindung stets an dem negativen Pole ab, so daß die Metalle immer als der elektropositive Bestandteil in einer Verbindung anzusehen sind.

Füllt man die Glasröhre mit Glaubersalz (Na_2SO_4), so setzt sich an dem negativen Pole Natrium (2Na) und an dem positiven SO_4 ab; beide aber zersetzen das Wasser; an dem negativen Platinplättchen entsteht Natronlauge (2NaOH), während zugleich Wasserstoff (2H) entweicht und an dem anderen Schwefelsäurehydrat (H_2SO_4) entsteht, unter gleichzeitiger Entwickelung von Sauerstoff (O). Fügt man der Lösung Lackmustinktur zu, so färbt sie sich in dem Schenkel rot, in welchem sich die Schwefelsäure abscheidet.

§. 109. Galvanoplastik. Es ist schon (§. 105) bemerkt worden, daß in der Daniellschen Kette sich Kupfer an dem Kupfercylinder absetze. Diese Kupferschicht ist leicht ablösbar und zeigt alle Erhabenheiten und Vertiefungen, welche der Kupfercylinder besitzt. §. 109. Galvanoplastik.

Diesen Umstand haben Spencer und Jacobi (1837) benutzt, um Gegenstände zu verkupfern, oder Kupferabdrücke zu machen.

Zu dem Zwecke benutzt man einen Apparat, welcher einem Daniellschen Elemente ähnlich ist. In einem weiten Glase (Fig. 154) ist ein Glascylinder, der unten mit einer Tierblase, welche die poröse Thonzelle vertritt, zugebunden ist, so aufgehängt, daß die Blase etwas von dem Boden des weiten Gefäßes absteht. In dem Cylinder, welcher mit sehr verdünnter Schwefelsäure gefüllt ist, hängt an einem Metalldrahte ein Zinkstück, und in dem weiten mit Kupfervitriollösung gefüllten Gefäße ist an einem Metalldrahte eine Form aus Gips oder einem leichtflüssigen Metallgemisch befestigt. Ist die Form von Gips, so muß sie durch Bestreichen mit Graphit oder Broncepulver leitend gemacht werden. Einen Abdruck von einer größeren Münze z. B. stellt man her, indem man Rosesches Metallgemisch schmilzt und auf dasselbe, wenn es dem Erstarren nahe ist, die Münze fallen läßt.

Fig. 154.

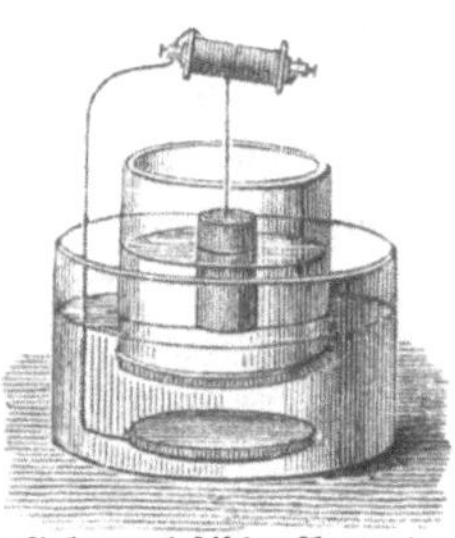

Galvanoplastischer Apparat.

Auch auf Gummiplatten, welche in warmem Wasser aufgeweicht werden und auf die man eine Münze aufpreßt und nachher gut mit Graphit bestreicht, kann man gute Formen herstellen. Durch die chemische Zersetzung der Flüssigkeiten in der Kette lagert sich alsbald eine Schicht Kupfer auf der Form ab, welche nach 1—2 Tagen dick genug ist, um abgenommen werden zu können.

Wenn man statt Kupfervitriol gold- und silberhaltige Flüssigkeiten anwendet, kann man Gegenstände ebenso leicht vergolden und versilbern.

Die Kunst Gegenstände metallisch zu überziehen, oder Metallabdrücke von denselben herzustellen, bezeichnet man mit dem Namen Galvanoplastik.

§. 110. Physiologische Wirkungen.

§. 110. Physiologische Wirkungen. Wenn man die Drähte einer galvanischen Batterie in die Hand nimmt, so hat man eine bemerkbare Empfindung erst, wenn die Batterie 30—50 Elemente enthält. Doch kann man auch schon mittels weniger Elemente starke physiologische Wirkungen hervorbringen, wenn man den Strom immerwährend herstellt und unterbricht. Dies geschieht u. a. mit Hilfe des Neefschen Blitzrades (Fig. 155); es ist dies ein gezahntes Metallrad, an dem eine Feder schleift. Den einen Pol einer kleinen Batterie führt man direkt in eine cylindrische Messinghandhabe m, während der andere nach dem metallischen Träger der Radachse geht; außerdem wird ein Draht von der Feder nach der zweiten Handhabe n geführt. Der Strom geht nun von der Batterie nach dem Achsenträger, von da auf die Achse und das Rad, alsdann, wenn die Feder gerade einen Zahn berührt auf diese weiter in die Handhabe n, durch den menschlichen Körper nach m und zur Batterie zurück. Dreht man das Rad um, so kommt die Feder bald in Berührung mit einem Zahne, bald in eine Lücke hinein, so daß abwechselnd der Strom geschlossen und wieder geöffnet wird. Je rascher gedreht wird, um so heftigere Zuckungen verspürt man.

Fig. 155.

Neefs Blitzrad.

Späterhin werden wir einen Apparat kennen lernen, welcher das rasche Öffnen und Schließen des Stromes selbstthätig besorgt.

§. 111. Leitungswiderstand; Ohmsches Gesetz.

§. 111. Leitungswiderstand; Ohmsches Gesetz. Läßt man einen galvanischen Strom durch Drähte von verschiedener Länge und Dicke und von verschiedenem Material (Silber, Kupfer, Eisen u. s. w.) gehen, so bemerkt man, daß die Nadel einer Tangentenbussole, welche gleichzeitig in den Stromkreis eingeschaltet ist, verschieden große Ausschläge giebt; der Strom wird, indem er durch Körper von verschiedener Länge, Dicke und verschiedenem Material geht, in verschiedenem Maße geschwächt — er erfährt verschieden große Widerstände. Dabei gelten, zunächst für Metalldrähte, folgende Gesetze:

1) Bei gleichem Material ist der Widerstand der Länge direkt und dem Querschnitte umgekehrt proportional; ein Kupferdraht, welcher zweimal so lang ist, als ein anderer, aber denselben Querschnitt besitzt, leistet dem

Strome einen doppelt so großen Widerstand; ist zugleich sein Querschnitt $^1/_4$ von dem des anderen, so ist sein Widerstand im ganzen 8mal so groß.

Dasselbe Gesetz gilt auch für Flüssigkeiten:

Läßt man zwei (runde) Platinplatten von je 1 qcm Querschnitt, welche 1 dcm von einander entfernt sind, etwa in konzentrierte Kupfervitriollösung tauchen und schaltet die Platten in einen Stromkreis, so leistet die Flüssigkeit zwischen den Platten dem Strome einen Widerstand, welcher $^1/_2$, $^1/_3$ . . . so groß ist, als wenn die Platten 2, 3 . . . dcm von einander entfernt sind; der Flüssigkeitscylinder, welcher sich zwischen den Platinplatten befindet, kann als ein Draht angesehen werden, dessen Länge gleich der Entfernung der Platten und dessen Querschnitt gleich dem Flächengehalte der Platten ist. Nimmt man Platinplatten von 2, 3... qcm Querschnitt, welche 1 dcm von einander entfernt sind, so ist der Widerstand 2, 3 . . . mal geringer, als er bei gleicher Entfernung der Platten ist, wenn diese 1 qcm Fläche haben.

2) Die Größe des Leitungswiderstandes hängt nicht minder von dem Material des Leiters ab; Metalle setzen dem Strome den geringsten Widerstand entgegen und unter diesen steht wieder das Silber voran. Als Einheit des Widerstandes nimmt man denjenigen, welchen entweder ein Kupferdraht oder ein Quecksilberfaden von 1 qmm Querschnitt und 1 m Länge darbietet. Die Zahl der Widerstandseinheiten, welche ein Draht von 1 qmm Querschnitt und 1 m Länge dem Strome darbietet, nennt man den *specifischen Leitungswiderstand* desselben.

Je größer der specifische Leitungswiderstand eines Materials, um so geringer ist seine *specifische Leitungsfähigkeit*.

Die specifische Leitungsfähigkeit läßt sich durch folgende Verhältniszahlen ausdrücken:

Silber 100, Kupfer 77, Gold 55, Eisen 14, Platin 10, Quecksilber 1,6.

Die Flüssigkeiten leiten meist millionfach schlechter als die Metalle; am besten leiten noch verdünnte Schwefelsäure (1:10), konzentrierte Salpetersäure, Kochsalzlösung; viel schlechter schon Zinkvitriol und Kupfervitriol.

3) In einem Stromkreise findet ein doppelter Widerstand statt, im Elemente selbst und im äußeren Schließungskreise. Man unterscheidet danach einen *äußeren* und einen *inneren* Widerstand, welcher letztere wesentlich von den in dem Elemente befindlichen Flüssigkeiten herrührt und abhängt.

Die Stärke eines Stromes hängt von zwei Umständen ab, 1) von der Neigung, welche die das Element zusammensetzenden Metalle und Flüssigkeiten besitzen, Elektricität zu erzeugen, von der sogen. *elektromotorischen Kraft*, und 2) von dem (inneren und äußeren) Widerstande, den der Strom erfährt:

Die Stromstärke ist der elektromotorischen Kraft direkt und dem Widerstande umgekehrt proportional. (Ohmsches Gesetz.)

Sollen mehrere Elemente miteinander verbunden werden, so kann dies auf sehr verschiedene Weise geschehen. So lassen sich z. B. 12 Zinkkohlenelemente auf folgende Arten verbinden: 1) das Zink jedes vorhergehenden Bechers mit der Kohle des folgenden („Batterie"); 2) alle Kohlenstücke einerseits und alle Zinkstücke andererseits („ein zwölfplattiges Element"); 3) je 2, 3, 4 oder 6 Elemente werden zu einem 2=, 3=, 4= oder 6plattigen Elemente und diese 6, 4, 3 oder 2 großplattigen Elemente zur Batterie verbunden. Welche Kombination die beste ist, richtet sich nach dem äußeren Widerstande, der zu überwinden ist; es ist diejenige Kombination die wirksamste, bei welcher der innere Widerstand dem äußeren am nächsten kommt.

c. Elektromagnetismus.

§. 112. Elektromagnet. **§. 112. Elektromagnet.** Wenn man auf ein Stück weiches Eisen übersponnenen Kupferdraht wickelt und einen galvanischen Strom durch denselben leitet, so wird das Eisen magnetisch. Man kann den Draht verschieden winden; die Spirale heißt rechts= oder linksgewunden, je nachdem die Drehungsrichtung, welche man beim Winden befolgt hat, derjenigen der Uhrzeiger gleich oder entgegengesetzt ist. In Fig. 156 ist A links, B rechts gewunden. Verbindet man die Poldrähte eines Elementes mit den Windungsenden, hält das Ende, mit welchem der positive Poldraht verbunden worden, gegen sich, so sieht man in A den Strom umgekehrt und in B ebenso laufen, wie die Zeiger einer Uhr. Hält man aber A mit dem Ende gegen sich, welches mit dem negativen Poldrahte verbunden worden, so scheint auch hier der positive Strom wie der Zeiger einer Uhr durch die Windungen zu laufen. Das mit dem Draht umwickelte Eisen erhält nun an dem Ende seinen Südpol, von welchem aus betrachtet der Strom in den Windungen, wie der Zeiger einer Uhr zu laufen scheint.

Fig. 156.

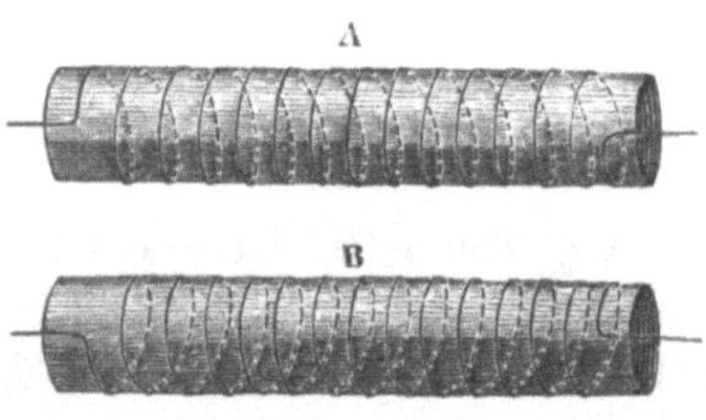

Elektromagnete.

Ist das Eisen sehr weich, was durch wiederholtes Ausglühen erzielt werden kann, so hört der Magnetismus desselben sofort auf, wenn man den Strom unterbricht.

Ein mit übersponnenem Kupferdraht umwickeltes Eisenstück wird Elektromagnet genannt.

Statt den Draht direkt auf das Eisen zu winden, kann man das Eisen auch in eine Holzspule, welche mit Kupferdraht umwickelt ist, stellen. Will man einen hufeisenförmigen Elektromagneten herstellen, so muß man zwei Drahtspulen über die Schenkel schieben, welche, von den Polen aus gesehen, entgegengesetzt gewunden sind (Fig. 157); würde man das Hufeisen gerade strecken, so erschienen die Windungen, von dem einen Ende gesehen, dieselbe Drehungsrichtung zu verfolgen.

Fig. 157.

Hufeisenförmiger Elektromagnet

Nimmt man statt weiches Eisen harten Stahl, so behält derselbe, nachdem er einige Zeit von einem Strome umlaufen worden, einen Teil seines Magnetismus dauernd bei.

Die Elektromagnete erlangen selbst durch nicht sehr starke Ströme eine hohe Tragkraft.

§. 113. Der Morsesche Drucktelegraph. Eine der wichtigsten Anwendungen, welche man von dem Elektromagneten gemacht hat, ist die als Motor bei der elektrischen Telegraphie. Wir wollen hier den elektrischen Telegraphen beschreiben, wie er von Morse hergestellt worden ist. §. 113. Der Morsesche Drucktelegraph.

Fig. 158.

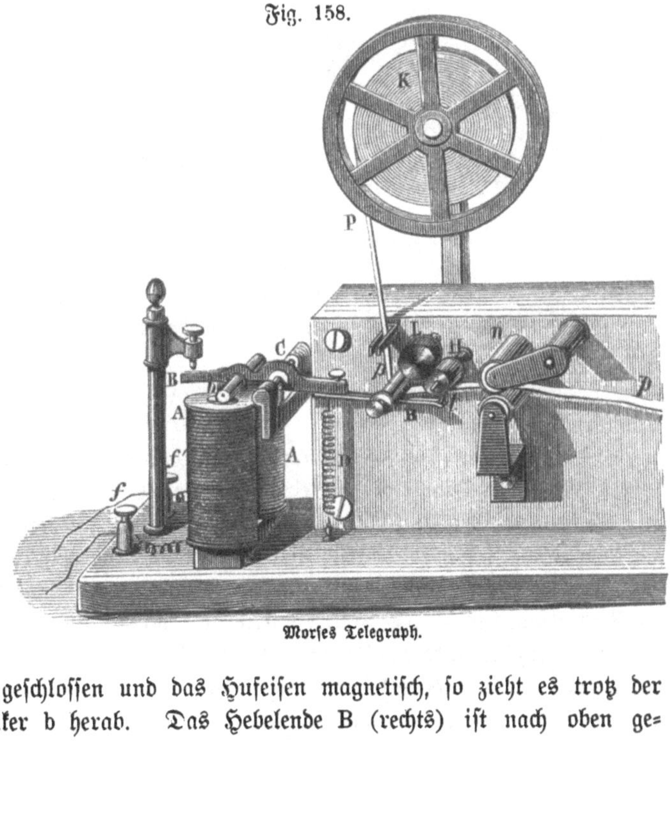

Morses Telegraph.

Einem hufeisenförmigen Elektromagneten A A (Fig. 158) steht ein Anker b, welcher an einem um die Achse C drehbaren Hebel B B befestigt ist, gegenüber; eine Feder D hält, wenn kein Strom durch die Umwindungen des Elektromagneten geht, den Anker b von den Polen entfernt; wird aber der Strom geschlossen und das Hufeisen magnetisch, so zieht es trotz der Feder D den Anker b herab. Das Hebelende B (rechts) ist nach oben gebogen und endet in eine abgestumpfte Kante t, über welcher ein schmaler Papierstreifen p p p langsam und gleichförmig hinweggleitet; er wird durch zwei Walzen (n), welche durch ein Uhrwerk gedreht werden und zwischen denen er geklemmt hindurchgeht, fortgezogen. Oberhalb des Papierstreifens, der Kante t gerade gegenüber, befindet sich ein Rädchen H, welches durch die Schwärzerrolle L beständig mit einer fetten, blauen Farbe überzogen wird.

Wird der Strom geschlossen, so geht der Anker b und der Hebelarm B nieder, während t sich hebt; t drückt den Papierstreifen gegen das Rädchen H; je nach der Dauer der Stromschließung entsteht hierdurch auf dem Papiere ein Punkt, ein kurzer oder ein langer Strich; aus diesen drei Zeichen kann man aber alle Buchstaben des Alphabets herstellen.

Zum bequemen Öffnen und Schließen des Stromes dient der Taster oder Schlüssel (Fig. 159). Er besteht aus einem Hebel, welcher bei A um eine Achse drehbar ist und durch eine Feder f auf der linken Seite gehoben und auf der rechten niedergedrückt wird. Bei a und c sind zwei Schrauben eingelassen, denen kleine Metallkegel b und d gegenüberstehen. Ist in d der positive Poldraht P der Batterie eingeführt, und wenn von dem die Achse tragenden Säulchen ein Draht L nach der anderen Station geht, so kann, wenn man den Knopf niederdrückt, bis c und d in Berührung kommen, der positive Strom von d nach c, über den Hebel nach A und durch L nach der anderen Station.

Fig. 159.

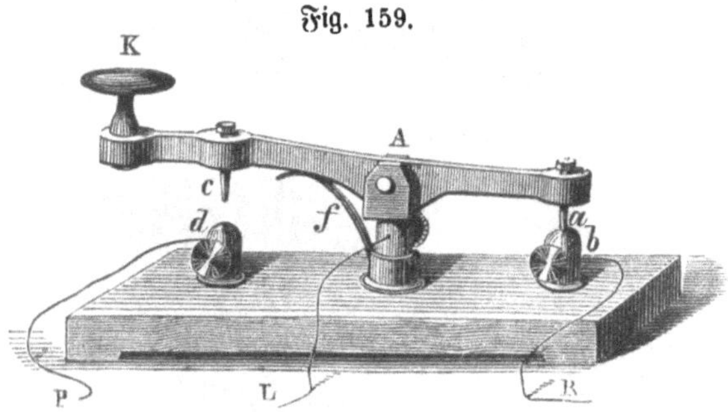

Taster zum Telegraphen.

Läßt man den Knopf K los, so entfernt sich c von d und der Strom ist unterbrochen.

Was nun den negativen Strom betrifft, so hat man denselben früher auf einem besonderen Drahte von der einen Station zur anderen geführt, wo er sich in den Windungen des Elektromagneten mit dem positiven vereinigte. Heutzutage aber führt man die negative Elektricität an der Station selbst in die Erde, indem man den negativen Poldraht etwa mit der Wasser- oder Gasleitung des Hauses in Verbindung setzt. Die positive Elektricität wird ebenso, nachdem sie durch den Draht L nach der anderen Station und durch die Windungen des Elektromagneten gegangen, in die Erde geleitet. Beide Elektricitäten fließen in die Erde ab und in dem Maße, in welchem dies geschieht, bilden sich in der Batterie neue Mengen positiver und negativer Elektricität, welche in die Drähte einlaufen. Die positive Elektricität geht nicht direkt in die Windungen des Elektromagneten auf der anderen Station, sondern erst nach dem Schlüssel der dortigen Station. Gesetzt, es würde von der zweiten Station nach der ersten telegraphiert, so geht der positive Strom der Batterie auf der zweiten Station von dort nach hier über den Draht L auf den Hebel, dann von a nach b und durch R nach den Windungen des Elektromagneten unserer Station. Wird der Hebel des Schlüssels auf unserer Station bei K niedergedrückt, so ist der positive Strom der zweiten Station zwischen a und b unterbrochen, selbst wenn dort der Schlüssel niedergedrückt ist. Man hat übrigens neuerdings auch elektrische Telegraphen, welche die Depeschen in gewöhnlicher Druckschrift abgeben (Telegraph von Hughes). Der Hauptbestandteil desselben ist ein Rädchen, welches am Umfange mit den Buchstaben des Alphabets, Ziffern u. dergl. besetzt ist (Typenrad). Dieses Rad ist beim Telegraphieren in ständiger Rotation, wobei es immerfort an einer Schwärzerrolle streift. Unterhalb des Typenrades befindet sich ein Papierstreifen, welcher auf einem anderen Rädchen fortgleitet; hierzu kommt noch ein Apparat, welcher ähnlich wie ein Clavier, mit Tasten versehen ist, auf denen die einzelnen Buchstaben des Alphabets, Ziffern u. dergl. verzeichnet sind. Drückt man eine Taste, z. B. diejenige, auf welcher A steht, nieder, so springt das kleine Rädchen in dem Momente gegen das Typenrad, wenn der Buchstabe A gerade nach unten steht, und drückt den Papierstreifen an, so daß sich auf demselben der Buchstabe A (in blauer Farbe) abbildet.

Bei dem überseeischen Telegraphen können derartige Apparate nicht in Anwendung kommen, weil der galvanische Strom durch den großen Widerstand der langen Leitung so sehr geschwächt wird, daß er nicht imstande wäre, den Elektromagneten noch hinreichend kräftig zu magnetisieren. Man leitet den Strom vielmehr um eine feine Magnetnadel, welche selbst durch sehr schwache Ströme in Bewegung gesetzt werden kann. Da man den Strom bald in der einen, bald in der anderen Richtung um die Nadel laufen lassen kann, so schlägt sie bald nach dieser, bald nach der entgegengesetzten Richtung aus; diese zwei verschiedenen Zeichen genügen, um aus ihnen das Alphabet zusammensetzen zu können. Fig. 160 zeigt das transatlantische Kabel, welches aus 4 mit Guttaperchа überzogenen Kupferdrähten besteht; das Ganze ist zum Schutz und Halt mit einem Drahtseile umwunden.

Fig. 160.

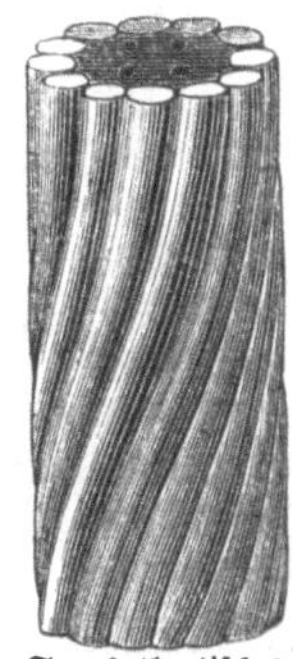

Transatlantisches Kabel.

§. 114. Elektrische Schellen; elektromagnetische Rotationsapparate. In vielen größeren Häusern sind heutzutage „elektrische Schellen" im Gebrauche, deren Hauptbestand ein Elektromagnet ist. Fig. 161 zeigt eine elektrische Schelle; e ist der Elektromagnet, dem ein Eisenstab f, welcher unten an einer Feder befestigt ist und oben einen

§. 114. Elektrische Schellen; elektromagnetische Rotationsapparate.

Klöpfel K trägt, als Anker gegenübersteht. An den Eisenstab legt sich eine Feder g an, welche mit dem einen Pole eines galvanischen Elementes verbunden werden kann. Das eine Drahtende der Umwindung des Elektromagneten geht nach der Klemmschraube p, das andere nach der Klemmschraube p', welche mit dem Anker leitend verbunden ist. Führt man die Poldrähte des galvanischen Elementes in p' und m, so geht der Strom etwa von p' durch die Umwindung des Elektromagneten nach p, von da nach dem Anker, nach der Feder g und weiter nach der Klemmschraube m, in welche der negative Poldraht eingeführt ist. Das Hufeisen wird nunmehr magnetisch und zieht den Anker herbei, dessen Klöpfel K gegen die Glocke T schlägt; dadurch aber entfernt sich der Anker von der Feder g, der Strom wird unterbrochen und der Anker, welcher nicht mehr angezogen wird, bewegt sich nach der Feder g zurück, wodurch abermals der Strom hergestellt ist, so daß das Spiel von neuem beginnt.

Fig. 161.

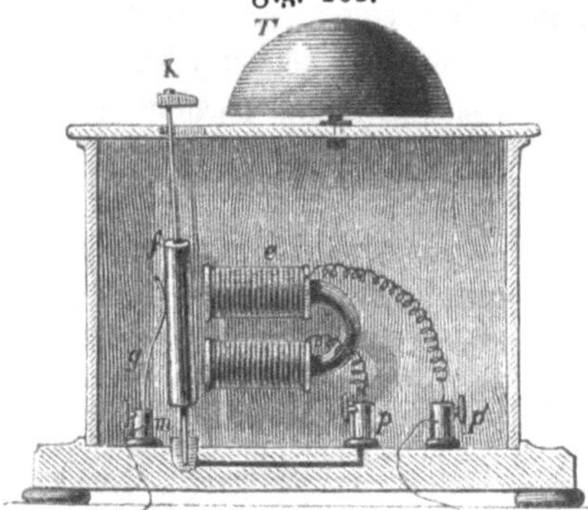

Elektrische Schelle.

Fig. 162.

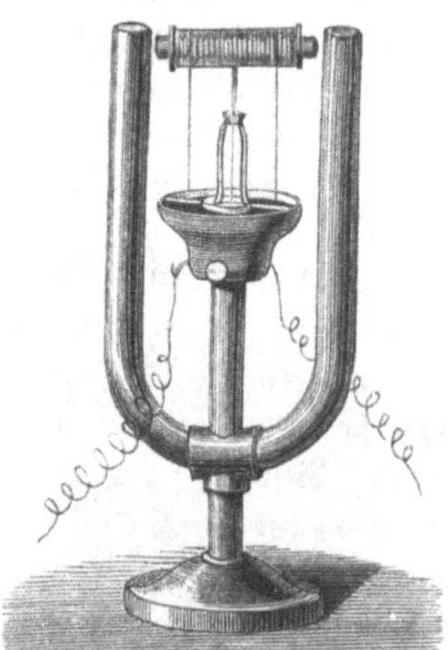

Elektromagnetischer Rotationsapparat.

Übrigens hat man auch den galvanischen Strom zu benutzen gesucht, um Bewegung hervorzurufen (elektrische Uhren, Schiffe, Lokomotiven), oder mit anderen Worten, um mechanische Arbeit zu leisten, obwohl man in dieser Beziehung noch nicht zu befriedigenden Resultaten gekommen ist, weil die Herstellung eines galvanischen Stromes relativ kostspielig ist, so daß sich von diesem Gesichtspunkte aus die Verwendung der Dampfkraft besser empfiehlt. Um zu zeigen, auf welche Art durch den galvanischen Strom eine kontinuierliche Bewegung hervorgerufen werden kann, wollen wir einen elektromagnetischen Rotationsapparat, wie ihn Fig. 162 zeigt, beschreiben. Zwischen den Polen eines gewöhnlichen Stahlmagneten befindet sich ein Elektromagnet, der sich auf einer Spitze drehen kann. Die Drahtenden des Elektromagneten tauchen in ein Holzgefäß, das durch eine Scheidewand in zwei Teile geteilt und so hoch mit Quecksilber gefüllt ist, daß dasselbe höher als die Scheidewand steht, ohne über dieselbe wegzufließen. In die eine Hälfte des Gefäßes kann der positive, in die andere der negative Pol einer galvanischen Batterie eingeführt werden. Liegt die Achse des Elektromagneten gerade in der Verbindungslinie der Pole des Stahlmagneten, so stehen die Drahtenden der Umwindung des Elektromagneten über der Scheidewand des Holzgefäßes. Bei der geringsten Drehung kommt das eine Drahtende mit dem Quecksilber in der einen Abteilung, das andere mit dem Quecksilber in der anderen Abteilung des Holzgefäßes in Berührung und der Strom durchfließt die Windungen des Elektromagneten, so daß derselbe magnetisch wird. Indem man den Elektromagneten aus seiner Ruhelage um ein wenig nach der einen oder der anderen Richtung dreht, kann man bewirken, das dasjenige Ende Nordpol wird, welches dem Nordpole des Stahlmagneten gegenübersteht; alsdann stoßen die beiden Magnete einander ab und der Elektromagnet macht eine halbe Umdrehung, bis seine Pole den ungleichnamigen des Stahlmagneten gegenüberstehen; es müßte alsdann Ruhe eintreten; da aber der Elektromagnet einmal im Schwunge ist, so geht er etwas über diese Lage hinaus, die Drahtenden gehen über die Scheidewand und tauchen je in die andere Abteilung; dadurch wechselt der Strom in der Umwindung des Elektromagneten seine Richtung und die Pole kehren sich um, so daß jetzt wieder die gleichnamigen Pole beider Magnete einander gegenüberstehen; die Magnete stoßen sich ab, der Elektromagnet setzt seine Drehung fort u. s. w. Auf diese Art wird der Elektromagnet gezwungen, sich unaufhörlich zu drehen.

§. 115. Einwirkung galvanischer Ströme aufeinander. Zur Herstellung eines beweglichen Stromes bedient man sich des Ampereschen Gestelles; es besteht (Fig. 163) aus zwei rechtwinklig umgebogenen Messingstäben, welche am Ende (bei **x** und y) zwei Schälchen tragen, die mit Quecksilber gefüllt werden können. In die Schälchen hängt man einen gebogenen Kupferdraht, an dessen Enden zwei Spitzen angebracht sind; die eine dieser Spitzen sitzt, der leichteren Beweglichkeit halber, auf einer Glasplatte auf, welche in das eine Schälchen gekittet ist, während die andere einfach in das Quecksilber des zweiten Schälchens taucht. Der Draht läßt sich um seine Spitzen drehen und heißt „beweglicher Leiter“.

§. 115. Einwirkung galvanischer Ströme aufeinander.

Fig. 163.

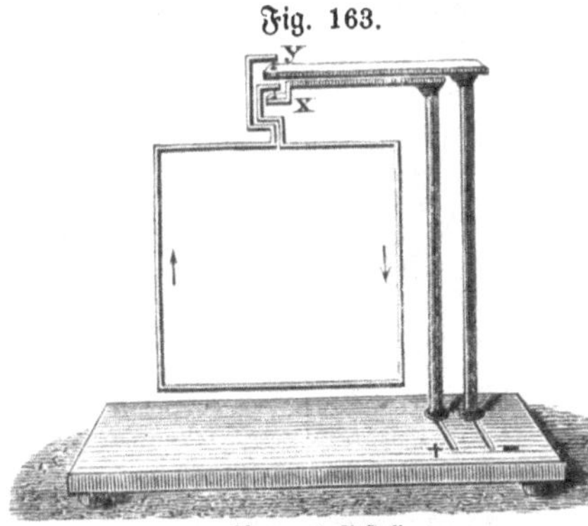

Amperes Gestell.

Verbindet man die Messingstäbe des Ampereschen Gestells mit den Poldrähten einer Batterie, so durchläuft der Strom auch den beweglichen Leiter. Führt man nun in der Nähe einer Seite z. B. der unteren des beweglichen Leiters einen Strom durch einen Draht, welcher mit der unteren Seite einen Winkel bildet, so dreht sich der Leiter solang, bis er dem Drahte parallel steht, oder genauer, bis die Ströme in der unteren Seite des Leiters und in dem Drahte gleichstimmig parallel laufen. Hält man einen Magnet mit dem einen Pole in die Mitte des Leiters, so dreht sich der Leiter, bis die um den Magnet laufend gedachten Ströme dem Strome im Leiter gleichstimmig parallel sind (wobei die Ebene des Leiters sich senkrecht auf die Achse des Magneten stellt).

Da die Erde auch ein Magnet ist, so läßt sich vermuthen, daß ein von einem Strome durchflossener beweglicher Leiter unter dem bloßen Einflusse des Erdmagnetismus eine bestimmte Stellung einnimmt; und in der That: ein beweglicher Leiter dreht sich, sobald ein Strom in demselben kreist, sofort in der Richtung von West nach Ost und zwar derart, daß von Süden gesehen der Strom in demselben kreist, wie der Zeiger einer Uhr. Windet man einen Draht spiralförmig (Fig. 164), hängt ihn an das Amperesche Gestell, und führt einen Strom ein, so dreht sich dieses „Solenoid", bis seine Windungen von Ost nach West stehen und von Süden aus gesehen der Strom in denselben wie der Zeiger einer Uhr kreist; die Achse des Solenoids stellt sich dabei von Süd nach Nord. Nähert man den Nordpol eines Magneten dem nach Norden stehenden Ende des Solenoids, so wird es abgestoßen; ebenso stößt der Südpol eines Magneten das Südende des Solenoids ab; auch ist dasselbe imstande Eisenfeile anzuziehen; ein von einem Strome umflossener Schraubendraht verhält sich also wie ein Magnet, ein neuer Beweis dafür, daß ein Magnet wirklich als ein Körper angesehen werden kann, welcher senkrecht zu seiner Achse von elektrischen Strömen umkreist ist.

Fig. 164.

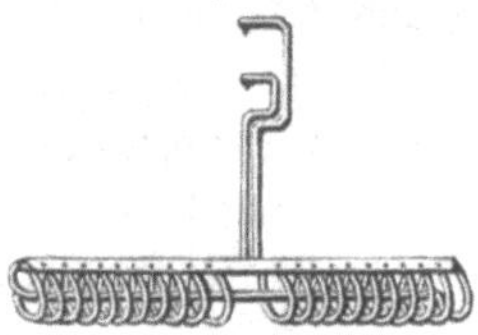

Solenoid.

Fig. 165.

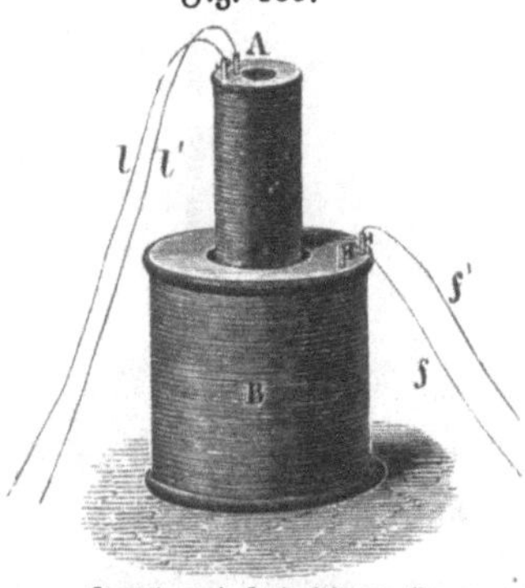

Haupt- und Induktionsrolle.

d. Induktionselektricität.

§. 116. Entstehung der Induktionsströme.

§. 116. Entstehung der Induktionsströme. Taucht man eine Drahtrolle A (Fig. 165), deren Windungsenden mit den Poldrähten l und l′ einer galvanischen Batterie verbunden sind, in eine andere Drahtrolle B, deren Windungsenden durch zwei lange Drähte f und f′ mit den Klemmschrauben eines feinen Multiplikators verbunden sind, so schlägt die Nadel aus, um alsbald wieder in ihre Ruhelage zurückzukehren. Erst wenn man die Rolle A wieder aus B herausnimmt, setzt sich die Nadel von neuem, aber in der entgegengesetzten Richtung in Bewegung.

Dasselbe geschieht, wenn man einen Stabmagneten NS (Fig. 166) in eine Drahtrolle eintaucht und wieder herauszieht; ein Magnet kann ja als ein Körper angesehen werden, welcher von elektrischen Strömen umkreist ist; er muß also ähnlich wie ein elektrischer Strom wirken.

Fig. 166.

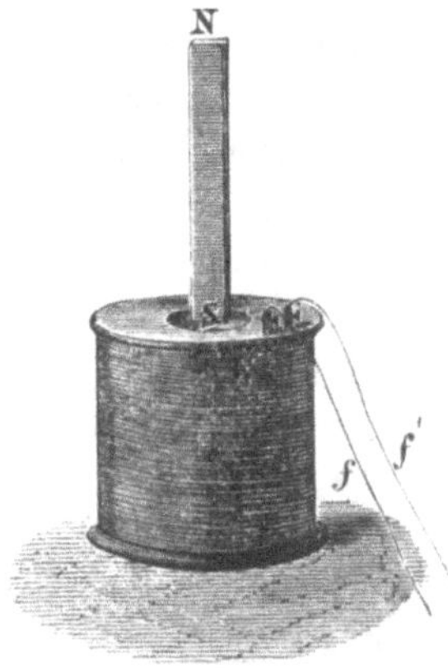

Magnet und Induktionsrolle.

Die Ströme, welche in einer Rolle durch Eintauchen oder Herausnehmen einer anderen, in der ein Strom fließt, oder eines Magnetstabes, entstehen, nennt man **Induktionsströme**; die Rolle A heißt **Hauptrolle**, die Rolle B **Induktionsrolle**; die Induktionsströme dauern nur einen Augenblick (während des Eintauchens und Herausnehmens der Hauptrolle oder des Magnetstabes) und zwar ist der beim Eintauchen entstehende dem Hauptstrome entgegengesetzt und der beim Herausnehmen entstehende dem Hauptstrome gleichgerichtet.

Dasselbe Resultat erzielt man, wenn man die Rolle A in B ständig stehen läßt und den Hauptstrom schließt und öffnet.

Besonders starke Induktionsströme erhält man, wenn man in die Hauptrolle ein Drahtbündel oder einen weichen Eisenstab steckt; schließt man den Strom, so wird das Eisen in der Hauptrolle magnetisch, und es wirken nun Strom und Magnet vereint auf die Induktionsrolle; beim Öffnen entsteht ebenfalls ein verstärkter Induktionsstrom, weil gleichzeitig der Strom und der Magnetismus des Eisens verschwindet.

Auch in einer und derselben Rolle können Induktionsströme entstehen; wird der Strom geschlossen, so wirken die Drahtwindungen, in welche er zuerst einläuft, induzierend auf die folgenden; öffnet man den Strom, so entsteht durch das Verschwinden desselben in dem einen Teile der Windungen eine Induktionswirkung auf den anderen.

Fig. 167.

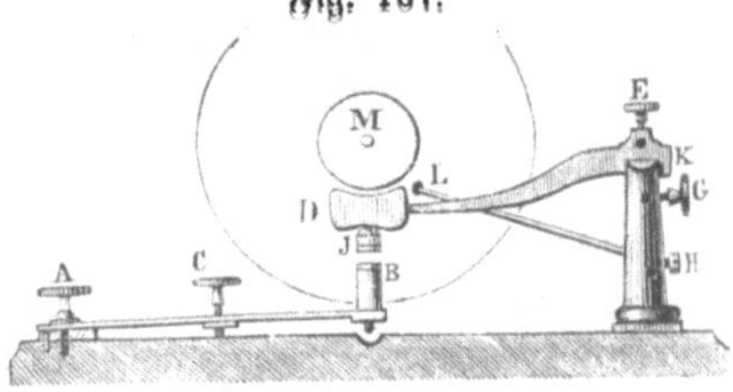

Wagners Hammer.

§. 117. Induktionsapparate.

§. 117. Induktionsapparate.

Sollen die Schließungs- und Öffnungsinduktionsströme rasch aufeinander folgen, so muß der Hauptstrom rasch hintereinander geschlossen und geöffnet werden; dies selbstthätig zu bewirken, ist der **Wagnersche Hammer** am besten geeignet: M (Fig. 167) ist das hervorstehende Ende des Eisenkerns in der Hauptrolle, LH das eine Windungsende, welches mit einem Messingsäulchen verbunden ist und A eine Klemmschraube, in welche das andere Windungsende der Hauptrolle geht. Den einen Poldraht der Batterie führt man direkt in die Hauptrolle, den anderen bei G in das Messingsäulchen. An diesem ist oben eine Feder KD, welche vorn ein Eisenstück D trägt, befestigt; D hat unten einen, in ein Platinplättchen endigenden Fortsatz J, welcher, wenn der Strom geöffnet ist, auf dem Säulchen B liegt, das oben gleichfalls ein Platinplättchen trägt; durch die Schraube E kann der Hammer DJ und durch die Schraube C der Ambos B etwas gehoben oder gesenkt werden. Führt man nun die Poldrähte der Batterie an den bezeichneten Stellen ein, so geht der Strom etwa von A über den Ambos nach dem Hammer, nach G über HL und durch die Windungen der Rolle nach der Batterie zurück; der Strom ist also geschlossen: dadurch wird der Eisenkern M magnetisch und zieht den Hammer D von dem Ambos B weg, weshalb jetzt der Strom zwischen J und B unterbrochen ist; infolgedessen fällt der Hammer auf den Ambos zurück, der Strom schließt sich wieder u. s. w.

Fig. 168 zeigt einen Induktionsapparat mit Wagnerschem Hammer: am Ende der rechten Seite der Figur ist noch eine kleine Vorrichtung zum Umkehren des Stromes, die wir nicht weiter beschreiben wollen, angebracht.

Die Induktionsströme können alle Wirkungen hervorbringen, welche auch durch die gewöhnlichen galvanischen Ströme erzielt werden, namentlich aber diejenigen, welche eine hohe Spannung erfordern. Während die gewöhnlichen galvanischen Ströme keine Funken von nennenswerter Länge geben, liefern die Induktionsströme zwischen den Drahtenden der Induktionsrolle Funken von mehreren Centimetern, ja Decimetern — Rühmkorffs Funkeninduktor. Durch den sehr verdünnten Raum (Geißlersche Röhren) springt die Elektricität auf weite Strecken büschelförmig über, wobei man abwechselnd helle und dunkele Stellen bemerkt — geschichtetes elektrisches Licht; dasselbe hat verschiedene

Fig. 168.

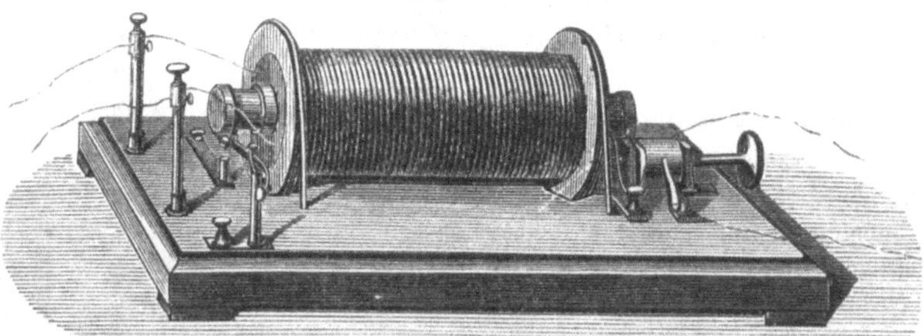

Induktionsapparat.

Farbe, je nachdem es durch Spuren von Wasserstoff, Sauerstoff, Stickstoff u. s. w. geht. Durch den absolut leeren Raum geht selbst der Induktionsfunke nicht.

Die Induktionselektricität giebt wegen ihrer hohen Spannung und der ständigen Unterbrechung starke physiologische Wirkungen; nimmt man die Drahtenden der Induktionsrolle in die Hand, so verspürt man selbst bei kleinen Apparaten heftige Zuckungen. (Anwendung der Induktionsströme bei Lähmungen, Rheumatismus u. s. w.) Um die Wirkung stärker und schwächer machen zu können, sind viele Induktionsapparate so eingerichtet, daß man die Induktionsrolle mehr oder weniger über die Hauptrolle schieben kann (du Bois-Reymonds Schlittenapparat), zuweilen läßt sich noch der Eisenkern teilweise aus der Hauptrolle herausziehen.

Will man statt eines Stromes einen Magnet zur Erzeugung von Induktionsströmen verwenden, so muß man Magnet und Drehrolle in rascher Folge einander nähern und wieder von einander entfernen. Dies geschieht am einfachsten dadurch, daß man vor den Polen eines hufeisenförmigen Stahlmagneten A B (Fig. 169) zwei Drahtrollen t und t um eine Achse f mittels einer Kurbel rotieren läßt; hier kommen beide Pole des Magneten zur Wirkung.

Fig. 169.

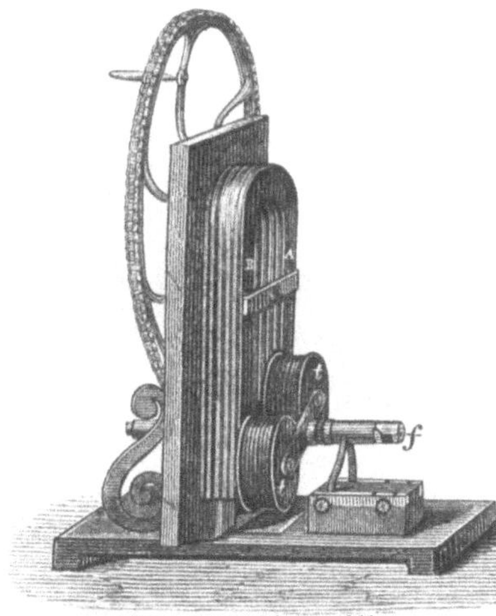

Magnetoinduktionsmaschine.

Das eine Ende der um beide Rollen laufenden Drahtwindung wird an die metallene Achse, das andere auf einen Kupferring geführt, welcher auf einem die Achse umgebenden Elfenbeincylinder sitzt. Zwei Metallfedern, von denen die eine an der Achse selbst, die andere an dem um die Achse gelegten und von ihr durch Elfenbein isolierten Kupferringe schleift, nehmen die Induktionsströme auf, so daß sie von hier aus durch Drähte, welche mit den Federn in leitender Verbindung stehen, weitergeführt werden können.

e. Thermoelektricität.

§. 118. Thermoströme. Lötet man zwei Metallstreifen, z. B. einen Wismutstab und einen zweimal rechtwinkelig gebogenen Kupferdraht (Fig. 170), so aneinander, daß sie ein geschlossenes Viereck bilden, und erhitzt die eine Lötstelle, so §. 118. Thermoströme.

entsteht ein elektrischer Strom, was man daran erkennt, daß eine in das Innere des Vierecks gestellte Magnetnadel einen Ausschlag giebt. Kühlt man die Lötstelle mit Eis ab, statt sie zu erhitzen, so schlägt die Nadel nach der anderen Seite aus, zum Beweise, daß jetzt ein Strom in entgegengesetzter Richtung durch das Viereck läuft.

Fig. 170.

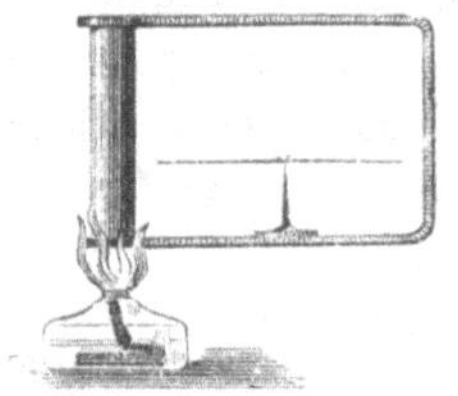

Thermoelement.

Elektrische Ströme, welche durch Wärme hervorgerufen werden, nennt man **Thermoströme** und den soeben beschriebenen Apparat ein **Thermoelement**.

Die Stärke der thermoelektrischen Ströme hängt einerseits von der Temperaturdifferenz der beiden Lötstellen und andererseits von der Natur der angewandten Metalle ab. Man hat nun eine **thermoelektrische Spannungsreihe** aufgestellt, welche so geordnet ist, daß je 2 zu einem geschlossenen Kreise verlötete Glieder derselben einen um so stärkeren Strom geben, je weiter sie in der Reihe auseinanderstehen, und daß der Strom an der erwärmten Lötstelle von dem in der Reihe höher stehenden zu dem tiefer stehenden Metalle geht; diese Reihe heißt: Wismut, Nickel, Platin, Kobalt, Silber, Zinn, Blei, Kupfer, Gold, Zink, Eisen, Antimon.

Fig. 171.

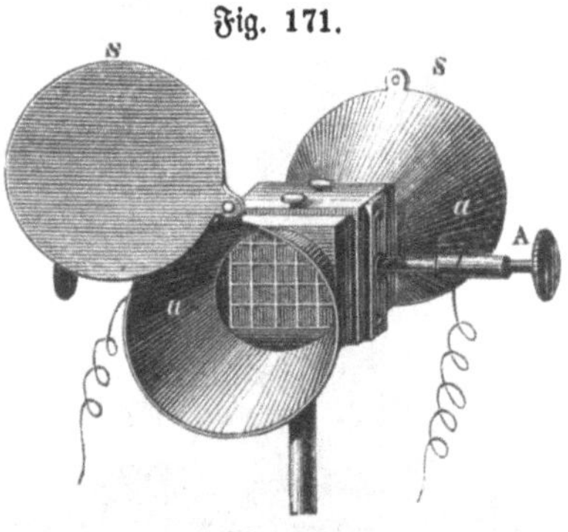

Thermosäule.

Lötet man eine ganze Anzahl Stäbchen z. B. von Wismut und Antimon aneinander, so daß die 1te, 3te, 5te, kurz die ungeradzahligen Lötstellen alle auf der einen und die geradzahligen alle auf der anderen Seite liegen, so erhält man eine Thermosäule, welche einen kräftigen Thermostrom giebt, wenn man die eine Seite der Thermosäule erhitzt (und auch wohl gleichzeitig die andere Seite abkühlt). Fig. 171 zeigt eine Thermosäule, welche mit 2 kegelförmigen Ansätzen a a, die zum Auffangen der Wärmestrahlen dienen, versehen sind und durch die Scheiben s und s verschlossen werden, wenn keine Wärme auf die Thermosäule fallen soll.

Die Thermosäulen benutzt man statt des Differentialthermometers, um die Strahlungsfähigkeit und die Durchwärmigkeit der Körper zu untersuchen. Zu dem Zweck verbindet man die Enden der Thermosäulen mit den Klemmschrauben eines Multiplikators; fallen Wärmestrahlen auf die eine Seite der Thermosäule, so entsteht in derselben ein galvanischer Strom, dessen Stärke an dem Ausschlage des Multiplikators ersehen werden kann.

Thermosäulen benutzt man u. a. auch zu galvanoplastischen Arbeiten (§. 109).

Auf die Thatsache gestützt, daß durch ungleiche Erwärmung eines aus verschiedenem Material zusammengesetzten Körpers galvanische Ströme in demselben hervorgerufen werden, hat man die Hypothese aufgestellt, daß die Erde, infolge der ungleichförmigen, von Ost nach West fortschreitenden Erwärmung durch die Sonne, von elektrischen Strömen in der Richtung von Ost nach West umkreist werde, was bewirkt, daß die Erde zu einem Magnet wird, welcher in der Nähe des geographischen Nord- und Südpols seinen magnetischen Nord- und Südpol hat.

V. Die Lehre vom Schalle.

§. 119. Entstehung des Schalles. Wenn man einen elastischen Körper biegt oder dreht, so sucht er, wenn die wirkende Kraft aufhört, seine frühere Gestalt und sein früheres Volumen wieder anzunehmen. Drückt man z. B. auf einen Reif aus dünnem Stahl (Fig. 172), so biegt sich derselbe, so daß sein horizontaler Durchmesser sich vergrößert; läßt man den Ring los, so wird er durch die Elasticitätskraft mit wachsender Geschwindigkeit in seine frühere Lage a b zurückgezogen; da er nun dort mit einer gewissen Geschwindigkeit ankommt, so geht er vermöge der Trägheit darüber hinaus, sein vertikaler Durchmesser wird jetzt größer als der horizontale; währenddessen nimmt seine Geschwindigkeit, weil er durch die Elasticitätskraft nach a b zurückgezogen wird, mehr ab, bis sie schließlich gleich 0 ist; da aber die Elasticitätskraft immer noch zieht, so kehrt er mit wachsender Geschwindigkeit nach a b zurück, geht über a b hinaus, wobei sein horizontaler Durchmesser wächst u. s. w. Der Ring macht also ähnliche Schwingungen, wie ein Pendel, und er würde dieselben, einmal angestoßen, unaufhörlich fortsetzen, wenn er keine Reibung an der Luft und an seinem Befestigungspunkte a erführe. §. 119. Entstehung des Schalles.

Fig. 172.

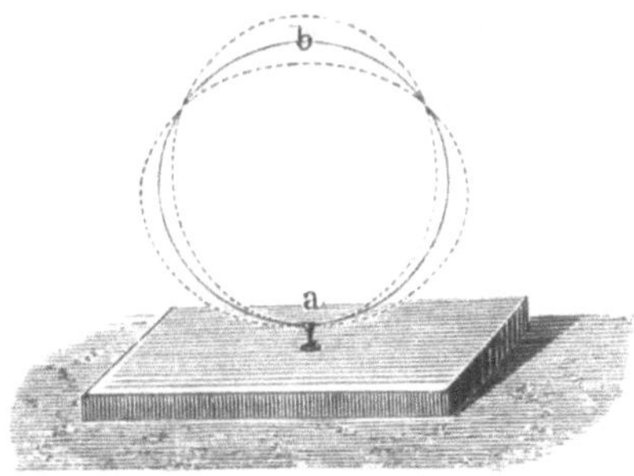

Schwingender Reif.

Fig. 173.

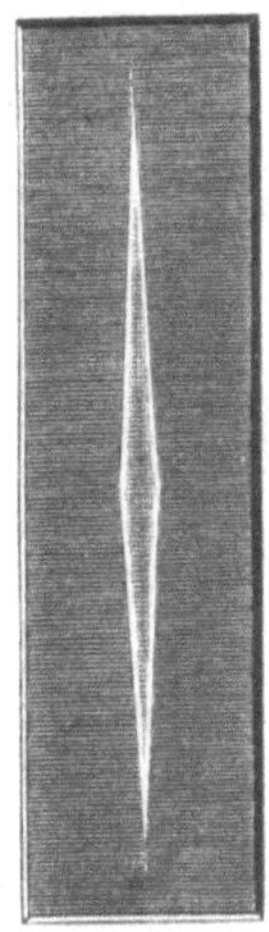

Schwingende Saite.

Derartige Schwingungen macht auch eine angeschlagene Stimmgabel; man kann dieselben teils durch leise Berührung mit dem Finger direkt fühlen, teils daran bemerken, daß die Gabel an den Enden wie angeschwollen aussieht. Auch eine mit einem Violinbogen angestrichene Saite läßt eine solche Verdickung in der Mitte erkennen (Fig. 173); der Lichteindruck, den die Saite im Auge hinterläßt, wenn sie auf der einen Seite sich befindet, ist noch nicht erloschen, nachdem sie schon auf die andere Seite übergegangen ist.

Fig. 174.

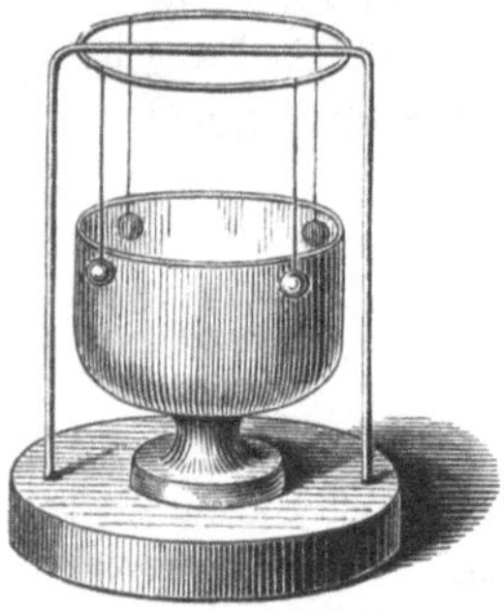

Schwingende Glocke.

Streicht man eine Glocke (Fig. 174), welche am Rande von kleinen an Fäden hängenden Holzkügelchen berührt wird, mit einem Violinbogen an, so springen die Holzkügelchen weit weg.— Streicht man eine mit Sand bestreute Glasplatte, welche an einem Punkte festgehalten wird, mit einem Violinbogen an, so hüpft der Sand an einzelnen Stellen in die Höhe und lagert sich an anderen an (Knotenlinien); es entstehen dabei eigentümliche Figuren — Chladnische Klangfiguren — welche verschieden ausfallen, je nach der Stelle, wo man die Glasplatte festhält und wo man sie anstreicht; an einzelnen Stellen ist also die Scheibe in schwingender Bewegung, an anderen in Ruhe (Fig. 175).

Wenn elastische Körper in schwingender Bewegung sich befinden, so erzeugen sie gewöhnlich in uns eine eigentümliche Empfindung, welche wir im allgemeinen Schall, je nach der besonderen Beschaffenheit desselben aber Ton, Klang, Geräusch rc. nennen.

Fig. 175.

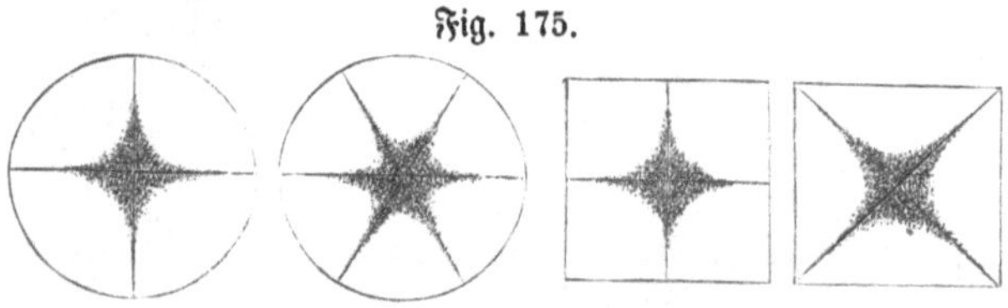

Chladnis Klangfiguren.

§. 120. Fortpflanzung des Schalles.

§. 120. Fortpflanzung des Schalles. Wir können keine Empfindung haben, wenn nicht eines unserer Sinnesorgane in Bewegung gesetzt wird; da nun die schwingenden Bewegungen tönender Körper nicht direkt unser Gehörorgan treffen, so muß irgend ein Körper, welcher sich zwischen unserem Ohre und dem tönenden Körper befindet, die Übertragung der Bewegung vermitteln; dieser Körper kann wohl kein anderer sein, als die Luft. Und in der That, bringt man ein Schlagwerk unter eine Luftpumpe und pumpt aus, so verschwindet der Ton. Fig. 176 zeigt eine Glaskugel, in welcher sich ein Glöckchen befindet; pumpt man die Luft aus der Glaskugel, so hört man keinen Ton mehr, wenn man durch Schütteln den Klöpfel gegen das Glöckchen schlagen läßt.

Fig. 176.

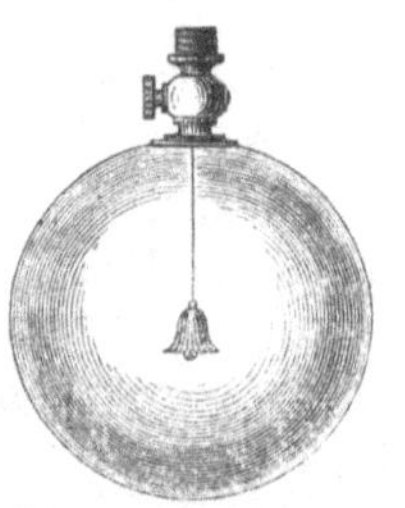

Glocke im luftleeren Raume.

Wenn ein Körper schwingt, so setzt er die zunächst

an ihm liegende Luft in Bewegung, diese die folgende rc., bis schließlich diejenige in Vibration kommt, welche unser Ohr umgiebt.

Die Luft kommt dabei in ähnliche schwingende Bewegung, wie der tönende Körper selbst, denn geht z. B. die eine Zinke einer Stimmgabel nach rechts, so stößt sie auch die ihr anliegende Luft nach rechts; geht die Luft wieder zurück, so entsteht hinter ihr ein verdünnter Raum, in welchen die nächstliegende Luft hereinstürzt; sie folgt also, nachdem sie zuerst nach rechts gegangen, der Stimmgabel auch in ihrer Bewegung nach links. Dasselbe gilt für die folgenden Luftschichten. Da jede Bewegung einige Zeit braucht, um sich von einem Teilchen eines Körpers auf das folgende fortzupflanzen, so fängt jedes folgende Luftteilchen seine Schwingungen später an, als das vorhergehende. Es muß deshalb auch eine merkliche Zeit verfließen, bis der Schall vom schallenden Körper aus sich auf eine gewisse Strecke hin fortgepflanzt hat; der Weg, den der Schall in einer Sekunde zurücklegt, ist seine Geschwindigkeit; sie beträgt 333 m. Man hat dies festgestellt, indem man Kanonen abfeuerte und von größerer Ferne her beobachtete, wieviel Zeit zwischen dem Blitze und dem Knalle verstrich; das Licht verbreitet sich so schnell (42000 Meilen in einer Sekunde), daß es kleinere Strecken in unmeßbar kurzer Zeit durcheilt.

Auch durch feste und flüssige Körper pflanzen sich die Töne fort und zwar oft noch schneller, als durch die Luft; die Geschwindigkeit des Schalles ist im Tannenholz 18 mal und im Wasser $4^1/_2$ mal größer als in der Luft. Wenn die Luft Schallschwingungen fortpflanzt, so entstehen in ihr Verdichtungen und Verdünnungen; weil nämlich jedes folgende Teilchen seine Bewegung etwas später beginnt, als das vorhergehende, so werden an einzelnen Stellen die Luftteilchen aufeinander zugehen, an anderen voneinander wegeilen; die einen sind gerade in ihrer vorwärtsgängigen, die anderen in ihrer rückwärtsgängigen Bewegung begriffen.

Schwingungen, bei welchen jedes folgende Teilchen später seine Bewegung beginnt, als das vorhergehende, nennt man *fortschreitende*; sie bringen keinen Ton hervor, sondern pflanzen nur die Töne anderer Körper fort. Bei einer gespannten Saite, welche angestrichen, oder einer Stimmgabel, welche angeschlagen worden, gehen alle Teilchen der Saite oder einer Stimmgabelzinke gleichzeitig durch die Gleichgewichtslage nach der einen Seite hin, erreichen gleichzeitig ihre weiteste Ausbiegung und kehren gleichzeitig wieder zurück rc.; die Saite und die Stimmgabel machen *stehende* Schwingungen; und diese sind es, welche einen Ton erzeugen.

§. 121. Reflexion des Schalles. Spricht man von einiger Ferne her gegen eine hohe Mauer, so hört man die gesprochenen Silben häufig noch einmal; es rührt dies daher, daß die schwingende Luft ebenso von der Wand zurückgeworfen wird, wie eine Kugel von den Banden des Billards. Die schwingende Bewegung kehrt nun von der Wand nach unserem Ohr zurück, so daß wir den §. 121. Reflexion des Schalles.

Schall zweimal vernehmen, das eine Mal direkt, indem die Bewegung sich durch die Luft von dem Munde nach dem Ohre fortpflanzt, und das andere Mal, indem die Luftschwingungen, nachdem sie bis zu der Wand fortgegangen, von dieser reflektiert werden und so ins Ohr zurückkehren.

Die Richtung, in welcher die schwingende Luft nach einer Wand hingeht, nennt man Schallstrahl; es gilt nun in betreff der Reflexion das Gesetz, welches für elastische Körper überhaupt in §. 40 nachgewiesen worden und welches sich hier so ausdrücken läßt: Der Schall wird unter demselben Winkel reflektiert, unter welchem er aufgefallen.

Stößt die schwingende Luft in der Richtung AC (Fig. 177) gegen eine feste Wand MM und konstruiert man das Einfallslot DC, so kehrt der Schall in der Richtung CB zurück, wobei $\sphericalangle ACD = \sphericalangle DCB$. Stößt die schwingende Luft senkrecht gegen eine Wand, so kehren die Schwingungen in derselben Richtung wieder zurück.

Fig. 177.

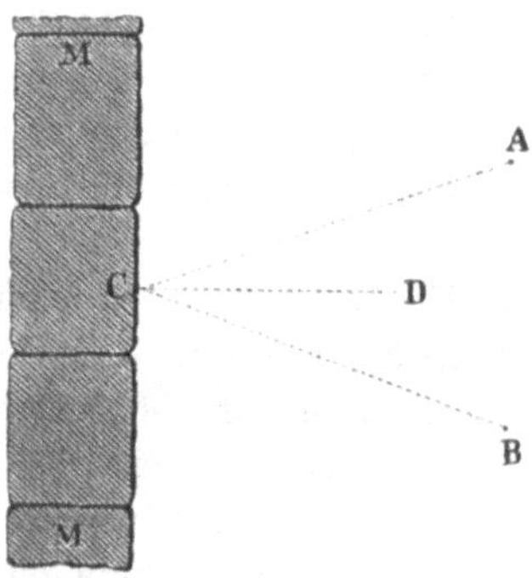

Reflexion des Schalles.

Man kann ungefähr 6 Silben in einer Sekunde deutlich sprechen und hören; wenn ein Schall unser Ohr trifft, so schwingt der Gehörnerv etwa $^1/_6$ Sekunde lang. Spricht man nun gegen eine Wand, so dauert der direkte Schall $^1/_6''$ in unserem Ohr fort und soll nun der von der Wand reflektierte Schall deutlich vernommen werden können, so muß die Wand mindestens soweit entfernt sein, daß der reflektierte Schall erst nach $^1/_6''$ zu uns gelangt. Nun braucht der Schall, um 333 m zurückzulegen, gerade 1″; die Wand muß aber so weit entfernt sein, daß der Schall hin und zurück $^1/_6''$, also bloß nach der Wand hin $^1/_{12}''$ braucht; sie muß also $\frac{333}{12} = 28$ m weit entfernt sein, damit der reflektierte Schall nach dem direkt gehörten deutlich vernommen werden kann — Echo. Ist die Wand zweimal 28 m von uns entfernt, so kann man zwei Silben sprechen und hören, bis die reflektierten Silben zurückkehren — zweisilbiges Echo. Ebenso giebt es 3, 4 . . . silbige Echos.

Stehen mehrere Wände in größerer Entfernung hintereinander, so hört man eine gegen dieselbe gesprochene Silbe mehrmals wiederhallen, indem die schwingende Luft von den einzelnen Wänden nach der Reihe reflektiert wird — mehrfaches Echo. Auch wenn zwei parallele Wände einander gegenüberstehen, kann ein Schall, welcher zwischen ihnen erregt wird, mehrmals wiederhallen, indem die schwingende Luft wiederholt von einer Wand zur anderen reflektiert wird.

Ist eine Wand weniger als 28 m von dem Sprechenden entfernt, so gelangt der reflektierte Schall bereits zu unserem Ohre, wenn der Gehörnerv, von der direkt empfangenen Silbe angeregt, noch nicht ausgeschwungen hat; es fällt der Anfang der reflektierten Silbe mit dem Ende der direkten zusammen und es klingt der letzte Teil der reflektierten Silbe nach — Nachhall.

Berühmte mehrfache und mehrsilbige Echos sind die am Lurleifelsen, im Schloß Simonetta in Mailand, in der Adersbacher Höhle u. s. w.

§. 122. Stärke des Tones. Ob ein Ton laut oder leise klingt, hängt teils von der Größe der Masse, teils von der Weite der Schwingungen des schallenden Körpers und teils von der Entfernung ab, in der wir uns von dem schallenden Körper befinden. Eine Glocke tönt lauter, als eine ebensoweit von uns entfernte gespannte Saite, weil erstere weit mehr schwingende Teilchen hat, als letztere; sie klingt in gleicher Entfernung von unserem Ohr lauter, wenn sie stark, als wenn sie schwach angeschlagen wird. Stehen mehrere Personen verschieden weit von demselben schallenden Körper, so hört diejenige, welche ihm am nächsten ist, den Ton am lautesten: der schallende Körper setzt zuerst die wenige Luft, welche ihn umgiebt, in schwingende Bewegung; diese muß die nächste Schicht, welche sie kugelförmig umgiebt, in Bewegung bringen u. s. w., jede folgende Kugelschicht ist größer als die vorhergehende, die Stärke der Bewegung der einzelnen Luftteilchen muß also immermehr abnehmen und in größerer Entfernung ist die Weite der Schwingungen der Luftteilchen so gering, daß das Ohr nicht mehr in Bewegung gebracht werden kann — der Ton verschwindet. Wird ein Körper stark angeschlagen, so setzt er auch die Luft auf weitere Erstreckung hin in merkliche Bewegung, der Ton wird auf große Entfernung hin gehört. §. 122. Stärke des Tones.

§. 123. Höhe des Tones. Eine und dieselbe Saite giebt immer denselben Ton, gleichviel ob sie stark oder schwach angestrichen wird; ebenso ist es mit einer Glocke, einer Stimmgabel u. s. w. Auch ändert sich der Ton, oder genauer, die Höhe des Tones nicht, wenn wir uns von dem schallenden Körper entfernen; es muß also, sowohl in den stehenden Schwingungen des schallenden Körpers, als in den fortschreitenden, den Ton fortpflanzenden Schwingungen der Luft irgend etwas Gleichbleibendes sein — dieses ist die Zahl der Schwingungen in einer Sekunde. Ebenso wie ein Pendel (innerhalb gewisser Grenzen) stets gleichviel Schwingungen macht, einerlei ob es stärker oder schwächer angestoßen wird, ebenso ist es auch bei einem schallenden Körper. Bei stärkerem Anschlag ist die Weite der Schwingungen, d. h. der Weg, den jedes Teilchen hin und her macht, größer, indem es aber zugleich eine größere Geschwindigkeit besitzt, braucht es doch nicht mehr Zeit, um diesen Weg zurückzulegen, als wenn es, schwach angestoßen, einen kleineren Weg mit geringerer Geschwindigkeit macht. Ähnlich ist es mit den Luftschwingungen in kleinerer und größerer Entfernung von dem schallenden Körper. §. 123. Höhe des Tones.

Die Höhe eines Tones hängt also ab von der Anzahl der Schwingungen in einer Sekunde.

Zur Bestimmung der Schwingungszahlen der Töne bedient man sich der sogenannten Sirenen. Fig. 178 zeigt die Sirene von Savart; sie besteht aus einem großen Rad A, welches durch einen Riemen mit einem kleineren B verbunden ist; mit B auf derselben Achse sitzt das gezahnte Rad C, dem ein elastisches Blättchen (von Metall oder Kartonpapier) gegenüber steht. Wird das große Rad A mittels der Kurbel umgedreht, so drehen sich B (und C) in dem Maße öfter um, als der Halbmesser von A größer ist, als der von B. Jedesmal, wenn ein Zahn von C das elastische Blättchen ergreift, biegt sich dieses nach der einen Seite und schnellt wieder zurück, wenn die auf den Zahn folgende Lücke kommt. Jeder Zahn (und die zugehörige Lücke) bringt also eine Schwingung des Blättchens hervor. Je rascher man dreht, um so mehr Schwingungen macht das Blättchen in der Sekunde und um so höher wird der Ton, den es erzeugt. Angenommen, das große Rad habe einen 20 mal größeren Halbmesser als B und drehe sich 1 mal in der Sekunde um, so machten B und C 20 Umgänge in der Sekunde. Hat nun C 100 Zähne, so entstehen bei jedem Umgang des großen Rades, d. h. in jeder Sekunde 2000 Schwingungen des Blättchens. Mit Hilfe eines Zählwerks, welches an dem Apparate angebracht ist, läßt sich genau die Zahl der Umgänge von C und damit die Zahl der Schwingungen ermitteln.

Fig. 178.

Sirene von Savart.

Übrigens giebt es noch verschiedene Vorrichtungen ähnlicher Art: Sirene von Seebeck und Cagniard-Latour.

Fig. 179.

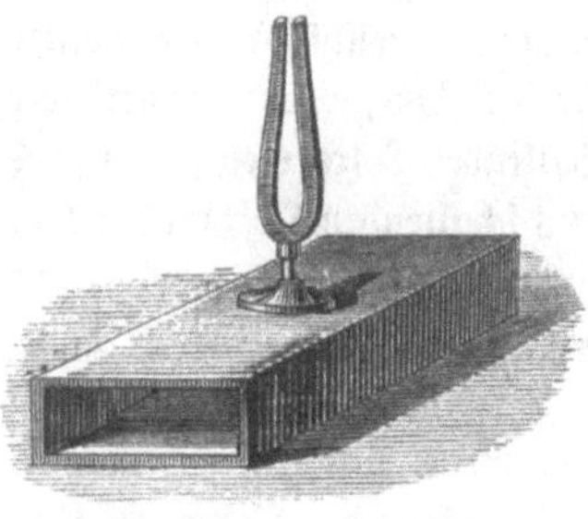

Stimmgabel auf Resonanzkasten.

§. 124. Resonanz. **§. 124. Resonanz.** Eine angeschlagene Stimmgabel, welche man an ihrem Stiele in der Hand hält, giebt einen kaum merklichen Ton; stellt man sie aber auf eine Tischplatte oder auf einen Holzkasten von angemessenen Dimensionen (Fig. 179), so wird der Ton sehr laut; die Luftwellen, welche die kleinen Stimmgabelzinken erzeugen, können das Ohr nicht in hinreichende Bewegung versetzen; von der großen Tischplatte aber gehen, indem sie ebenfalls in Schwingung kommt, eine große Zahl von Luftwellen aus, welche sich an einzelnen Stellen dadurch verstärken, daß an diesen eine ganze

Anzahl von Verdichtungen, bezügl. Verdünnungen zusammentreffen und so eine erheblich verstärkte Bewegung veranlassen.

Hält man eine Stimmgabel über eine Röhre von bestimmter Länge oder vor einen Kasten von geeigneten Dimensionen, so tönt die Luft im Inneren der Röhre und des Kastens mit — Mittönen oder Resonanz.

Stellt man eine Spieluhr auf einen hohlen Kasten, welcher durch einen langen Draht mit einem ebensolchen Kasten verbunden ist, so hört man die Spieluhr deutlich, wenn man das Ohr an diesen Kasten hält.

Bei fast allen musikalischen, namentlich Saiten-Instrumenten verstärkt man den Ton dadurch, daß man Resonanzkästen (Geige, Guitarre) oder Resonanzböden (Klavier) anwendet.

§. 125. Gesetze der Saitenschwingungen. 1) Die Höhe des Tones, welchen eine gespannte Saite giebt, hängt von verschiedenen Umständen ab: 1. von der Länge, 2. von der Dicke, 3. von der Stärke der Spannung und 4. von dem Stoffe, aus welchem die Saite gemacht ist. §. 125. Gesetze der Saitenschwingungen.

Zur Untersuchung der hier geltenden Gesetze bedient man sich des Monochords, eines dünnwandigen Resonanzkastens, über den sich eine oder mehrere Saiten spannen lassen (Fig. 180). Die Länge der Saite kann man dadurch verändern, daß man an irgend einer Stelle einen Steg g unterstellt und den einen oder den anderen Teil der Saite anstreicht; die Spannung läßt sich vergrößern oder verkleinern, indem man an die über eine Rolle p gehende Saite ein größeres oder kleineres Gewicht p anhängt. Man kann außerdem dickere und dünnere, Darm-, Stahl- oder Messingsaiten aufspannen und findet dabei folgende Gesetze:

Fig. 180.

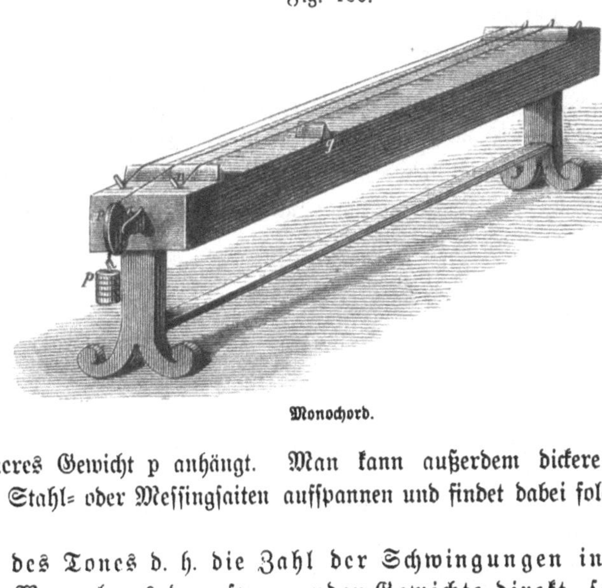

Monochord.

Die Höhe des Tones d. h. die Zahl der Schwingungen in der Sekunde ist der Wurzel aus dem spannenden Gewichte direkt, sowie der Länge, Dicke und der Wurzel aus dem specifischen Gewichte des Stoffs, aus dem die Saite besteht, umgekehrt proportional.

2) Verkürzt man eine Saite (durch Unterstellung des Steges g) auf die Hälfte, so giebt sie einen Ton, dem doppelt soviel Schwingungen in der Sekunde zukommen, als demjenigen, welchen die Saite als Ganzes schwingend giebt; man nennt den ersteren die obere Oktave des letzteren und diesen die untere Oktave von jenem. Verkürzt man die Saite auf $^2/_3$ ihrer Länge, so erhält man beim Anstreichen die sogen. Quinte des Grundtons, d. h. desjenigen, den die ganze Saite giebt; ihm entsprechen $^3/_2$ mal soviel Schwingungen, als dem Grundton. Verkürzt man die Saite auf $^4/_5$ ihrer Länge, so erhält man die große Terz, der die Schwingungszahl $^5/_4$ zukommt, wenn man die des Grundtons gleich 1 nimmt. Grundton, große Terz und Quint bilden den großen Dreiklang oder den Cdur-Accord.

Die bekannte Cdur-Tonleiter besteht aus folgenden Tönen:

Prim, Sekund, Terz, Quart, Quint, Sext, Septime und Oktave. Setzt man die Schwingungszahl des ersteren = 1, so sind die der übrigen bezüglich: $^9/_8$, $^5/_4$, $^4/_3$, $^3/_2$, $^5/_3$, $^{15}/_8$, 2; die diesen Tönen entsprechenden Saitenlängen sind die umgekehrten Werte davon, nämlich $^8/_9$, $^4/_5$, $^3/_4$, $^2/_3$, $^3/_5$, $^8/_{15}$, $^1/_2$.

3) Unterstützt man eine Saite AB (Fig. 181) in dem einen Drittel C und streicht das kürzere Stück AC an, so schwingt auch das längere CB mit, indem es sich dabei in zwei gleiche Teile CD und DB, die dem kurzen Stücke gleich sind, teilt; in der Mitte D befindet sich ein ruhender Punkt — Knotenpunkt. Man kann dies bewahrheiten, indem man auf das längere Stück CB der Saite kleine Papierreiterchen aufsetzt; streicht man AC an, so springen alle Papierreiterchen ab, bis auf dasjenige, welches im Punkte D aufsitzt. Weil in D ein ruhender Punkt ist, so müssen CD und DB nach entgegengesetzter Richtung schwingen; außerdem schwingt CD in entgegengesetzter Richtung wie AC.

Unterstützt man eine Saite AB (Fig. 181) in dem ersten Viertel C, so teilt sich CB in 3 gleiche Teile und man erhält 2 Knotenpunkte D und E.

Fig. 181.

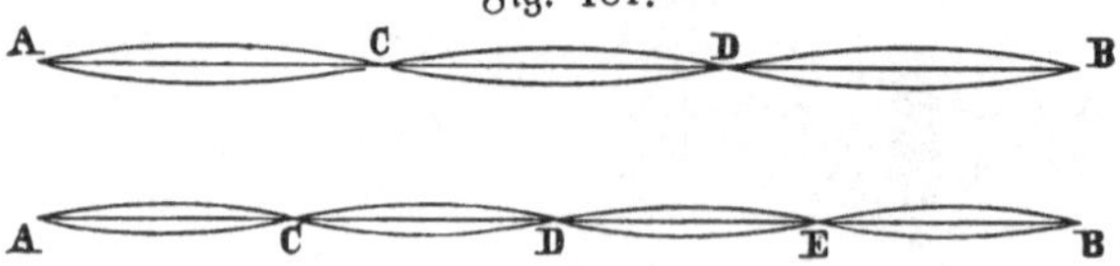

Schwingungen einer Saite in aliquoten Teilen.

3) Streicht man eine Saite nicht in der Mitte, sondern mehr nach dem einen Ende hin an, so hört man außer dem Grundtone noch höhere Töne, denen 2, 3, 4 . . . mal soviel Schwingungen zukommen, als dem Grundtone; man nennt sie Obertöne. Die Saite macht eine komplizierte schwingende Bewegung, die aus einer Schwingung als Ganzes und aus Schwingungen in 2, 3, 4 . . . Teilen zusammengesetzt ist. Eine einfache Schallempfindung nennt man Ton; ist ein Ton von mehreren Obertönen begleitet, so heißt er Klang. Ein einfacher Ton klingt dumpf und hohl, nur ein Klang giebt eine angenehme Empfindung. Auf der Ver-

schiedenheit der einen Ton begleitenden Obertöne beruht die Verschiedenheit des Klanges. (Unterschied der Vokale und des verschiedenen Klanges der musikalischen Instrumente.)

§. 126. Von den Orgelpfeifen. Eines der wichtigsten musikalischen Instrumente ist die Orgelpfeife. Fig. 182 zeigt einen Durchschnitt durch dieselbe; f ist der Fuß, w ein kleiner Windkasten, welcher eine ganz feine Öffnung e hat; oberhalb dieser befindet sich der Mund d mit der Lippe c, einer zugeschärften Kante. §. 126. Von den Orgelpfeifen.

Fig. 182.

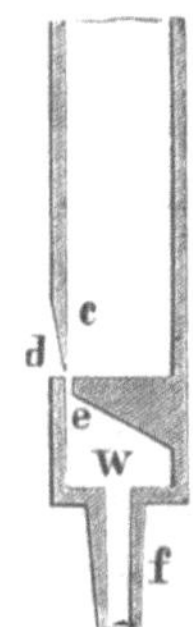

Orgelpfeife.

Bläst man in den Fuß f, so verdichtet sich die Luft in w, welche nun die wenige in e enthaltene Luft mit großer Geschwindigkeit gegen die Lippe c schleudert, wobei durch die Reibung an den Rändern der feinen Öffnung die Luft c in schwingende Bewegung gerät. Die Luftteilchen haben sehr verschiedene Geschwindigkeit, einige unter ihnen werden gerade soviel Schwingungen in der Sekunde machen, daß sie die Luft in der Orgelpfeife zum Mittönen bringen können; alle anderen sind wirkungslos. Hielte man eine Anzahl angeschlagener Stimmgabeln vor den Mund, so wird sich vielleicht auch eine darunter finden, welche die Luft in der Pfeife zum Tönen bringen kann.

Die Höhe des Tones, welchen eine Pfeife giebt, hängt von deren Länge und von deren Querschnitt ab. Man unterscheidet offene und gedeckte Pfeifen. In der gedeckten Pfeife steckt ein dieselbe verschließender Kolben, welcher auf- und abbewegt werden kann, so daß man imstande ist, den Ton zu verändern. Die offenen Pfeifen haben am oberen Ende gewöhnlich eine Bleiplatte, die man biegen kann, so daß die Öffnung mehr oder weniger verschlossen und der Ton dadurch erhöht oder vertieft werden kann. Eine offene Pfeife giebt die Oktave des Tones, welchen eine gedeckte von gleicher Länge erzeugt.

Fig. 183.

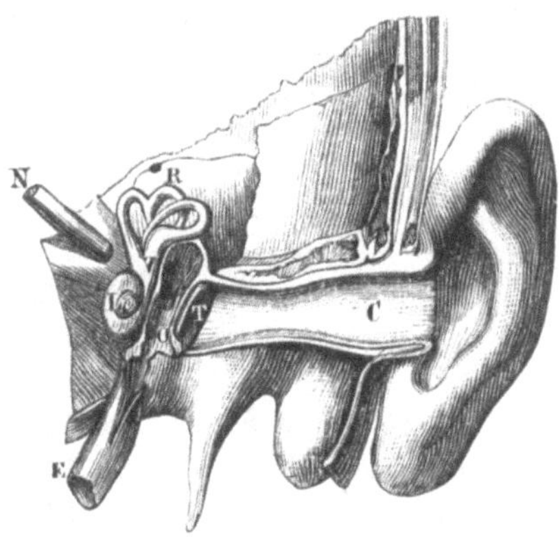

Das Ohr.

§. 127. Das Ohr. Das Organ, durch welches wir von den Schwingungen der Körper Kunde erhalten, wird das Ohr genannt. Es besteht aus dem äußeren, mittleren und inneren Teile. Der erstere wird von der Ohrmuschel und dem Gehörgang, der bis an das Trommelfell T (Fig. 183) reicht, gebildet. Die Ohrmuschel, welche bei manchen Tieren beweglich ist, dient dazu um die Schallwellen aufzufangen und sie nach dem Trommelfelle, einer §. 127. Das Ohr.

leicht beweglichen Haut, zu leiten. An das Trommelfell schließt sich das mittlere Ohr an, welches durch die sogen. Eustachische Röhre E mit der Mundhöhle in Verbindung ist und aus einer Anzahl Knöchelchen besteht, auf welche sich die Schwingungen des Trommelfells übertragen. Das erste der genannten Knöchelchen ist der Hammer m (Fig. 184), dessen Stiel an das Trommelfell angewachsen ist und dessen Kopf sich an den Ambos n anlegt. Zwei längliche Muskeln drücken Hammer und Ambos gegen einander. Der Ambos ist etwas verlängert und mittels des linsenförmigen Knöchelchens f an den Steigbügel g angewachsen.

Fig. 184.

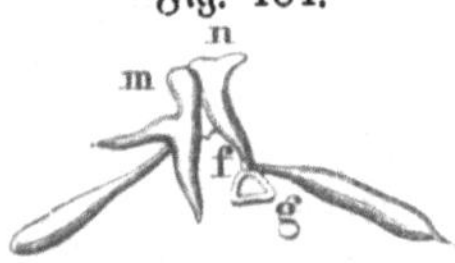

Gehörknöchelchen.

Das innere Ohr, Labyrinth genannt, besteht aus der Schnecke L (Fig. 183), dem Vorhofe V und den halbkreisförmigen Kanälen R. In das innere Ohr, welches mit einer Flüssigkeit erfüllt ist, verzweigt sich der Gehörnerv N. Das Labyrinth hat zwei Stellen, an denen es nur mit einem feinen Häutchen überspannt ist, und von denen die eine o das runde, die andere das ovale Fenster genannt wird; an den Umfang des letzteren ist der Tritt des Steigbügels angewachsen.

Treffen nun Schallwellen unser Ohr, so werden das Trommelfell und durch dieses die Knöchelchen in Bewegung gesetzt, von welchen der Steigbügel die Haut des ovalen Fensters und damit die Flüssigkeit im Inneren des Labyrinths in Bewegung setzt; da Flüssigkeiten unzusammendrückbar sind, so muß dem ovalen Fenster gegenüber eine andere elastische Stelle (das runde Fenster) angebracht sein, welche sich ausbiegt, wenn jene eingebogen wird und umgekehrt. Die Schwingungen der Flüssigkeit im Labyrinth teilen sich dem Gehörnerven mit, und diese endlich kommen unserem Geiste als Ton zum Bewußtsein.

VI. Vom Lichte.

a. Geradlinige Verbreitung des Lichtes.

§. 128. Das Wesen des Lichtes.

§. 128. Das Wesen des Lichtes. Von dem Vorhandensein außer uns existierender Körper erhalten wir Kunde durch die Einwirkung, welche die Körper auf unsere fünf Sinne ausüben. Wohl die deutlichste Vorstellung von der Außenwelt vermittelt der Gesichtssinn. Da fast alle Körper eine größere oder kleinere Entfernung von unserem Auge haben, so kann die Einwirkung auf dasselbe nur durch ein Zwischenmittel erfolgen. Pumpen wir aus einer Glasröhre die Luft so vollständig wie möglich aus, daß selbst der elektrische Funke nicht mehr durchgeht, so erscheint die Glasröhre noch ebenso hell wie vorher; selbst durch den (möglichst) luftleeren Raum geht das „Licht“ hindurch. Man nimmt deshalb an, daß es einen unendlich feinen Stoff gäbe, welcher den ganzen Weltenraum und auch die Poren der Körper erfülle; durch die Körper der Außenwelt in Bewegung gesetzt, überträgt er diese seine Bewegung auf das Auge, bezüglich auf den Sehnerv, und bringt uns dadurch das Vorhandensein äußerer Körper zum Bewußtsein. Dieser feine Stoff ist jedenfalls einerlei mit dem früher bei der Wärmestrahlung erwähnten „Äther". Bei Nacht ist eine eiserne Kugel nicht sichtbar; erhitzt man sie aber, wobei ihre Teilchen, wie wir früher kennen gelernt, in immer heftigere Bewegung geraten, so strahlt sie zunächst Wärme, aber noch kein Licht aus; sie vermag den Äther zuerst nur in langsame Schwingungen zu versetzen, welche wohl unsere Gefühlsnerven, nicht aber den Sehnerv anzuregen imstande sind; bei stärkerer Erhitzung aber fängt die Kugel allmählich an sichtbar zu werden und zwar strahlt sie in um so hellerem Glanze, je heißer sie wird; die Moleküle der Körper müssen also eine gewisse Stärke der Bewegung besitzen, wenn sie den Äther in solche Schwingung versetzen sollen, daß sie den Sehnerv erregen können. Hiernach ist leicht zu verstehen, wie sich selbstleuchtende und dunkele Körper voneinander unterscheiden; bei dem einen sind die Teilchen in schnellerer, bei dem anderen in langsamerer Schwingung begriffen.

Selbstleuchtende Körper sind die Sonne und überhaupt die Fixsterne, ferner brennende und phosphoreszierende Körper.

Nicht alle Körper, welche leuchten, sind selbstleuchtend; es können auch dunkele Körper dadurch leuchtend werden, daß sie das von anderen ausgehende und auf sie fallende Licht reflektieren und in unser Auge werfen (Erde, Mond).

Körper, welche dem Lichte den Durchgang gestatten, d. h. solche, bei denen der in ihrem Inneren enthaltene Äther mehr oder minder ungehindert schwingen kann, heißen **durchsichtig**, die anderen **undurchsichtig**.

Fig. 185.

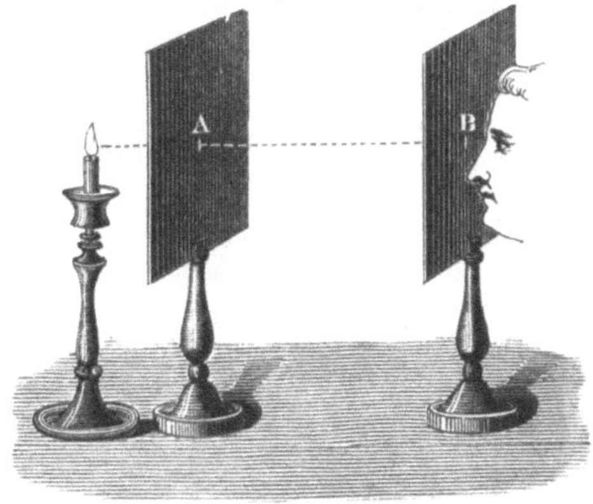

Geradlinige Verbreitung des Lichtes.

Die so eben entwickelte Ansicht von dem Wesen des Lichtes nennt man **Vibrations-** oder **Undulationstheorie**, während man die früher von **Newton** aufgestellte, nach welcher leuchtende Körper einen besonderen Stoff, **Lichtstoff**, ausschickten, **Emissionstheorie** heißt.

§. 129. Verbreitung des Lichtes; Schatten. Das Licht verbreitet sich in geraden Linien — Strahlen — ganz ebenso wie die Wärme. Wenn ein dunkler Körper in gerader Linie zwischen uns und einem leuchtenden steht, so sehen wir §. 129. Verbreitung d. Lichtes; Schatten.

diesen nicht. Auch folgender einfache Versuch kann als Beweis dienen: Zwei Pappschirme (Fig. 185) haben je eine kleine Öffnung bei A und B; stellt man nun vor den einen ein Licht, so erblickt man dasselbe, durch B hindurchsehend, nur dann, wenn die Löcher und das Licht in einer geraden Linie liegen.

Auf der geradlinigen Verbreitung des Lichtes beruht auch die Entstehung eines Schattens hinter dunkelen, undurchsichtigen Körpern, der je nach der Größe des leuchtenden und beleuchteten Körpers verschiedene Gestalt hat. Fig. 186 zeigt einen leuchtenden Körper und einen undurchsichtigen; zieht man die äußeren und inneren Berührenden an den leuchtenden und den beleuchteten Körper, so kann der von den äußeren Berührenden begrenzte Raum hinter dem dunkelen Körper gar kein Licht empfangen, er heißt Kernschatten; er ist bei beleuchteten Körpern, welche kleiner sind als der leuchtende, kegelförmig konvergierend, sonst entweder cylindrisch oder kegelförmig divergierend. Der von den inneren und äußeren Berührenden begrenzte Raum wird nur von einzelnen Teilen des leuchtenden Körpers beschienen und heißt Halbschatten. Der Halbschatten wird immer heller, je mehr er sich der inneren Berührenden nähert, d. h. je weiter er sich von dem Kernschatten entfernt.

Fig. 186.

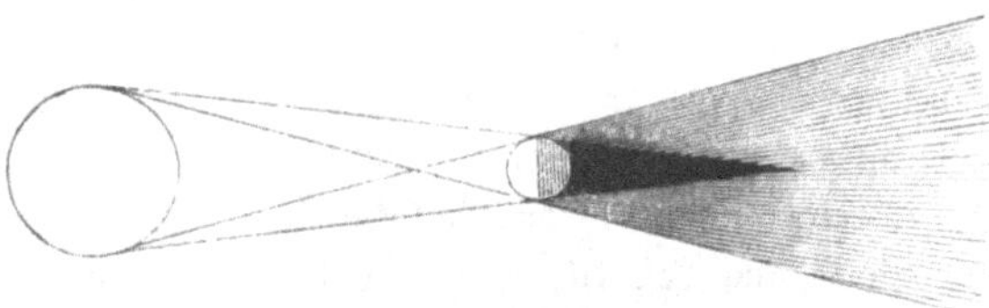

Schatten.

§. 130. Messung der Lichtstärke

§. 130. Messung der Lichtstärke. Es ist (§. 75) gezeigt worden, daß die Stärke der Erwärmung im Quadrate der Entfernung abnimmt; dasselbe Gesetz gilt für die Intensität der Beleuchtung. Auf dieses Gesetz gestützt ist es möglich, die Lichtstärken zweier leuchtender Körper miteinander zu vergleichen; die zu diesem Zwecke dienenden Apparate nennt man Photometer (Lichtmesser); das einfachste ist das von Rumford (Fig. 187): Auf einem Grundbrette steht ein Papierrahmen AB und ein vertikaler Stab Dd. Auf dem Grundbrette sind ferner 2 Linien FD und ED gezogen, welche nahezu senkrecht auf dem Schirm stehen und in Millimeter (von D aus als Nullpunkt) geteilt sind. Stellt man nun auf die

Fig. 187.

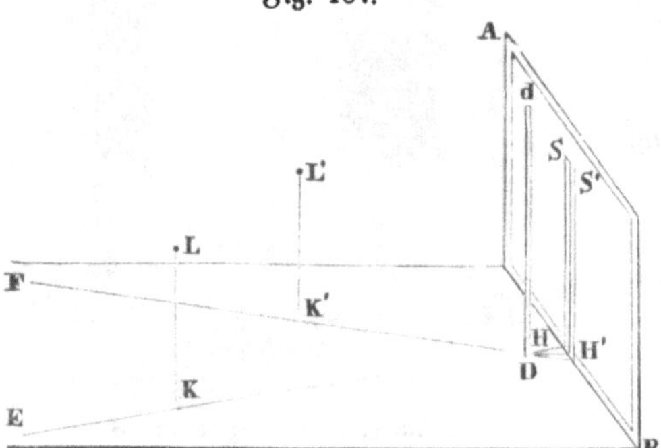

Rumfords Photometer.

Linie ED ein Licht L, so wirft der Stab Dd einen Schatten S auf den Schirm und stellt man auch auf FD ein Licht, so wirft der Stab einen zweiten Schatten S'. Das Licht L aber beleuchtet den Schatten S' und das Licht L' den Schatten S. Man kann nun das eine Licht, z. B. L, so lange auf der Linie ED verrücken, bis die beiden dicht nebeneinander fallenden Schatten S und S' gleich hell sind und wie eine grauweiße Fläche aussehen. Ist dies erreicht, so beleuchtet jedes Licht den Schirm (oder den Stab) gleich stark, und man hat nur noch abzulesen, wieweit jedes Licht von D entfernt ist. Angenommen das eine Licht L sei eine Stearinkerze und das andere L' eine Gasflamme und es sei, wenn S und S' gleichhell erscheinen, die Entfernung LD = 50 cm und die Entfernung L'D = 100 cm, so strahlt L' viermal so hell als L.

Ein anderes Photometer ist das von Bunsen. Stellt man vor einen Papierschirm welcher in der Mitte einen Öl- oder Stearinfleck hat, eine Kerze, so erscheint der Schirm auf der Seite, wo die Kerze steht, hell und der Ölfleck dunkel; auf der anderen Seite ist es umgekehrt; das Papier wirft nämlich alles auffallende Licht zurück ins Auge, während der (durchscheinende) Ölfleck einen Teil des Lichtes auf die andere Seite durchläßt.

Stellt man auf die andere Seite ebenfalls eine Flamme, so kann man es durch Verrücken derselben dahin bringen, daß der Fleck (fast vollkommen) verschwindet. In dieser Stellung wirft die Flamme auf der hinteren Seite ebensoviel Licht durch den Ölfleck nach vorn, wie die vordere Flamme nach hinten, so daß von dem Ölflecke ebenso viel Licht in das Auge kommt, als von dem Papier, einerlei auf welcher Seite das Auge sich befindet; beide Flammen beleuchten jetzt den Schirm gleich stark, und es ist deshalb nur nötig, die Entfernungen der beiden Flammen von dem Schirme abzumessen, die eine in die andere zu dividieren und den Quotienten auf das Quadrat zu erheben.

Stellt man auf die eine Seite des Schirms eine Kerze und auf die andere in der doppelten Entfernung vier solcher, so verschwindet der Ölfleck, zum deutlichen Beweise, daß die Beleuchtung wirklich im Quadrate der Entfernung abnimmt.

b. Reflexion des Lichtes.

§. 131. Gesetz der Reflexion. 1) Läßt man durch ein Loch A (Fig. 188) im Laden eines dunkelen Zimmers ein Bündel Sonnenstrahlen auf einen ebenen Spiegel in der Richtung AB fallen, so wird dasselbe, ebenso wie jeder elastische Körper oder wie Wärme- und Schallstrahlen, unter demselben Winkel zurückgeworfen, unter welchem es aufgefallen ist. Zieht man im Punkte B, in welchem dies Strahlenbündel auf den Spiegel fällt, ein Lot DB auf denselben, so ist der Einfallswinkel ABD gleich dem Reflexionswinkel DBC. — Fällt ein Lichtstrahl senkrecht auf einen Spiegel, so wird er in derselben Richtung reflektiert, in welcher er aufgefallen. §. 131. Gesetz der Reflexion.

2) Stellt man vor einen Spiegel einen hellen Gegenstand, z. B. eine brennende Kerze (Fig. 189), so werden die Strahlen, welche von jedem Punkte der Flamme

ausgehen, von dem Spiegel nach dem soeben angegebenen Gesetze reflektiert und gelangen divergierend in das Auge eines Beobachters. Nun läßt sich geometrisch nachweisen, daß, wenn man die divergierenden Strahlen hinter den Spiegel verlängert, dieselben in einem Punkte zusammentreffen, welcher gerade soweit hinter dem Spiegel, wie der leuchtende Punkt davor liegt, d. h. zieht man von dem leuchtenden Punkte eine Senkrechte auf den Spiegel und verlängert dieselbe um ihre eigene Größe hinter den Spiegel, so ist der Endpunkt derselben der Konvergierungspunkt der reflektierten Strahlen.

Fig. 188.

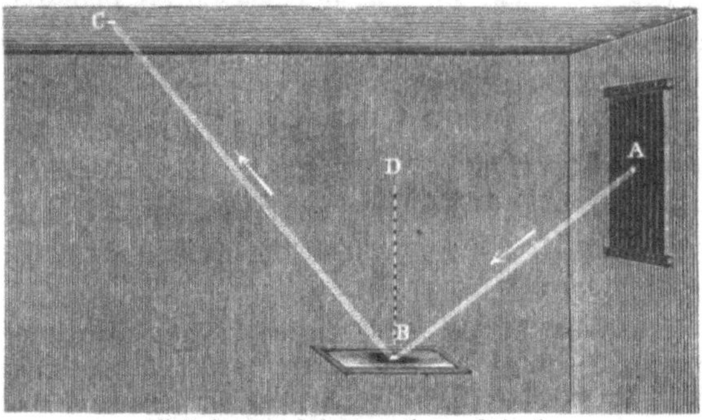

Reflexion des Lichtes an ebenen Spiegeln.

Dem Auge scheint es nun, als ob von dem genannten Konvergierungspunkte die reflektierten Strahlen herkämen; es sieht gewissermaßen längs der ins Auge gelangenden reflektierten Strahlen fort, bis zu dem Punkte, wo sie sich rückwärts verlängert schneiden würden; gewohnt, überall da einen leuchtenden Punkt vorauszusetzen, von wo aus Strahlen in gerader Richtung herkommen, erblickt es durch Täuschung in dem Konvergierungspunkte einen hellen Punkt, obwohl dort gar keiner vorhanden ist; man nennt denselben das **Bild** des hellen Punktes. Da von jedem Punkte der Kerze ein solches Bild hinter dem Spiegel gesehen wird, so erscheint dort ein vollständiges Bild der ganzen Kerze.

Fig. 189.

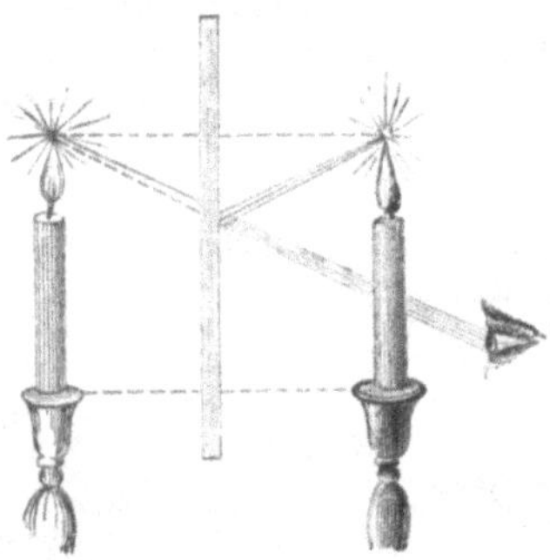

Bilder durch ebene Spiegel.

3) Hält man vor zwei zu einander geneigten oder zwischen zwei einander parallelen Spiegeln eine Kerze, so erblickt man nicht bloß zwei, sondern eine ganze Anzahl Bilder; die von der Kerze ausgehenden Strahlen können, von dem ersten oder zweiten Spiegel reflektiert, direkt ins Auge gelangen, sodaß man in jedem Spiegel ein Bild sieht; es ist aber auch möglich, daß die Strahlen, welche zunächst auf den ersten Spiegel gefallen sind, auf den zweiten reflektiert werden und dann erst das Auge treffen, so daß man hinter dem zweiten Spiegel abermals ein Bild erblickt; in gleicher Weise können die Strahlen wiederholt von dem einen auf den anderen Spiegel geworfen werden und erst nach mehrmaligen Reflexionen ins Auge gelangen, und so wird es begreiflich, daß man unter Umständen sehr viele Bilder

bei Anwendung von zwei Spiegeln sehen kann. Hierauf beruht die Erscheinung, welche das allgemein bekannte Kaleidoskop darbietet.

§. 132. Hohlspiegel. Außer den ebenen Spiegeln sind vornehmlich die sphärischen Spiegel im Gebrauch. Ein sphärischer Spiegel ist ein Stück von einer Kugeloberfläche (Kugelkappe), dessen Mitte M (Fig. 190) der optische Mittelpunkt genannt wird, während man den Mittelpunkt C der Kugel, von welchem der Spiegel ein Stück ist, seinen geometrischen Mittelpunkt nennt. Die Verbindungslinie MC des optischen und geometrischen Mittelpunkts ist die Achse des Spiegels. §. 132. Hohlspiegel.

Fig. 190.

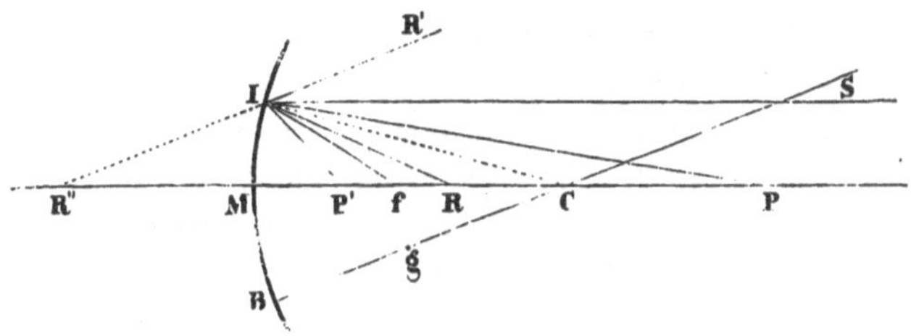

Reflexion an Hohlspiegeln.

Je nachdem der Spiegel innen oder außen poliert ist, wird er Konkav-(Hohl-) oder Konvexspiegel genannt. Fällt ein Lichtstrahl in beliebiger Richtung z. B. in der Richtung R′I auf einen Hohlspiegel, so muß man zunächst das Einfallslot, d. h. eine Senkrechte auf den Spiegel im Punkte I ziehen; dies ist aber der Radius CI, so daß der Winkel R′IC den Einfallswinkel vorstellt; trägt man diesen Winkel auf die andere Seite von CI, so erhält man den reflektierten Strahl IP′, welcher die Achse in P′ trifft.

Nun läßt sich geometrisch nachweisen, daß auch alle anderen Strahlen, welche von R′ ausgehen, von dem Spiegel so reflektiert werden, daß sie einander in P′ treffen; es entsteht also hier ein heller Fleck, welcher auf einem Papierschirme aufgefangen werden kann und das Bild von R′ genannt wird.

Wir wollen für alle möglichen Lagen, welche ein leuchtender Punkt einnehmen kann, den Ort seines Bildes angeben. Liegt der leuchtende Punkt S im Unendlichen (Sonne, Fixsterne), sind also die von dort ausgehenden Strahlen der Achse parallel, so wird jeder solche Strahl, z. B. SI, so reflektiert, daß er die Achse in einem Punkt f trifft, welcher in der Mitte zwischen dem optischen und geometrischen Mittelpunkte liegt; man nennt ihn den Brennpunkt des Spiegels.

Fallen Sonnenstrahlen, welche zugleich viele Wärmestrahlen enthalten, auf einen Hohlspiegel, so vereinigen sich im Brennpunkt f sowohl Licht- als Wärmestrahlen, sodaß Streichhölzer, Zunder u. drgl., in diesen Punkt gehalten, ins Brennen geraten. Liegt der leuchtende Punkt nicht gerade unendlich fern, aber doch noch weiter vom Spiegel als der Mittelpunkt C z. B. in P, so fällt sein Bild (R) zwischen den Mittelpunkt C und den Brennpunkt f.

Liegt der leuchtende Punkt im Mittelpunkte C, so fallen alle Strahlen, welche von ihm ausgehen, senkrecht auf den Spiegel, weshalb sie in derselben Richtung reflektiert werden; das Bild liegt im Mittelpunkt C. Befindet sich der leuchtende Punkt zwischen dem Mittelpunkte und dem Brennpunkte, z. B. in R, so fällt sein Bild jenseits des Mittelpunkts, nach P, und je näher R an den Brennpunkt f rückt, um so weiter rückt sein Bild nach dem Unendlichen hin. Liegt der leuchtende Punkt im Brennpunkte selbst, so werden die Strahlen parallel der Achse reflektiert — das Bild fällt ins Unendliche.

Befindet sich endlich der leuchtende Punkt näher am Spiegel, als der Brennpunkt, z. B. in P′, so werden die Strahlen so reflektiert (z. B. in der Richtung I R′), daß sie, rückwärts verlängert gedacht, in einem Punkte R″ hinter dem Spiegel einander treffen würden. In Wirklichkeit gehen sie nach der Reflexion auseinander; fallen sie aber ins Auge, so sieht dieses längs der einfallenden Strahlen fort bis zu dem Punkte (R″), wo sie einander schneiden würden, wenn man sie rückwärts verlängerte, und erblickt dort ein Bild, obwohl gar keines vorhanden ist. In allen Fällen, wo der leuchtende Punkt weiter vom Spiegel entfernt ist, als der Brennpunkt, schneiden sich die reflektierten Strahlen wirklich in einem Punkte der Achse

Fig. 191.

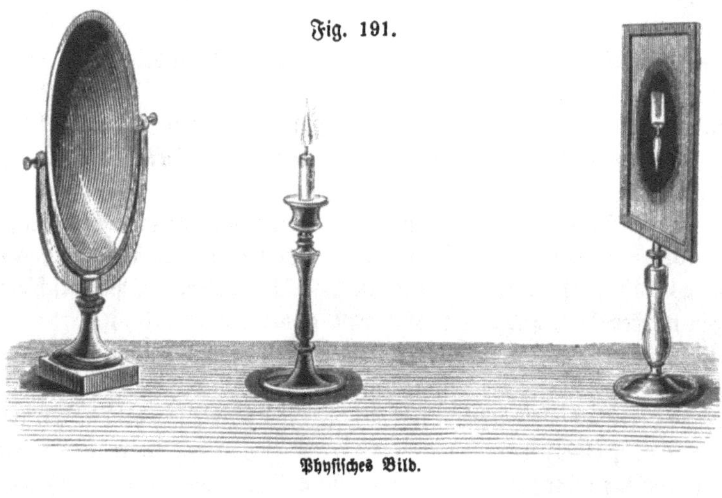

Physisches Bild.

man erhält ein wirkliches oder physisches Bild, welches man auf einem Schirme auffangen kann; ist dagegen der leuchtende Punkt näher am Spiegel als der Brennpunkt, so gehen die reflektierten Strahlen nicht mehr zusammen und man erhält ein geometrisches oder virtuelles Bild, welches man nur durch Täuschung des Auges sehen, aber nicht auffangen kann.

Nimmt man statt eines leuchtenden Punktes einen ganzen Gegenstand z. B. eine brennende Kerze, so erhält man physische oder geometrische Bilder dieses Gegenstands (Fig. 191 und 192). Die physischen Bilder sind, was ihre Lage angeht, stets verkehrt, und was ihre Größe betrifft, so gilt die Regel: Von Bild und Gegenstand ist das am größten, was am weitesten vom Spiegel entfernt ist. Die geometrischen Bilder dagegen sind alle aufrecht und vergrößert. Klare Bilder erhält man übrigens nur, wenn der Spiegel klein und schwach gekrümmt ist.

Fig. 192.

Geometrisches Bild.

Konvexspiegel liefern stets geometrische, aufrechte und verkleinerte Bilder.

c. Brechung des Lichtes.

§. 133. Brechungsgesetze. Läßt man durch ein Loch im Laden eines dunkelen Zimmers ein Bündel Lichtstrahlen auf eine Wasseroberfläche fallen, so geht dasselbe in das Wasser, verändert aber dabei seine Richtung (Fig. 193). §. 133. Brechungsgesetze.

Jedesmal, wenn ein Lichtstrahl aus einem Stoffe (Mittel) in einen anderen übergeht, wird er von seiner Richtung abgelenkt — gebrochen.

Fig. 193.

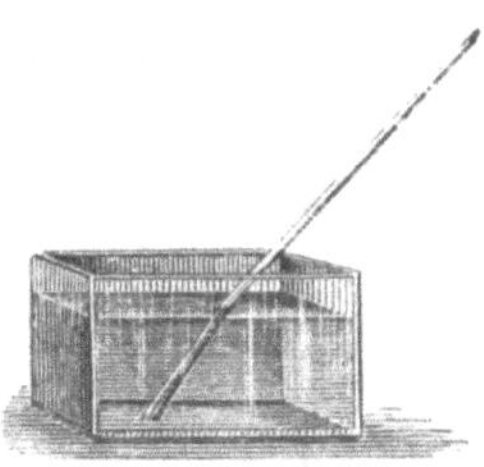

Brechung des Lichtes.

Fig. 194.

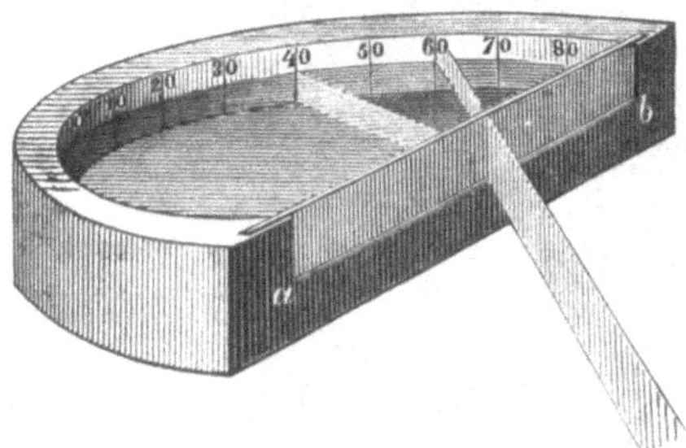

Müllers Brechungsapparat.

Auch ohne dunkeles Zimmer läßt sich die Brechung des Lichtes zeigen. Fig. 194 ist ein halbkreisförmiges Gefäß, dessen cylindrisch gekrümmte Wand aus mattem Glase besteht, während die ebene Glasfläche bis auf einen vertikalen

Spalt in der Mitte durch Anstreichen undurchsichtig gemacht ist; die cylindrische Wand ist außerdem von der Mitte nach beiden Enden hin in je 90 Grade geteilt. Das Gefäß wird zur Hälfte mit Wasser gefüllt. Stellt man der geraden Wand gegenüber eine Kerzenflamme auf, so zeigen sich vorn auf der cylindrisch gekrümmten Wand zwei helle vertikale Streifen, von denen der eine oberhalb, der andere unterhalb der Wasseroberfläche sich befindet; der erstere liegt mit dem Spalte und der Kerze in einer geraden Linie, der andere liegt mehr nach der Mitte, dem Nullpunkte der Teilung hin. Fällt z. B. der obere Teil der (durch die Luft gehenden) Strahlen bei 60°, so fällt der untere Teil der (durch das Wasser gehenden) Strahlen bei 40° auf. Scheint die Kerze senkrecht gegen die gerade Wand resp. gegen den Spalt, so bilden die zwei hellen Streifen auf der cylindrischen Wand eine gerade Linie, welche auf 0° fällt; in diesem Falle wird also das Licht vom Wasser nicht abgelenkt.

Fig. 195.

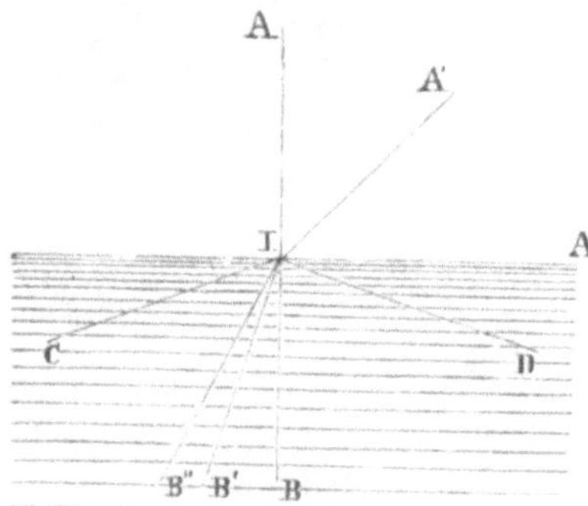

Brechungsgesetz.

Fällt ein Lichstrahl A′ I (Fig. 195) auf eine Wasseroberfläche, welcher mit dem Einfallslote AI den Einfallswinkel A′IA bildet, so geht er in der Richtung IB′ in das Wasser; der Brechungswinkel B′IB ist kleiner als der Einfallswinkel. Kommt umgekehrt ein Strahl in der Richtung B′ I aus dem Wasser, so tritt er in der Richtung IA′ in die Luft über.

Fig. 196.

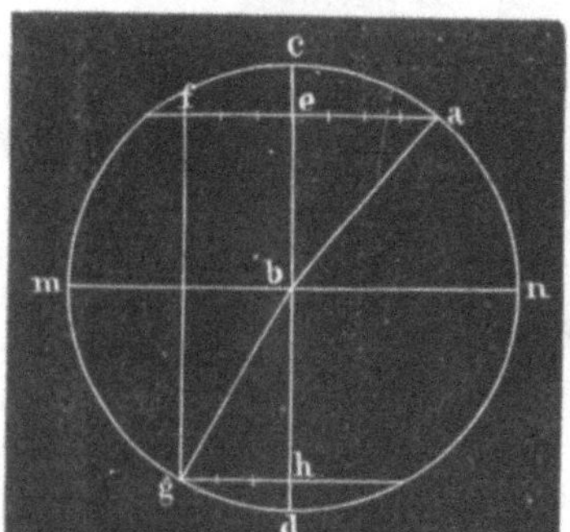

Konstruktion des gebrochenen Strahles.

Wenn ein Lichtstrahl aus einem dünneren Mittel in ein dichteres übergeht, so wird er (gewöhnlich) nach dem Einfallslote hin gebrochen; geht er umgekehrt aus einem dichteren Mittel in ein dünneres, so wird er (gewöhnlich) von dem Einfallslote weg gebrochen. Brennbare Körper (Diamant, Petroleum) brechen das Licht besonders stark.

Um bei gegebenem Einfallswinkel den gebrochenen Strahl bei dem Übergange aus Luft in Wasser zu konstruieren, verfährt man folgendermaßen: Sei ab (Fig. 196) der einfallende Strahl, mn die Oberfläche des Wassers und cd das Einfallslot, so beschreibe man von b als Mittelpunkt einen Kreis mit beliebigem Radius, ziehe a e senkrecht auf c d, teile a e in vier gleiche Teile, trage 3 solcher Teile auf die Verlängerung von a e, ziehe von f aus eine Parallele f g mit c d und verbinde b mit g, so ist b g der gebrochene Strahl. Die Entfernungen a e und g h der Endpunkte a und g des einfallenden und gebrochenen Strahles von dem Einfallslote verhalten sich für Luft und Wasser stets wie 4 : 3, einerlei unter welchem Winkel der Strahl a b einfällt; dieses konstante Verhältnis heißt **Brechungsexponent**.

Für Luft und Glas ist der Brechungsexponent $^3/_2$.

Anmerkung. Der Brechungsexponent ist das Verhältnis zwischen dem Sinus des Einfalls- und des Brechungswinkels.

§. 134. **Totale Reflexion.** Geht ein Lichtstrahl aus einem dichteren Mittel in ein dünneres, so wird er vom Einfallslote weg gebrochen; der Einfallswinkel im dichteren Mittel kann also, ohne aufzuhören ein spitzer Winkel zu sein, so groß werden, daß der Brechungswinkel 90° beträgt; für Wasser und Luft tritt dies ein, wenn der Einfallswinkel im Wasser $48^1/_2{}^0$ beträgt. Ist (Fig. 195) B'' I B = $48^1/_2$, so fällt der in die Luft übergehende Strahl I A'' längs der Oberfläche des Wassers. Wird der Einfallswinkel im Wasser größer als $48^1/_2{}^0$, wie dies z. B. bei dem Strahle C I der Fall ist, so müßte der Brechungswinkel in der Luft mehr als 90° betragen, d. h. der Strahl geht wieder ins Wasser zurück; es findet dann keine Brechung, sondern Reflexion an der Oberfläche des Wassers statt; der Strahl kehrt in der Richtung I D in das Wasser zurück, wobei ∢ B I C = ∢ B I D. Wenn sonst ein Lichtstrahl auf die Trennungsfläche zweier Mittel trifft, so wird ein Teil des Lichtes an der Oberfläche reflektiert, ein anderer dringt in das zweite Mittel unter Ablenkung von seiner bisherigen Richtung ein und ein dritter wird absorbiert. Wenn aber ein Lichtstrahl aus einem dichteren Mittel in ein dünneres unter einem so großen Winkel kommt, daß der Strahl in das erste Mittel zurückgehen muß, so wird alles Licht reflektiert, es tritt **totale Reflexion** ein, wobei die Trennungsfläche der beiden Mittel einen besonders lebhaften Glanz zeigt. §. 134. Totale Reflexion.

Beispiele hierzu bieten: Die Oberfläche eines leeren Reagensgläschen, welches schief in einem Glasgefäße mit Wasser steht; ein rechtwinkeliges Prisma, auf dessen eine Kathete eine Kerze senkrecht scheint, während man durch die andere auf die Hypothenuse sieht; die Wasseroberfläche, welche über Schwefelkohlenstoff steht, von unten gesehen u. s. w. Auf der totalen Reflexion beruhen auch die Luftspiegelungen.

Fig. 197.

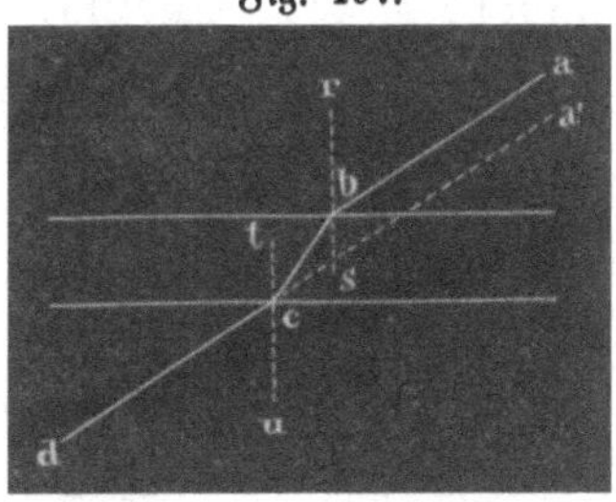

Brechung des Lichtes durch Scheiben.

§. 135. Brechung des Lichtes durch Scheiben und Prismen. 1) Fällt ein Lichtstrahl a b (Fig. 197) auf eine durchsichtige Scheibe — einen Körper mit parallelen Grenzflächen, so wird er nach dem Einfallslote hingebrochen, so daß also ∢ c b s ∠ a b r. Geht nun der Strahl b c bei c wieder aus der Scheibe in die Luft über, so muß, da ∢ t c b = s b c, der Strahl unter einem Winkel u c d = a b r austreten, d. h. der ausfallende Strahl c d ist dem einfallenden a b parallel. Ein bei d befindliches Auge sieht längs des Strahles d c fort §. 135. Brechung des Lichtes durch Scheiben und Prismen.

und sieht den leuchtenden Punkt a bei a'. Die Verschiebung des Punktes a ist sehr gering, wenn die Scheibe dünn ist, weshalb man durch Fensterscheiben andere Gegenstände fast genau an dem Orte sieht, wo sie sich thatsächlich befinden.

Fig. 198.

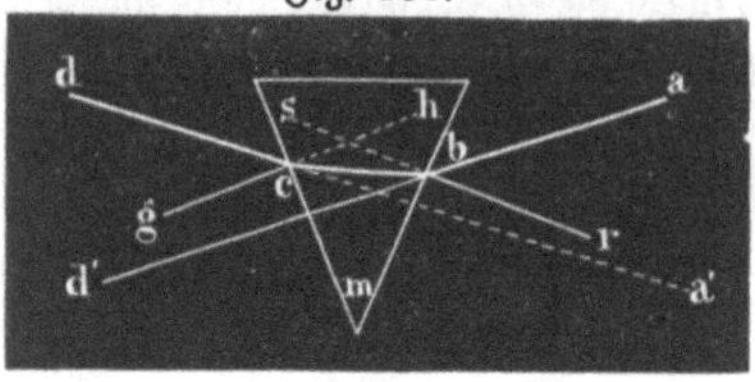

Brechung des Lichtes durch Prismen.

2) Sind zwei ebene Grenzflächen eines durchsichtigen Körpers gegen einander geneigt, so bilden sie ein (physikalisches) Prisma. Fällt ein Lichtstrahl ab (Fig. 198) auf die eine Seite eines Prismas (von Glas), so wird er nach dem Einfallslote rs hingebrochen, wobei $\sphericalangle sbc$ $\angle abr$; tritt er alsdann wieder aus dem Prisma, so wird er von dem Einfallslote weg gebrochen. Kommt der austretende Strahl cd bei d ins Auge, so sieht dieses längs dc fort und erblickt in a' das Bild von a, welches je nach der Größe des brechenden Winkels m des Prismas und dem Brechungsexponenten des Stoffes, aus welchem das Prisma besteht, mehr oder minder weit von a entfernt ist.

Streut man, um eine einfarbige Flamme zu erhalten, Kochsalz auf den Docht einer Spirituslampe, und sieht durch ein Prisma nach derselben, so erblickt man sie an einer ganz anderen Stelle, als sie wirklich ist.

Andere Erscheinungen, welche man durch das Prisma wahrnehmen kann, werden wir später betrachten.

§. 136. Von den Linsen.

§. 136. Von den Linsen. Unter Linsen versteht man in der Optik Gläser, welche wenigstens auf der einen Seite kugelig gekrümmt sind. Man unterscheidet wesentlich zwei Arten, konkave und konvexe; bei der ersten herrscht die Krümmung nach außen, bei der zweiten die nach innen vor. Jede der beiden Arten zerfällt wieder in 3 Unterabteilungen, so daß man 6 Linsenformen zählt: bikonvexe, plankonvexe, konkavkonvexe, bikonkave, plankonkave, konvexkonkave (Fig. 199).

Fig. 199.

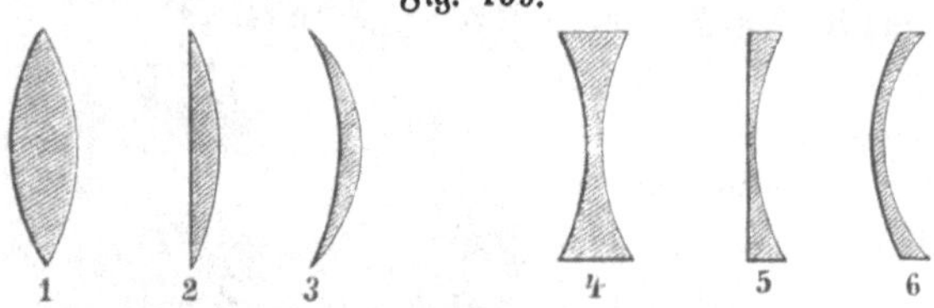

Linsenarten.

Die gewöhnlichsten Linsen sind die bikonvexen, obwohl auch die plankonvexen, sowie die bi- und plankonkaven Linsen viel im Gebrauch sind. Jede bikonvexe Linse hat zwei Mittelpunkte C und C' (Fig. 200), deren Verbindungslinie die Achse genannt wird. Fällt ein Lichtstrahl PI auf eine bikonvexe Linse und verbindet man I mit dem Mittelpunkte C', so ist C'IN' das Einfallslot; der Strahl PI wird nach dem Einfallslote hingebrochen und schlägt die Richtung II' ein; verbindet man I' mit C, so ist CI'N das Einfallslot und indem der Strahl II' von dem Einfallslote weggebrochen wird, tritt er in der Richtung I'P' aus.

Fig. 200.

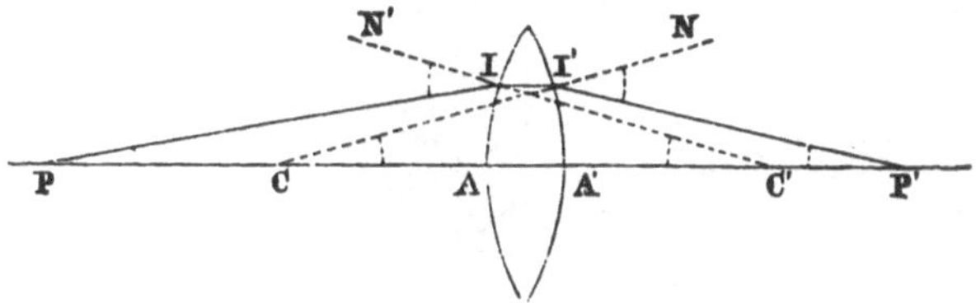

Konstruktion des gebrochenen Strahls bei Konvexlinsen.

Fallen Strahlen aus dem Unendlichen, also parallel auf eine Konvexlinse, so werden sie in einem Punkte F (Fig. 201) zusammengebrochen, welchen man den Brennpunkt der Linse nennt. Die Lage dieses Punktes richtet sich nach dem Brechungsexponenten des Stoffes, aus dem die Linse besteht; für gewöhnliches Glas liegt er im Mittelpunkte und für das stark brechende Flintglas etwas näher an der Linse.

Fig. 201.

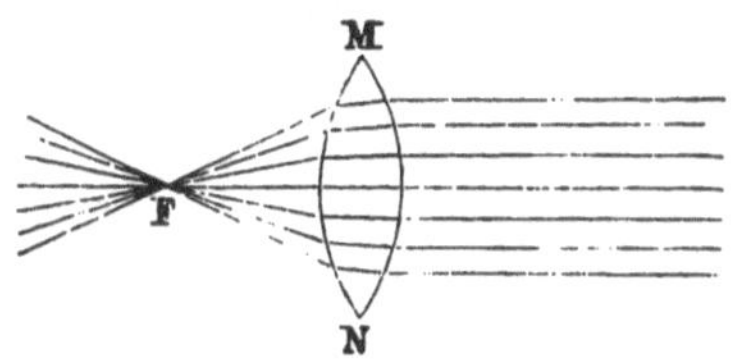

Brennpunkt.

Rückt der leuchtende Punkt aus dem Unendlichen näher an die Linse, so rückt sein Bild, d. h. der Vereinigungspunkt der gebrochenen Strahlen etwas über den Brennpunkt hinaus, von der Linse weg und ist der leuchtende Punkt bis in die doppelte Brennweite herangerückt, so fällt sein Bild auf der anderen Seite ebenfalls in die doppelte Brennweite. Rückt der leuchtende Punkt zwischen die doppelte und einfache Brennweite, so liegt sein Bild jenseits der doppelten Brennweite und während der leuchtende Punkt bis zum Brennpunkte geht, rückt sein Bild bis ins Unendliche (vergl. Fig. 202, ein von F in der Richtung FI auf die Linse fallender Strahl auf der anderen Seite parallel zur Achse aus der Linse austritt). Liegt der leuchtende Punkt P näher an der Linse als der Brennpunkt F, so konvergiert der gebrochene Strahl nicht mehr mit der Achse auf der Seite, auf welcher er austritt; denkt man ihn aber rückwärts verlängert, so trifft er die Achse in dem

Fig. 202.

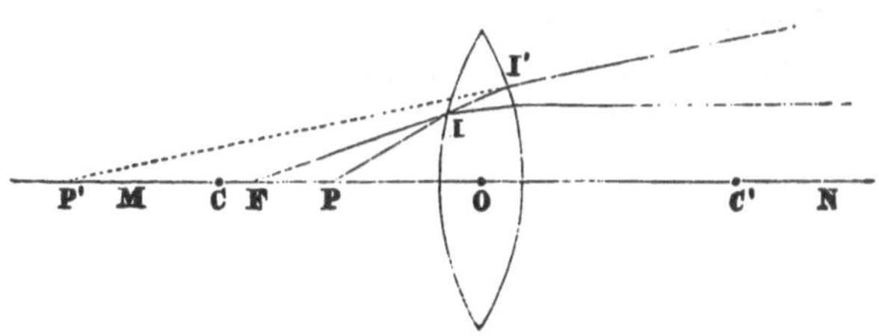

Brechung verschieden gerichteter Strahlen.

Punkte P'; gehen eine ganze Anzahl Strahlen von P aus (Fig. 203), so treffen di gebrochenen Strahlen, rückwärts verlängert, einander alle in P'; befindet sich als ein Auge auf der Seite, wo die gebro chenen Strahlen austreten, so sieht das selbe in P' ein Bild von P, obwohl ga keines vorhanden ist.

Fig. 203.

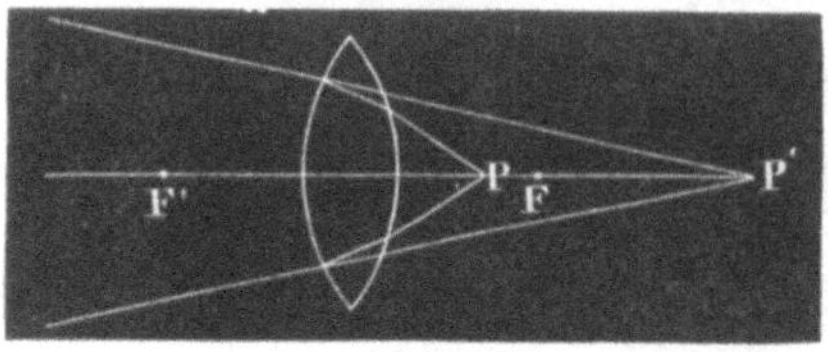

Geometrisches Bild.

Nimmt man statt eines Punktes eine hellen Gegenstand, z. B. eine brennend Kerze, so erhält man stets **physische** Bil der, welche man auf einem Schirme auf fangen kann (Fig. 204), wenn der leuchtende Gegenstand weiter von der Linse ent fernt ist, als der Brennpunkt; ist aber der Gegenstand näher an der Linse, al der Brennpunkt, so erhält man **geometrische** Bilder, welche man nur mit de Auge sehen, aber nicht auf einem Schirme auffangen kann (Fig. 205).

Fig. 204.

Physische Bilder.

Fig. 205.

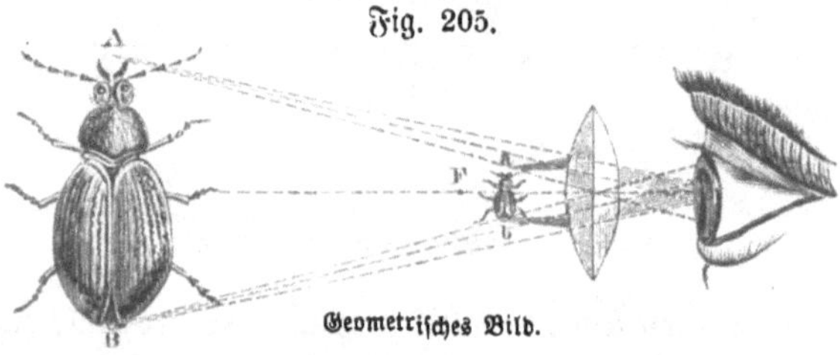

Geometrisches Bild.

Die physischen Bi der sind alle verkehr und was die Größ betrifft, so gilt d Satz: von Bild u Gegenstand ist das a größten, was am w testen von der Lin entfernt ist. Die ge metrischen Bilder sind alle aufrecht und vergrößert. Die Bilder werden, ähnlich w bei den Spiegeln, nur dann scharf, wenn die Linse klein und schwach gekrümmt i

Während die Konvexlinsen divergierende Strahlen konvergent oder weniger divergent machen, weshalb sie auch den Namen **Sammellinsen** führen, werfen die Konkavlinsen die Strahlen aus einander — **Zerstreuungslinsen**; die Bilder durch Konkavlinsen sind alle geometrische, aufrecht und verkleinert (Fig. 206).

Fig. 206.

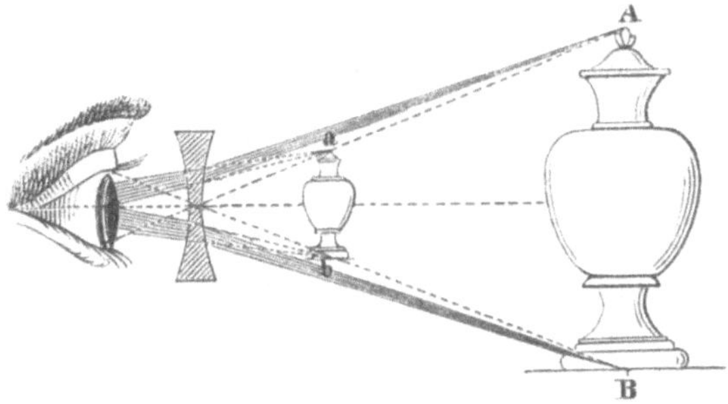

Bilder durch Konkavlinsen.

§.137. Camera obscura — Photographie.

§. 137. Camera obscura — Photographie. Die Camera obscura (Fig. 207) besteht aus einem zweiteiligen Kasten M N mit einer ebenfalls zweiteiligen Röhre A B, in welcher sich ein oder zwei Linsen befinden. Der eine Kasten M läßt sich in dem anderen verschieben, so daß man die hintere herausziehbare Wand G in verschiedene Entfernungen von der Linse bringen kann. Ebenso läßt sich die eine Röhre B, in welcher sich die Linsen befinden, in der anderen A vermittels der Schraube V verschieben.

Fig. 207.

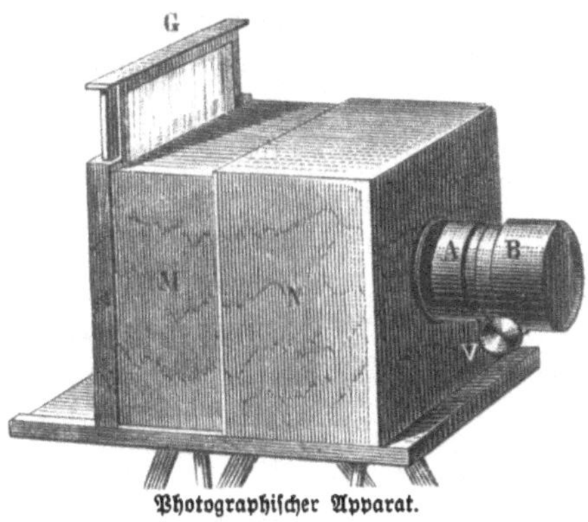

Photographischer Apparat.

Steht ein Gegenstand vor der Camera obscura, so erzeugt die in B enthaltene Linse auf der hinteren Wand G der Camera ein Bild desselben, welches klar und scharf ist, wenn die Wand G die richtige Entfernung von der Linse hat; durch Verschieben des Kastens M und der Linse mittels der Schraube V kann die genaue Einstellung erzielt werden. Nun giebt es gewisse Substanzen, unter denen besonders einige Silberverbindungen zu nennen sind, als salpetersaures Silber, Chlor- und Jodsilber, welche unter der Einwirkung des Lichtes zersetzt werden und eine schwarze Farbe annehmen. Setzt man deshalb statt der matten Glastafel eine andere in die Camera, welche in einem dunkelen Raume mit Jodsilber überzogen worden, so bringt das Licht da, wo das Bild des Gegenstandes auffällt, eine Zersetzung des Jodsilbers hervor, welche nach Herausnahme der Glasplatte durch

Übergießen mit gewissen chemischen Substanzen (Essigsäure, Eisenvitriollösung u. dergl.) vervollständigt werden kann. Man erhält indessen auf diese Art ein negatives Bild, d. h. ein solches, welches da seine schwärzesten Stellen hat, wo der Gegenstand am hellsten ist. Um nun ein positives Bild zu erhalten, welches in Licht und Schatten mit dem Gegenstande übereinstimmt, befestigt man hinter der Glasplatte ein mit Chlorsilber getränktes Papier, auf welches man durch die Glasplatte hindurch Sonnenlicht auffallen läßt; dies Papier wird alsdann da am meisten geschwärzt, wo das Bild auf der Glasplatte am hellsten ist.

Die Kunst, auf dem beschriebenen Wege Lichtbilder von Gegenständen herzustellen, nennt man Photographie.

§. 138. Die Lupe und das Mikroskop.

§. 138. Die Lupe und das Mikroskop. 1) Die Lupe ist eine Linse (wohl auch ein Linsensystem) von ungefähr 6 cm Brennweite, welche dazu dient, Gegenstände vergrößert erscheinen zu lassen. Man hält den Gegenstand näher an die Linse als der Brennpunkt liegt und sieht nun durch dieselbe ein aufrechtes und vergrößertes (geometrisches) Bild (vergl. Fig. 205).

Fig. 208.

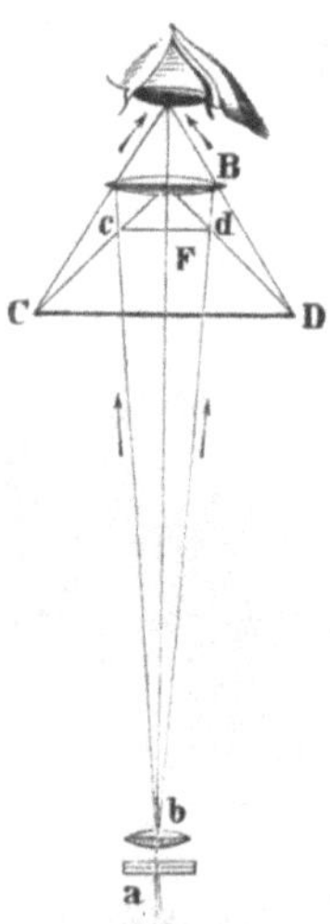

Mikroskop.

2) Eine stärkere Vergrößerung erhält man durch das Mikroskop (Fig. 208). Es besteht aus zwei Linsen, einer Objektivlinse b und einer Okularlinse B. Den kleinen Gegenstand a bringt man so nahe an die Linse b, daß er zwischen die einfache und doppelte Brennweite fällt; dann entsteht von ihm auf der anderen Seite jenseits der doppelten Brennweite ein verkehrtes und vergrößertes (physisches) Bild c d. Wenn nun die Linse B so gestellt wird, daß das Bild cd näher an ihr liegt, als der Brennpunkt, so sieht das Auge durch B ein aufrechtes und vergrößertes (geometrisches) Bild C D, welches in Bezug auf den Gegenstand verkehrt ist. Da ein kleiner Gegenstand sehr wenig Licht ausschickt, so wird das vergrößerte Bild C D sehr lichtschwach werden; es wird in dem Maße dunkeler, als C D größer ist als a. Man pflegt deshalb den Gegenstand a durch einen Spiegel kräftig zu beleuchten, und da der Gegenstand wegen seiner geringen Dicke meist durchsichtig ist, so gelangt von ihm viel Licht auf die Linse b, weshalb sein Bild C D trotz starker Vergrößerung noch hinreichend hell wird.

§. 139. Das Fernrohr.

§. 139. Das Fernrohr. Unser Auge hat für die Beurteilung der Größe eines Gegenstandes keinen anderen Maßstab als den Sehwinkel, d. i. der Winkel, welcher von den Geraden gebildet wird, die nach den Enden des Gegenstandes vom Auge sich ziehen lassen. Dieser Winkel wird für einen und denselben Gegenstand um so größer, je näher er sich an unserem Auge befindet; ein und derselbe Gegenstand erscheint je nach der Entfernung verschieden groß; daher die Schwierigkeit der Beurteilung der Größe der Gegenstände außer uns und die vielfachen Täuschungen, welchen wir in dieser Beziehung anheimfallen. Ein richtiges Maß für die Größe eines Gegenstands erhalten wir erst, wenn wir außer seinem Sehwinkel noch seine Entfernung kennen.

Weit entfernte Gegenstände haben einen kleinen Sehwinkel, erscheinen uns also viel kleiner, als sie sind; will man sie größer sehen, als sie mit freiem Auge erscheinen, so muß man den Sehwinkel vergrößern, und dies geschieht mit Hilfe der Fernröhre.

Fig. 209.

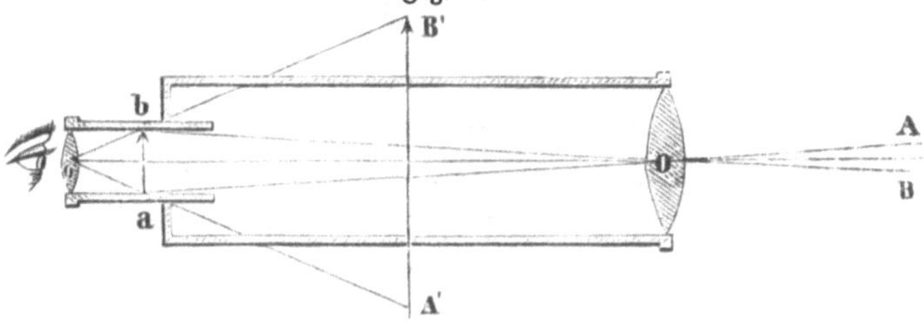

Astronomisches Fernrohr.

1) Das astronomische (oder Keplersche) Fernrohr besteht aus einer größeren bikonvexen Objektivlinse und einer kleineren bikonvexen Okularlinse (Fig. 209). Fallen nun von einem weitentfernten Gegenstande (AB) Strahlen unter sehr kleinem Winkel auf die Objektivlinse, so entsteht in der Nähe des Brennpunkts ein stark verkleinertes und verkehrtes Bild a b. Ist nun das Okular so gestellt, daß a b näher an demselben liegt, als dessen Brennpunkt, so wirkt es wie eine Lupe, und man sieht durch dasselbe ein in Bezug auf a b aufrechtes und in Bezug auf den Gegenstand umgekehrtes Bild A′B′; der Sehwinkel, unter welchem das Bild A′B′ erscheint, ist größer, als derjenige, welchen die ursprünglichen Strahlen miteinander bilden.

Bei der Beobachtung der Sterne ist es gleichgültig, ob man sie aufrecht oder verkehrt sieht; nicht so ist es bei Gegenständen auf der Erde; man setzt deshalb bei dem terrestrischen oder Erdfernrohre noch eine Linse ein, welche das Bild umkehrt, so daß es der Stellung nach mit dem Gegenstand übereinstimmt.

2) Das Galiläische oder holländische Fernrohr unterscheidet sich von dem astronomischen dadurch, daß statt eines bikonvexen ein bikonkaves Okular angewandt wird. Das Okular muß so stehen, daß die vom Objektiv kommenden Strahlen auf dasselbe fallen, ehe sie sich noch zu einem Bilde vereinigt haben; das konkave Okular wirft alsdann die Strahlen auseinander, so daß der Sehwinkel vergrößert wird. Nach dem Gesagten ist das Galiläische Fernrohr viel kürzer als das Keplersche und kann deshalb besser als Taschenperspektiv (Operngucker) gebraucht werden.

Statt einer konvexen Objektivlinse wendet man häufig einen Hohlspiegel an, der ja auch geeignet ist, Bilder von Gegenständen zu entwerfen — Spiegelteleskop. Da man größere Spiegel als Linsen anfertigen kann, so ist es möglich, mit Hilfe der Spiegelteleskope stärkere Vergrößerungen zu erzielen; denn je mehr Strahlen von dem Gegenstande aufgefangen werden, um so heller wird das erste Bild und ein um so stärker vergrößertes Okular läßt sich anwenden, ohne daß das zweite Bild allzu lichtschwach würde.

d. Die Farbenzerstreuung (Dispersion).

§. 140. Das Spektrum. **§. 140. Das Spektrum.** 1) Läßt man durch eine Öffnung im Laden eines dunkeln Zimmers Sonnenlicht auf ein Prisma (Fig. 210) fallen und fängt die gebrochenen Strahlen auf einem Schirme auf, so sieht man nicht ein weißes, sondern ein aus allen möglichen Farben zusammengesetztes, stark in die Länge gezogenes Bild der Ladenöffnung — Farbenspektrum. Man pflegt in dem Spektrum folgende Hauptfarben zu unterscheiden: Rot, Orange, Gelb, Grün, Blau, Indigoblau und Violett.

Fig. 210.

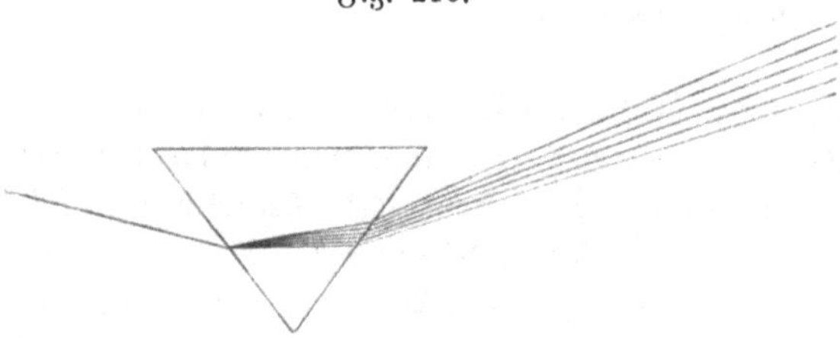

Zerlegung des weißen Lichtes.

Auch wenn man ein Prisma einfach in die Sonne hält, erblickt man auf der gegenüberliegenden Wand oder an der Zimmerdecke ein, wenn auch weniger scharf begrenztes und weniger farbenprächtiges, Spektrum.

Newton schloß aus dieser Erscheinung, daß das meiste Licht aus 7 Farben zusammengesetzt sei, welche verschiedene Brechbarkeit besitzen und deshalb nach dem Durchgang durch das Prisma auseinandertreten; das rote Licht wird am schwächsten, das violette am stärksten gebrochen.

Die Verschiedenheit der Farben beruht auf der verschiedenen Geschwindigkeit der Ätherschwingungen; dem roten Licht entsprechen 500, dem violetten 700 Billionen Schwingungen in der Sekunde.

Hält man ein empfindliches Thermometer nach der Reihe in die einzelnen Farben des Spektrums, so steigt es vornehmlich in dem roten Teile und sogar noch in dem dunkelen Raum jenseits des Roten; es muß also auch hier noch „Strahlen" geben, die aber wegen der Langsamkeit der Äthervibration keinen Eindruck auf den Sehnerven machen können — Ultrarot.

Hält man ein mit Silbersalz (z. B. Chlorsilber) bestrichenes Papier in die verschiedenen Teile des Spektrums, so tritt eine Schwärzung wesentlich nur in dem blauen und violetten Teile und noch etwas darüber hinaus ein; jenseits des Violetten muß es also auch noch Strahlen geben, welche wegen der übergroßen Schnelligkeit der Ätherschwingungen nicht mehr auf den Sehnerv wirken können, wohl aber durch ihre chemische Wirksamkeit sich kundgeben.

2) Stellt man hinter das Prisma (in dem vorhin beschriebenen Versuche) eine bikonvexe Linse, so daß auf diese das Spektrum fällt, so zeigt sich auf dem gegenüberstehenden Schirme ein weißes Bild der Ladenöffnung (welches nur am Rande etwas gefärbt ist): Durch Vereinigung aller Farben erhält man also wieder weiß.

Auch wenn man auf eine Scheibe die Spektralfarben in der richtigen Aufeinanderfolge und in der Ausdehnung, wie sie das Spektrum zeigt, malt und die Scheibe rasch umdreht, so erscheint die Scheibe grauweiß — Farbenkreisel. Jeder Lichteindruck dauert im Auge einige Zeit fort und wenn man sehr rasch dreht, so ist der Lichteindruck von der ersten Farbe noch nicht erloschen, wenn bereits die übrigen vor das Auge getreten sind; man sieht also alle Farben gleichzeitig.

3) Läßt man das Spektrum auf einen Schirm fallen, in welchem sich ein feines Loch befindet, so kann man durch Verstellen des Schirmes eine Farbe nach der anderen durch das Loch gehen lassen; stellt man nun hinter den Schirm ein zweites Prisma, auf welches die durchgehende Farbe z. B. Rot fällt, so bemerkt man auf einem zweiten Schirme einen roten Fleck und kein aus verschiedenen Farben bestehendes Spektrum: die einzelnen Farben des Spektrums sind einfach.

4) Läßt man das Spektrum, wie in 2) auf eine Linse fallen und fängt eine der Farben durch einen schwarzen Papierstreifen auf, daß sie nicht auf den Schirm gelangen kann, so erhält man statt eines weißen, ein farbiges Bild der Ladenöffnung: hält man die einzelnen Farben des Spektrums nach der Reihe, von Rot anfangend, zu, so wird das Bild bezüglich grün, blau, violett, rot, orange, gelb.

Fig. 211.

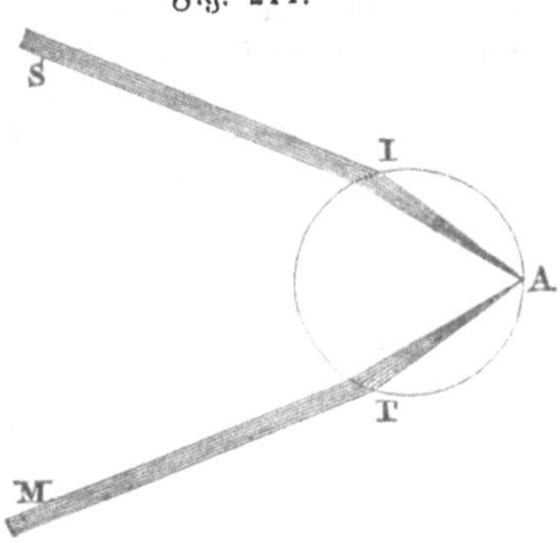

Regenbogen.

Fig. 212.

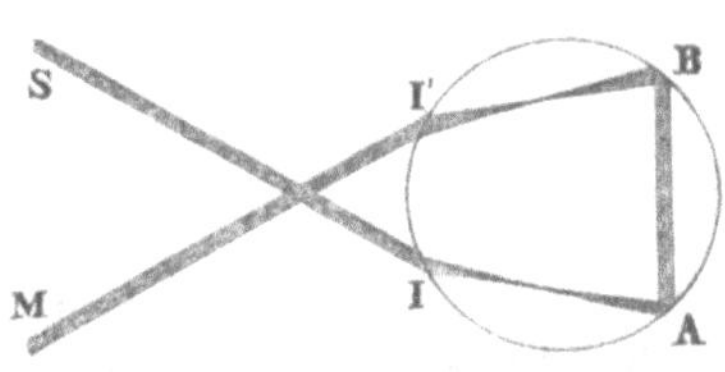

Nebenregenbogen.

Hieraus folgt, daß Rot und Grün, Orange und Blau, Gelb und Violett sich zu Weiß ergänzen — Komplementärfarben.

5) Auf der Brechung und Farbenzerſtreuung des Sonnenlichtes beruht die herrliche Erſcheinung des **Regenbogens**, zu dem ſich hie und da der „Nebenregenbogen“ geſellt. Der erſtere hat Rot oben und Violett unten, der letztere zeigt die umgekehrte Reihenfolge der Farben, iſt etwas breiter, aber weniger klar. In Fig. 211 und 212 iſt der Gang der Sonnenſtrahlen in den Waſſertropfen beim Haupt- und Nebenregenbogen dargeſtellt; bei dem erſteren werden die Sonnenſtrahlen einmal, bei dem letzteren zweimal im Innern der Waſſertropfen reflektiert. Aus den Figuren erhellt zugleich, daß man einen Regenbogen nur ſehen kann, wenn man die Sonne im Rücken und die regnende Wolke vor ſich hat. Übrigens gelangen die von den Regentropfen kommenden Strahlen nur ins Auge, wenn die Sonne nicht zu hoch ſteht; man ſieht deshalb einen Regenbogen nie um die Mittagszeit.

Fig. 213.

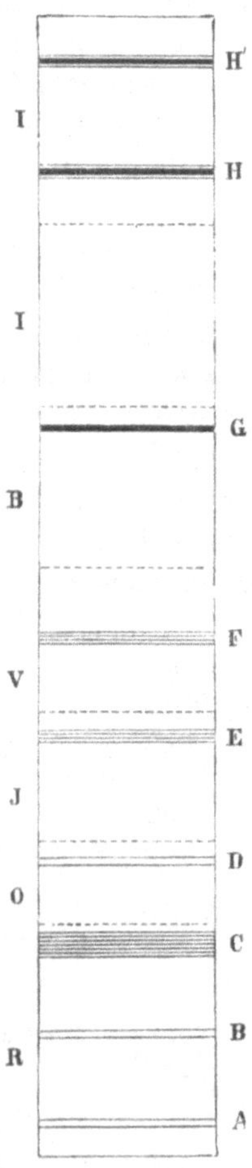

Fraunhoferſche Linien.

§. 141. Spek-tralanalyſe.

§. 141. Spektralanalyſe. 1) Um ein reines Spektrum zu erhalten, muß man die Strahlen möglichſt parallel auf ein Prisma fallen laſſen; dies geſchieht im dunkelen Zimmer dadurch, daß man Sonnenſtrahlen durch einen Spalt im Laden fallen läßt und vor das Prisma noch einen Spalt ſtellt; alsdann erblickt man auf einem Schirme ein ſehr klares Spektrum, das noch die Eigentümlichkeit zeigt, daß es von dunkelen Streifen — **Fraunhoferſche Linien** —, welche eine unveränderliche Stellung in den einzelnen Farben einnehmen, von oben nach unten durchzogen iſt (Fig. 213).

2) Statt eines dunkelen Zimmers kann man auch eine Röhre anwenden, welche am einen Ende einen verſtellbaren Spalt, in der Mitte ein Prisma (von beſonderer Beſchaffenheit) und am anderen Ende ein kleines Fernröhrchen (zur Vergrößerung der Erſcheinung) beſitzt; ſieht man mit dieſem „geradſichtigen Spektroſkop“ nach einer hellen Wand oder weißen Wolke, ſo erblickt man bei fein geſtelltem Spalt ein ſehr klares Spektrum mit den Fraunhoferſchen Linien.

3) Ein vollkommeneres Spektroſkop iſt das in Fig. 214 dargeſtellte; C iſt ein Rohr, welches an dem der Gasflamme zugewandten Ende einen verſtellbaren Spalt und am anderen eine Linſe trägt, welche die durch den Spalt kommenden Strahlen parallel macht; dieſe Strahlen werden von dem auf einem Tiſchchen ſtehenden Prisma gebrochen, in Farben zerſtreut und gelangen nun in ein Fernrohr B, durch welches man die Erſcheinung vergrößert ſieht. Ein drittes Rohr D enthält an der der Kerze zugewandten Seite eine feine auf Glas geritzte Teilung und am anderen Ende eine Linſe; die Strahlen der Kerze fallen durch die eingeteilte Glasplatte und die Linſe auf die eine Seite des Prismas, werden hier reflektiert und in das Fernrohr B geworfen, ſo daß man in demſelben die Teilung vergrößert erblickt.

Läßt man durch den Spalt in C Sonnenlicht oder zerstreutes Tageslicht fallen, so sieht man bei fein gestelltem Spalte ein Spektrum mit den Fraunhoferschen Linien und zugleich die Teilung, so daß man sich merken kann, mit welchen Zahlen der Teilung die einzelnen dunkelen Linien zusammenfallen.

Fig. 214.

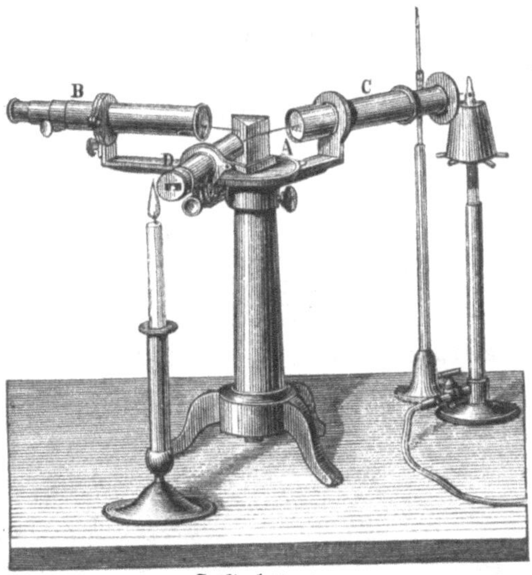

Spektralapparat.

Stellt man nun (am besten im Dunkeln) vor den Spalt eine blau brennende Bunsensche Gaslampe und läßt in dieselbe einen Platindraht tauchen, an dessen Spitze Spuren eines Metallsalzes hängen, so bemerkt man kein kontinuierliches Spektrum mehr, sondern einzelne helle Streifen, welche je nach der Natur des im Salz enthaltenen Metalls verschiedene Farben besitzen; Natriumsalze geben einen gelben, Lithiumsalze einen roten (und einen orangefarbenen), Kaliumsalze zwei rote und einen violetten, Thalliumsalze einen grünen, Cäsium wesentlich zwei blaue Streifen 2c. Diese Streifen erscheinen immer an derselben Stelle der Skala; sie können deshalb zur Erkennung und Unterscheidung der in den Salzen enthaltenen Metalle dienen — Spektralanalyse.

Oft reicht schon die kleinste Spur eines Salzes hin, um die charakteristischen hellen Linien hervorzubringen.

§. 142. Die natürlichen Farben der Körper. Ein Körper heißt rot, wenn er rotes Licht entweder nur reflektieren oder durchlassen kann, je nachdem er undurchsichtig oder durchsichtig ist. Fällt blaues Licht auf einen roten Körper, so erscheint er schwarz; ein farbiger Körper verschluckt alle Farben mit Ausnahme derjenigen, in welcher er erscheint. Ein weißer Körper ist imstande, alle Farben zu reflektieren, und ein farbloser kann alle Farben durchlassen; im roten Licht erscheint er rot, im grünen grün u. s. w. Ein schwarzer Körper kann keine Farbe weder reflektieren noch durchlassen. §. 142. Die natürlichen Farben der Körper.

Die Farben der Körper sind übrigens gewöhnlich nicht einfach, wie die Spektralfarben. Schneidet man aus einem grünen Papiere einen schmalen Streifen und betrachtet ihn durch ein Prisma, so erhält man ein Spektrum, welches nahezu alle möglichen Farben, namentlich aber grün enthält; das Grün des Papiers ist also ein Gemenge verschiedener Farben; je reiner es ist, um so mehr dunkele Stellen zeigt das Spektrum, so daß fast nur das Grün sich bemerklich macht.

Will man durchsichtige Körper, z. B. farbige Gläser, untersuchen, so läßt man Sonnenlicht durch dieselben und dann auf ein Prisma fallen, während man Flüssigkeiten in ein Glasgefäß mit parallelen Wänden gießt und nun ebenso wie farbige Gläser behandelt.

Nahezu einfarbig ist Berlinerblau, während Indigo außer Blau noch Rot enthält.

Je einfacher eine Farbe ist, um so schöner ist sie.

e. Vom Auge.

§. 143. Beschreibung des Auges. **§. 143. Beschreibung des Auges.** Das Auge (Fig. 215) ist ein rundlicher Körper, welcher vorn bei R eine etwas stärkere Wölbung besitzt, die von einer durchsichtigen Haut, der Hornhaut, gebildet wird. Der vordere, größere Teil der äußeren Augenwandung ist weiß und undurchsichtig und wird Harthaut oder das Weiße im Auge genannt. Innen an die Harthaut legt sich die schwarze Aderhaut an, welche dazu bestimmt ist, die Reflexion im Innern des Auges zu verhindern. Da, wo die Harthaut in die Hornhaut übergeht, ist eine bei verschiedenen Personen verschiedenartig gefärbte, mit einem Loche o versehene Haut ii — die Regenbogenhaut oder Iris — ausgespannt. Hinter ihr befindet sich die Krystalllinse C, welche hinten stärker gewölbt ist als vorn.

Fig. 215.

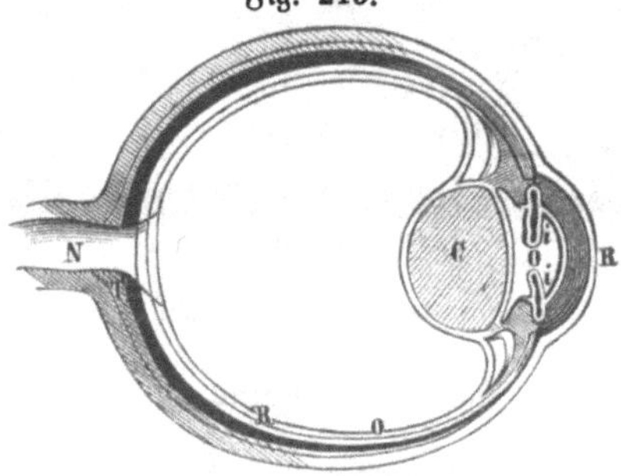

Das menschliche Auge.

Die Linse teilt das Auge in zwei ungleiche Teile, von denen der kleinere vordere von der sogenannten wässerigen Feuchtigkeit und der größere, hintere von der Glasfeuchtigkeit erfüllt ist.

Am hinteren Ende des Auges tritt der Sehnervenstrang N in das Auge, welcher sich in zahlreichen rötlichen Fäden über die Aderhaut legt und die sogenannte Netzhaut bildet; der Sehnerv tritt nicht genau in der Mitte, sondern etwas seitwärts (nach der Nase hin) in das Auge ein.

§. 144. Die Weite des deutlichen Sehens. **§. 144. Die Weite des deutlichen Sehens.** Das Auge ist wie eine Camera obscura; steht ein Gegenstand vor dem Auge, so schickt er Lichtstrahlen durch die Pupille, welche von der Linse zu einem verkehrten und verkleinerten Bilde auf der Netzhaut vereinigt werden, wenn der Gegenstand 25—30 cm vom Auge entfernt ist. Diese Entfernung, bei welcher ein deutliches Bild auf der Netzhaut entsteht, heißt man die Weite des deutlichen Sehens. Man kann dieses Bild sichtbar machen, wenn man die hintere Wand eines Ochsenauges sehr dünn schabt und eine Kerzenflamme in der Weite des deutlichen Sehens vor das Auge stellt.

An den Stellen der Netzhaut, auf welche Lichtstrahlen fallen, wird der Sehnerv gereizt; daß dieser Reiz durch einen außer uns befindlichen Gegenstand erzeugt wird, lernen wir erst allmählich durch die Erfahrung, namentlich durch den Tastsinn kennen; indem wir zugleich in der Richtung gerade fortsehen, in welcher die Strahlen ins Auge gelangen, sehen wir die Gegenstände aufrecht, während das Bild verkehrt ist.

Ist ein Gegenstand weiter als 25—30 cm vom Auge entfernt, so fällt sein Bild vor die Netzhaut; liegt er näher als die deutliche Sehweite, so fällt sein Bild hinter die Netzhaut und auf derselben bemerkt man in beiden Fällen nur einen mehr oder minder undeutlichen Schein. Man würde also nur solche Gegenstände genau sehen können, welche in der Weite des deutlichen Sehens lägen. Wir haben jedoch die Fähigkeit, durch die Muskeln, welche das Auge umfassen, einen größeren oder geringeren Druck auf dasselbe auszuüben; liegt ein Gegenstand näher als 25—30 cm, so drücken wir auf das Auge, dadurch wird die Vorderfläche gewölbter und rückt zugleich etwas nach vorn; das Bild rückt deshalb auch mehr nach vorn und fällt auf die Netzhaut statt hinter dieselbe. Liegt der Gegenstand sehr weit, so lassen wir mit dem Druck nach, die Vorderfläche der Linse wird flacher und rückt etwas nach hinten, so daß das Bild ebenfalls nach hinten rückt und nicht vor, sondern auf die Netzhaut fällt. Diese Fähigkeit des Auges, sich den verschiedenen Entfernungen anbequemen zu können, bezeichnet man mit dem Namen Accomodation.

Die Weite des deutlichen Sehens beträgt nur bei einem gesunden Auge 30 cm; es giebt aber auch Personen, bei denen die Sehweite kleiner — Kurzsichtige — und solche, bei denen sie größer ist — Fernsichtige; bei den ersteren haben die brechenden Medien im Auge eine größere, bei den letzteren eine geringere Brechbarkeit. In der Jugend sind viele kurzsichtig, indem die Linse sehr stark gewölbt ist; im Alter trocknet die Linse etwas ein, die Kurzsichtigkeit verschwindet und geht häufig in Fernsichtigkeit über. Indessen hängt auch vieles von der Gewöhnung ab; Leute, welche sich viel im Freien bewegen und meist ferne Gegenstände betrachten, werden dauernd fernsichtig und solche, welche viel lesen oder feinere Arbeiten fertigen und dabei das Buch oder die Arbeitsgegenstände zu nahe ans Auge halten, werden kurzsichtig.

Ein Kurzsichtiger muß ein konkaves Linsenglas (Brille) vor das Auge setzen, damit die aus der deutlichen Sehweite kommenden Strahlen nicht vor, sondern auf der Netzhaut vereinigt werden, gerade so, als wenn sie ohne Brille von einem näheren Gegenstande herkämen.

Ein Fernsichtiger muß eine bikonvexe Brille, welche die Strahlen zusammenbrechen hilft, tragen; alsdann fällt das Bild eines in der deutlichen Sehweite befindlichen Gegenstandes auf und nicht hinter die Netzhaut, gerade so, wie wenn er ohne Benutzung des Brillenglases sich in weiterer Entfernung vom Auge befände.

Wird, wie dies manchmal geschieht, die Linse trübe (grauer Star), so nimmt man sie heraus oder schiebt sie bei Seite und setzt eine sehr stark konvexe Brille vor das Auge — Starbrille.

Wird die Hornhaut trübe oder der Sehnerv unempfindlich, so tritt unheilbare Blindheit ein — schwarzer Star.

§. 145. Das Sehen mit zwei Augen.

§. 145. Das Sehen mit zwei Augen; Stereoskop. 1) Obwohl wir beim Sehen in jedem der zwei Augen ein Bild des Gegenstandes haben, so sehen wir doch einfach; einige erklären sich dies als Sache der Gewohnheit, andere daraus, daß die Bilder auf entsprechende Stellen der Netzhaut fallen, wenn wir beide Augenachsen auf denselben Punkt richten; auf entsprechenden Stellen der Netzhaut aber liegen Nervenfasern, welche sich außerhalb der beiden Augen zu einer Faser vereinigen, wie denn überhaupt die in die beiden Augen tretenden Nervenstränge aus dem vom Gehirn kommenden großen Sehnervenstrange sich abzweigen. Drücken wir auf das eine Auge, so daß seine Achse etwas verschoben wird, so sehen wir doppelt; die Bilder eines und desselben Gegenstandes fallen nicht mehr auf entsprechende Stellen der Netzhaut.

Fig. 216.

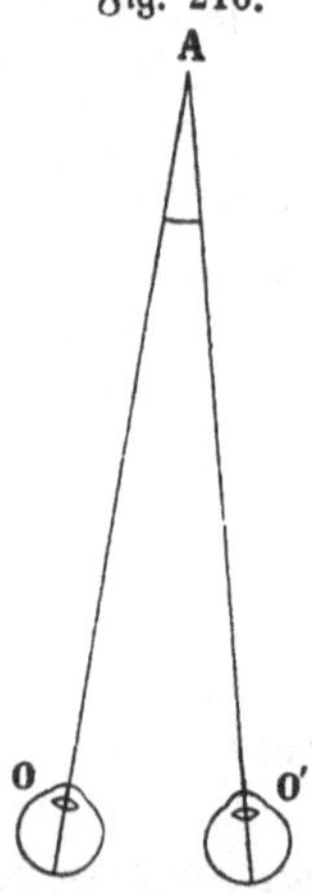

Sehen mit zwei Augen.

2) Sehen wir mit zwei Augen O und O′ (Fig. 216) auf denselben Punkt A, so bilden die Augenachsen einen um so kleineren Winkel miteinander, je weiter der Punkt von uns entfernt ist. Da wir ein Bewußtsein davon haben, ob die Augenachsen mehr oder weniger zu einander geneigt sind, gewinnen wir damit ein Urteil über die Entfernung der Gegenstände.

3) Die Bilder in den beiden Augen sind nicht völlig einerlei; mit dem rechten Auge sieht man mehr von der rechten und mit dem linken mehr von der linken Seite des Gegenstandes; dies ist auch der Grund, warum wir mit beiden Augen den Gegenstand besser erkennen und körperlich vor uns erblicken.

4) Nehmen wir von einem Gegenstande zwei Bilder photographisch auf, indem wir die Camera obscura einmal mehr nach rechts und das andere Mal mehr nach links aufstellen, so erhalten wir zwei Bilder, welche denen in unseren Augen, wenn wir mit ihnen einen und denselben Gegenstand fixieren, ähnlich sind. Betrachten wir nun das rechte Bild mit dem rechten und gleichzeitig das linke Bild mit dem linken Auge, so müßten wir den Gegenstand körperlich vo

uns erblicken, wie wenn wir ihn selbst ansähen, falls beide Augenachsen auf denselben Punkt gerichtet wären, was aber nicht der Fall ist; wir sehen vielmehr den Gegenstand doppelt. Diesem Mangel kann man indessen auf folgende Art abhelfen: Wir betrachten die beiden Bilder durch zwei Prismen P und P′ (Fig. 217). Kommen nun zwei Strahlen von zwei entsprechenden Punkten G und G′ der zwei Bilder, so werden sie von denselben der Art abgelenkt, daß sie den Augen O und O′ von demselben Punkte A herzukommen scheinen, auf den sich deshalb auch beide Augenachsen richten; es ist so gut, als ob beide Bilder in A über einander lägen; man sieht jetzt den Gegenstand einfach und körperlich vor sich, als wenn man ihn selbst fixiert hätte — Stereoskop.

Fig. 217.

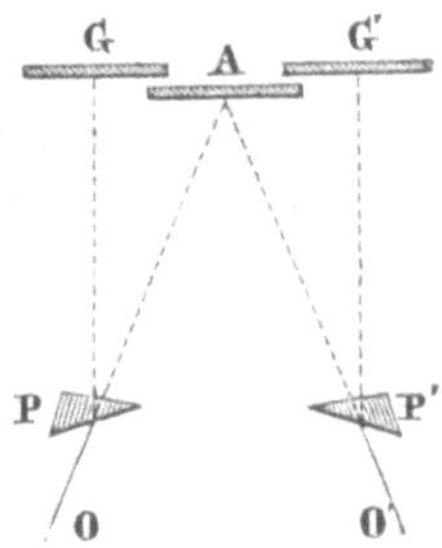

Stereoskop.

§. 146. Dauer des Lichteindruckes. Daß eine angestrichene Saite wie angeschwollen aussieht, daß wir bei dem rasch sich drehenden Farbenkreisel alle Farben gleichzeitig sehen, so daß der Kreisel weiß erscheint, ist schon früher daraus erklärt worden, daß jeder Lichteindruck im Auge etwa $^1/_8$ Sekunde nachdauert. §. 146. Dauer des Lichteindrucks.

Läßt man Pappscheiben, welche mit je zwei komplementären Farben bemalt sind, sich rasch umdrehen, so hat man den Eindruck des Weißen; sind die Farben nicht komplementär, so sieht man eine Mischfarbe.

Schwingt man eine feurige Kohle rasch um, so sieht man einen feurigen Kreis; läßt man einen langen, viereckigen Pappstreifen rasch sich um seine Mitte drehen, so erscheint er rund, jedoch durchscheinend. Macht man auf die eine Seite einer Pappscheibe einen horizontalen, auf die andere Seite einen vertikalen schwarzen Streifen und dreht die Scheibe rasch um, so erblickt man ein schwarzes Kreuz.

Auf der Dauer des Lichteindrucks beruhen verschiedene Apparate und Spielereien, als das Thaumatrop, die stroboskopische Scheibe 2c.

VII. Astronomische Geographie.

a. Scheinbare Bewegung der Fixsterne.

§. 147. Horizont. **§. 147. Horizont.** Der Teil der Erde, den wir von irgend einem Standorte aus überblicken können, wird Horizont oder, da er kreisförmig erscheint, Gesichtskreis genannt. Über demselben scheint der Himmel als abgeflachte Halbkugel sich zu wölben. Eine in dem Beobachtungsorte gezogene Vertikallinie — Scheitellinie — schneidet das Himmelsgewölbe in einem Punkte, welcher Zenith heißt, und denkt man sich die Scheitellinie nach der anderen Seite verlängert, so trifft sie das zu einer Vollkugel erweitert gedachte Himmelsgewölbe in einem Punkte, den man Nadir nennt.

Den so eben beschriebenen Horizont nennt man genauer den scheinbaren Horizont im Gegensatz zu dem wahren, welcher eine durch den Mittelpunkt der Erde gelegte, dem scheinbaren Horizont parallele Ebene ist. Da die Erde im Verhältnis zu der Weltkugel unendlich klein ist, so kann, wenn man die Lage der Gestirne auf die Erde bezieht, der scheinbare mit dem wahren Horizont als zusammenfallend angesehen werden.

§. 148. Scheinbare Bewegung der Fixsterne. **§. 148. Scheinbare Bewegung der Fixsterne.** Fixsterne sind solche Sterne, welche ihre gegenseitige Lage stets beibehalten, ihr eigenes, unruhig flackerndes Licht besitzen und durch das Fernrohr nicht vergrößert werden können, sondern nur als helle Punkte erscheinen, woraus wir schließen, daß sie sehr weit entfernt sein müssen.

Alle Fixsterne drehen sich innerhalb 24 Stunden einmal in einander parallelen Kreisbahnen, welche gegen den Horizont geneigt sind, und zwar in der Richtung von Ost über Süd nach West. Die Verbindungslinie der Mittelpunkte aller dieser Kreise steht auf demselben senkrecht und geht durch unser Auge, sowie durch einen Punkt am Himmel, welcher nahezu mit dem sogen. Polarstern zusammen fällt. Man findet denselben, wenn man das Gesicht nach Norden wendet und (in unseren Gegenden) etwa unter einem Winkel von 50^0 gegen den Horizont nach dem Himmel sieht. Man kann ihn auch finden, wenn man die „Hinterräder" α und β (Fig. 218) des „Wagens"

Fig. 218.

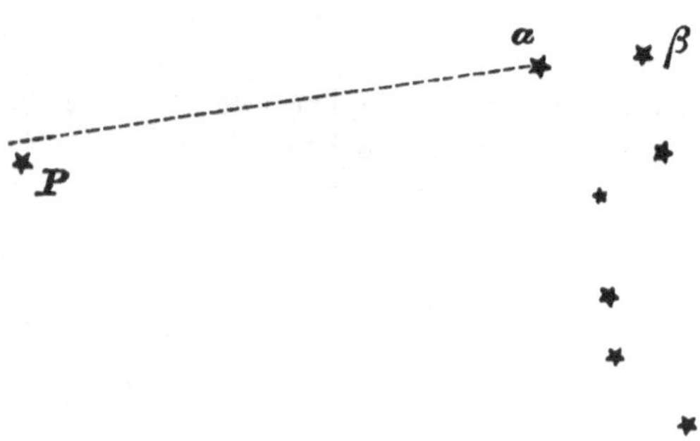

Der große Bär und der Polarstern.

oder des großen Bären um das $5^1/_2$ fache ihrer eigenen Entfernung voneinander verlängert.

Der Polarstern scheint stets an derselben Stelle zu bleiben, während alle Fixsterne sich, wie schon bemerkt, um eine durch unser Auge und den Polarstern gehende Gerade, welche man die Weltachse nennt, drehen. Die beiden Punkte, in denen die Weltachse die Himmelskugel schneidet, nennt man die Weltpole und zwar den bei uns sichtbaren den Nordpol, den anderen den Südpol. Auch die Sonne dreht sich innerhalb 24 Stunden einmal um die Weltachse, wenn auch der Kreis, welchen sie beschreibt, nicht jeden Tag derselbe ist.

§. 149. Beziehung der Sternbahnen auf den Horizont. Der Punkt des Horizontes, an welchem die Sonne am 21. März oder am 23. September aufgeht, nennt man den Ostpunkt O (Fig. 219) und denjenigen, an welchem sie an den genannten Tagen untergeht, den Westpunkt W des Horizontes. Stellt man sich mit dem Gesicht nach dem Ostpunkt, so hat man links, um 90° von dem Ostpunkte entfernt, den Nordpunkt N und rechts den Südpunkt S.

§. 149. Beziehung der Sternbahnen auf den Horizont.

Fig. 219.

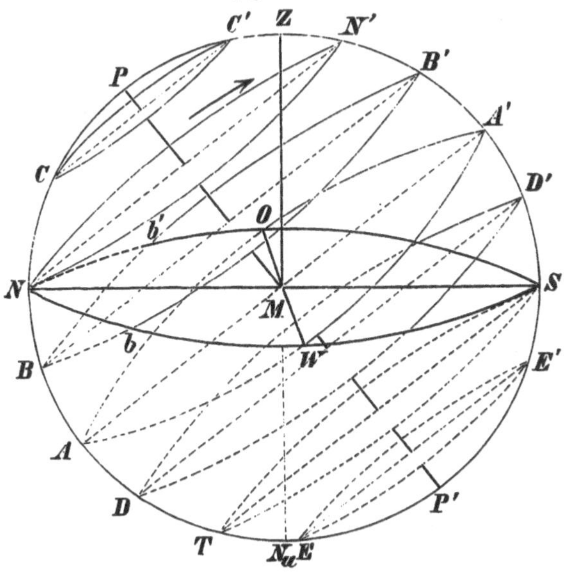

Sternbahnen.

Die auf dem Horizonte im Mittelpunkte M errichtete Senkrechte ZN_a ist die Scheitellinie, deren Durchschnittspunkte mit dem Himmelsgewölbe Zenith (Z) und Nadir (N_a) sind. MP ist die Weltachse, deren Neigungswinkel NMP gegen den Horizont in unseren Gegenden ungefähr 50° beträgt.

Die auf der Weltachse senkrecht stehenden Kreise sind die Fixsternbahnen. Eine Vertikalebene, welche durch den Nord- und Südpol des Horizontes geht, wird der Meridian des Beobachtungsortes genannt; er geht gleichzeitig durch die Himmelspole P und P′, sowie durch Zenith und Nadir NPZSP′N_a.

Jeder Stern geht innerhalb 24 Stunden zweimal durch den Meridian; das eine Mal erreicht er seinen höchsten, das andere Mal seinen tiefsten Stand in Bezug auf den Horizont (C′ und C, B′ und B ꝛc.); den einen Punkt (C′, B′...) nennt man die obere, den anderen (C, B...) die untere Kulmination des Sternes; die erstere ist in Bezug auf die Weltachse nach Süden, die zweite nach Norden gelegen.

Liegen beide Kulminationen oberhalb des Horizontes (C, C′), so ist der Stern stets sichtbar (am Tage mittels des Fernrohres); solche Sterne nennt

Fig. 220.

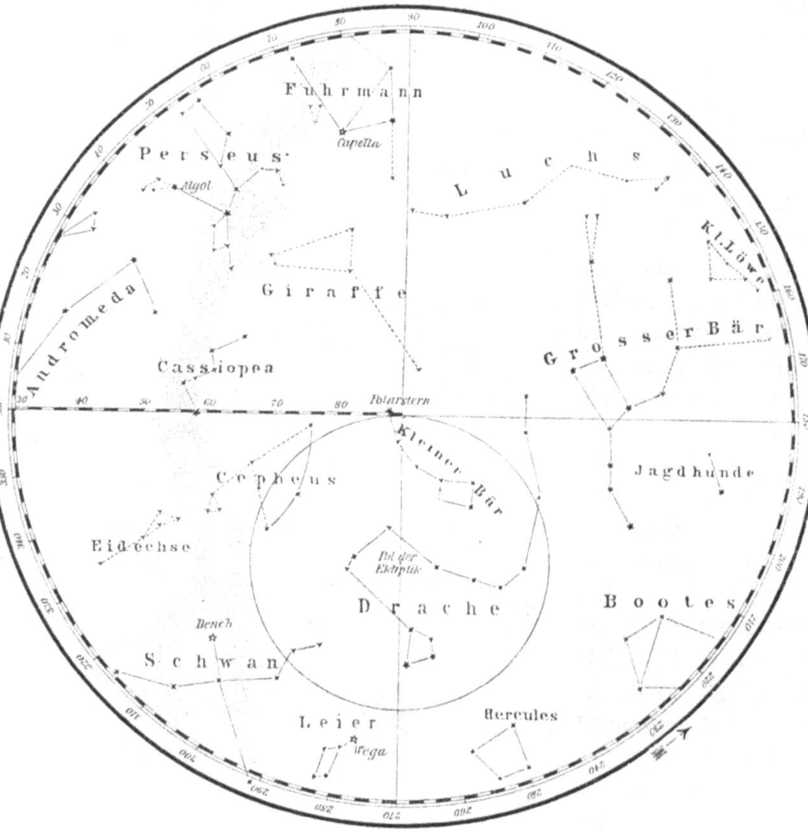

Die Sterne der nördlichen Halbkugel.

man Cirkumpolarsterne; es gehören hieher z. B. die Hauptsterne im großen Bären. Der letzte Cirkumpolarstern ist derjenige, dessen untere Kulmination (N) gerade in den Horizont fällt.

Bei denjenigen Sternen, bei welchen nur die obere Kulmination sichtbar ist (B′, A′, D′), hat man einen Tag- und einen Nachtbogen zu unterscheiden;

der erstere ist derjenige Teil der Kreisbahn des Sternes, welcher über, und der letztere derjenige, welcher unter dem Horizont liegt (b′B′b und b′Bb); nur der erstere ist für uns sichtbar. Die genannten Sterne gehen östlich auf und westlich unter, während bei den Cirkumpolarsternen von Auf- und Untergang nicht die Rede sein kann.

Denkt man sich durch den Beobachtungsort M eine zur Weltachse senkrechte Ebene gelegt, so geht diese durch den Ost- und Westpunkt; man nennt sie den Himmelsäquator (A O A′ W). Bei einem Sterne, welcher sich im Himmelsäquator bewegt, ist der Tagbogen gleich dem Nachtbogen (A′ O W = A O W).

Der Himmelsäquator teilt die Himmelskugel in zwei gleiche Teile; derjenige, welcher den Nordpol enthält, heißt die nördliche, der andere die südliche Halbkugel.

Den Winkel A′MS, welchen der Äquator mit dem Horizont bildet, oder den Bogen A′S nennt man die Äquatorhöhe und den Winkel ZMA′, welchen der Äquator mit der Scheitellinie macht, oder den Bogen ZA′ nennt man die Zenithdistanz des Äquators. Desgleichen ist ∢ PMN oder Bogen PN die Polhöhe und ∢ PMZ oder Bogen PZ die Zenithdistanz des Poles.

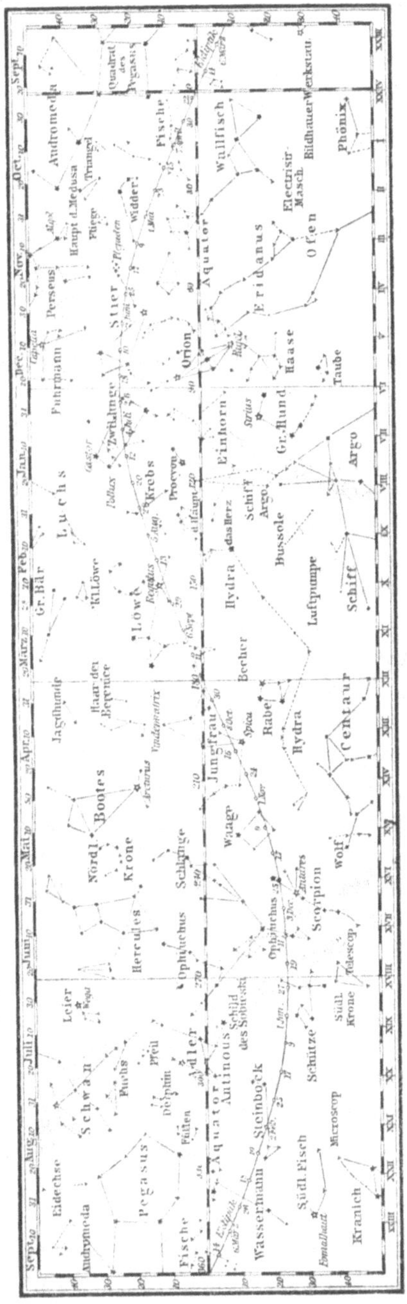

Fig. 221. Die Sternbilder der Aequatorialzone des Himmels.

In welchen Beziehungen stehen die genannten Winkel (oder Bogen) zu einander?

Bei allen Sternen, deren Bahnen auf der nördlichen Halbkugel liegen, ist der Tagebogen größer, und bei denjenigen, deren Bahnen auf der südlichen Halbkugel liegen, kleiner als der Nachtbogen. Bei den letzteren kann der Tagebogen null sein (S T, EE'); diese Sterne sind nie bei uns sichtbar, es sind Cirkumpolarsterne der südlichen Halbkugel.

Die bei uns sichtbaren Sterne, welche keine Cirkumpolarsterne sind, nennt man Sterne der Äquatorialzone.

Die Bewegung der Fixsterne kann man am besten mit Hilfe eines Himmelsglobus, auf dem die Sterne verzeichnet sind und der sich um eine Achse drehen kann, veranschaulichen. Der Achse läßt sich jede Neigung gegen den Horizont geben.

§. 150. Die wichtigsten Fixsterne und Fixsternbilder.

§. 150. Die wichtigsten Fixsterne und Fixsternbilder. Je nach der Größe, bezüglich Helligkeit unterscheidet man die Fixsterne in Sterne 1., 2., 3.... Größe. Es giebt 20 Sterne 1., 70 Sterne 2., 198 Sterne 3., 460 Sterne 4., 1496 Sterne 5., 6004 Sterne 6., 19902 Sterne 7., 68338 Sterne 8., 533356 Sterne 9. Größe rc.

Von jeher hat man die Sterne gruppenweise zu Sternbildern zusammengefaßt, die besondere Namen führen, wie der „große Bär", der „Fuhrmann" rc.

Sterne erster Größe nördlich vom Äquator (Fig. 220 u. 221) sind: Capella (α des Fuhrmanns); Wega (α der Leyer); Aldebaran (α des Stieres); Pollux (β der Zwillinge); Regulus (α des großen Löwen); Atair (α des Adlers); Procyon (α des kleinen Hundes); Beteigeuze (α des Orion); Deneb (α des Schwanes) und Arcturus (α des Bootes).

Sterne erster Größe südlich vom Äquator sind: Rigel (β des Orion); Sirius (α des großen Hundes); Spica (α der Jungfrau); Antares (α des Skorpions); Fomalhaut (α des südlichen Fisches).

Sterne zweiter Größe sind u. a. sechs Sterne im großen Bären (α, β, γ, ε, ζ und η), während δ dritter Größe ist.

Der große Löwe hat drei Sterne zweiter Größe, von denen der eine einen besonderen Namen, Denebola, führt. Im Perseus sind zwei Sterne zweiter Größe, Algol und Algenib (der erstere wechselt zwischen zweiter und vierter Größe); in den Zwillingen Castor (α).

Die Namen und die gegenseitige Lage der Sternbilder sind auf Fig. 220 und 221 zu ersehen.

§. 151. Bestimmung des Meridians.

§. 151. Bestimmung des Meridians. 1) Ein vertikaler Stab wirft den kleinsten Schatten, wenn die Sonne in ihrer oberen Kulmination ist; es ist aber schwer, den Moment genau zu fassen, wo der Schatten die geringste Länge hat. Man verfährt deshalb folgendermaßen: Um den Fußpunkt b (Fig. 222) des vertikalen Stabes a b zieht man mehrere Kreise und merkt die Stellen m und m', n und n', wo die Kreise je am Vor- und Nachmittag von der Spitze des Schattens berührt werden. Dann halbiert man die Winkel m b m' und n b n'; die Halbierungslinien müssen, wenn genau beobachtet worden ist, in eine Linie zusammenfallen, welche die Lage des Schattens angiebt, zur Zeit, wo die Sonne in ihrer oberen Kulmination ist.

Da die Spitzen der Schatten meist verwaschen sind, so hat man wohl auch in die Kuppel einer Kirche ein Loch gemacht, durch welches die Sonnenstrahlen auf den Boden fielen. Um den Punkt auf dem Boden, welcher vertikal unter dem Loche in der Kuppel liegt, wurden Kreise wie vorhin gezogen und die Stellen angemerkt, wo das Sonnenbild die Kreise (am Vor- und Nachmittag) berührt 2c.

Fig. 222.

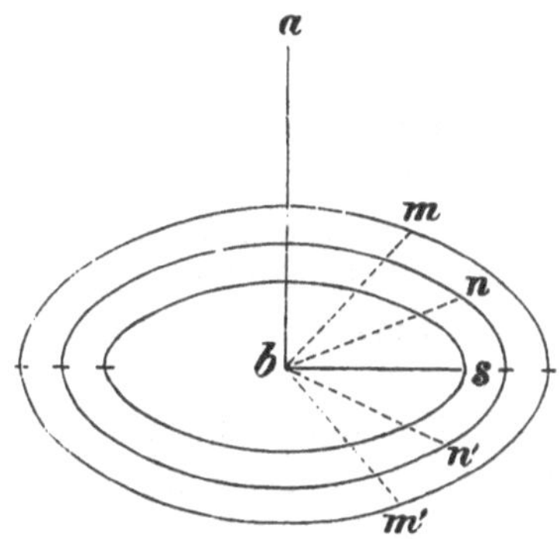

Auffindung des Meridians.

2) Am einfachsten gelingt die Auffindung des Meridians mit Hilfe des Kompasses (§. 90).

3) Am genauesten ist die Bestimmung des Meridians mit Hilfe des Fernrohres. Gleiche Zeit vor und nach der Kulmination steht die Sonne oder ein Fixstern gleich hoch. Richtet man ein Fernrohr am Vormittag auf die Sonne (oder nachts auf einen Fixstern) und dreht dann das Fernrohr, dessen Achse stets dieselbe Neigung gegen den Horizont behalten muß, in derselben Richtung, in welcher die Sonne sich bewegt, so wird am Nachmittag wieder ein Moment eintreten, wo die Sonne genau im Fernrohr steht. Halbiert man nun den Winkel, um welchen das Fernrohr gedreht worden, so fällt diese Halbierungslinie in den Meridian. Wird das Fernrohr in den Meridian gestellt und um seine horizontale Achse gedreht, so sieht man vielleicht irgend einen Gegenstand, wie eine Turmspitze, die Stange eines Blitzableiters 2c., welcher genau in den vertikalen Fäden des Fadenkreuzes fällt. Dieser Gegenstand dient nunmehr als Meridianzeichen, d. h. stellt man zu einer anderen Zeit das Fernrohr wieder an derselben Stelle auf und dreht es, bis man das Meridianzeichen sieht, so steht das Fernrohr im Meridian.

Ist durch das Fernrohr, wenn es im Meridian steht, kein geeigneter Gegenstand zu sehen, so bringt man in einiger Entfernung an einer Mauer eine eingeteilte Latte an und rückt sie, bis der Nullpunkt der Teilung im Fernrohre erscheint. Die Latte wird nunmehr befestigt und dient als Meridianzeichen.

§. 152. Höhe und Azimut — Deklination und Rektascension. 1) Um die Lage eines Sternes in einem bestimmten Augenblicke genau anzugeben, kann man ihn auf den Horizont und Meridian beziehen, d. h. man bestimmt, wie hoch er sich über dem Horizont befindet und wie weit er vom Meridian entfernt ist. Ist F (Fig. 223) ein Fixstern, und richtet man das Fernrohr erst hori-

§. 152. Höhe und Azimut — Deklination u Rektascension.

zontal und dreht es dann aufwärts, bis man den Stern erblickt, so giebt der Winkel, um den das Fernrohr gedreht worden, die *Höhe* des Sternes (über dem Horizont) an. Legt man durch das Zenith Z und den Stern F eine Vertikalebene ZMH, so ist der Bogen FH oder der Winkel FMH die Höhe des Sternes. Den Kreis ZFH nennt man *Höhenkreis*.

Es gilt nun noch, die Lage des Sternes gegen den Meridian zu bestimmen; dieselbe wird durch den Bogen SH oder den Winkel SMH angegeben. Man nennt diesen Winkel das *Azimut* des Sternes; es wird vom Südpunkte des Horizontes aus in der Richtung nach Westen hin gezählt. Nachdem man das Fernrohr auf den Stern eingestellt, dreht man es um seine vertikale Achse, ohne seine Neigung gegen der Horizont zu verändern, bis es in den Meridian fällt; der Drehungswinkel giebt das Azimut an. Durch Höhe und Azimut ist die Lage eines Sternes vollkommen bestimmt.

Statt der Höhe FH könnte man auch die *Zenithdistanz* ZF nehmen.

2) Einfacher noch wird die Bestimmung der Lage eines Sternes, wenn man sie auf den Himmelsäquator und den Meridian bezieht. Da die Fixsternbahnen dem Himmelsäquator parallel sind, so bleibt die Entfernung eines Sternes vom Himmelsäquator stets dieselbe. Zieht man durch den Pol P und den Stern F einen größten Kreis, welcher den Himmelsäquator in B trifft, so nennt man den Bogen FB die *Deklination* und den Winkelabstand des *Stunden-* oder *Deklinationskreises* PFB von dem Meridian PZA', oder was dasselbe ist, den Bogen A'B den *Stundenwinkel* des Sternes. Hier hat man nur eine veränderliche Größe, den Stundenwinkel.

Fig. 223.

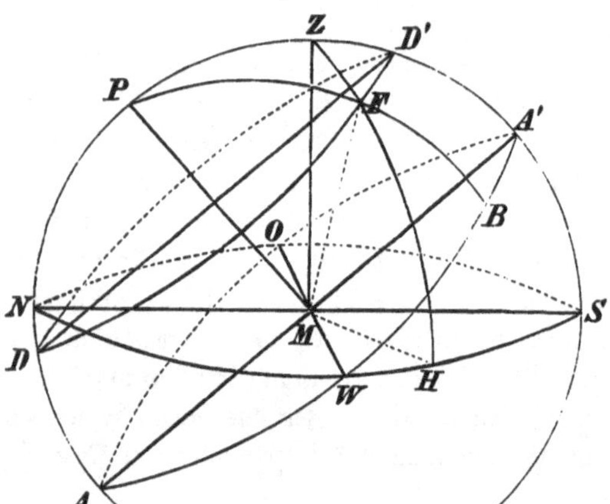

Höhe und Azimut, Deklination und Rektascension.

Die Deklination eines Sternes ist nördlich oder südlich, je nachdem seine Bahn nördlich oder südlich vom Äquator liegt.

Statt des Stundenwinkels nimmt man, wenn es nur auf die relative Lage der Gestirne zueinander ankommt, die sogenannte *Rektascension* oder *gerade Aufsteigung*. Man denkt sich durch die Stelle des Himmels, an welcher die Sonne am 21. März aufgeht und die den Namen Frühlingspunkt führt, einen Deklinationskreis gezogen und nennt den Winkel, den der Deklinationskreis eines Sternes mit dem des Frühlingspunktes bildet, die Rektascension des Sternes. Man zählt die Rektascension in der Richtung von Süd nach Ost, also in umgekehrter Richtung wie den Stundenwinkel.

Der Frühlingspunkt liegt im Sternbild der Fische; die Verlängerung der östlichen Seite des Quadrates des Pegasus (Fig. 221) geht annähernd durch den Frühlingspunkt.

§. 153. Erklärung der Sternkarten. Da alle Fixsterne immer dieselbe Lage zu einander behalten, so lassen sich dieselben, wenn ihre Deklinationen und Rektascensionen bekannt sind, in Sternkarten eintragen. §. 153. Erklärung der Sternkarten.

Auf Fig. 220 bedeutet der Mittelpunkt des Kreises den Nordpol, um welchen sich alle Fixsterne drehen. Der wagrechte Durchmesser ist derjenige Meridian, welcher durch den Frühlingspunkt geht. Die Deklination wird auf diesem Kreise (hier wagrechte Linie) gemessen. Die Fig. 220 enthält alle Sterne von 30^0—90^0 nördlicher Deklination; der große Kreis, welcher die ganze Figur umschließt, ist der nördliche Parallelkreis von 30^0. Die Zahlen am Rande desselben geben die Deklinationen der Fixsterne an; dieselben drehen sich in einer Richtung um den Weltpol, welcher der Aufeinanderfolge der Zahlen entgegengesetzt ist (siehe den Pfeil am Rande).

Auf Fig. 221 bedeutet die mittlere wagrechte Linie den Himmelsäquator auf dem eine Gradteilung, die Rektascension der Sterne angebend, von rechts nach links aufgetragen ist. Die vertikalen Linien, welche durch 0^0 und 30^0 der Teilung gehen (rechts und links nahe am Ende der Karte), sind der Meridian des Frühlingspunktes. Die beiden Linien fallen auf der Himmelskugel zusammen und bilden den Meridian des Frühlingspunktes. Auf ihm ist nach oben die nördliche und nach unten die südliche Deklination verzeichnet. Je weiter nach links ein Stern vom Frühlingspunkte entfernt ist, um so größer ist seine Rektascension, um so später geht er nach dem Frühlingspunkte auf und durch unseren Meridian. Die Richtung, in welcher die Zahlen auf dem Äquator aufeinander folgen, ist die von West nach Ost. Die Drehung um die Weltachse erfolgt in entgegengesetzter Richtung von links nach rechts.

Am unteren Rande der Figur ist eine Einteilung nach Stunden statt nach Graden aufgetragen.

Weiteres über die Sternkarte wird später angegeben werden.

Wie groß ist Deklination und Rektascension von Capella, α und δ des Orion, des Sirius, des Arcturus, der Spica, von α des Quadrates des Pegasus, von α des Cepheus, von γ des kleinen Bären &c.?

§. 154. Der Anblick des Fixsternhimmels an den verschiedenen Orten der Erde. Je weiter wir nach Norden gehen, um so höher steht der Polarstern; §. 154. Der Anblick des Fixsternhimmels an den verschiedenen Orten der Erde.

am Pol ist die Weltachse auf dem Horizonte senkrecht und die Sternbahnen sind dem Horizont parallel.

Am Äquator liegt der Polarstern und ebenso die Weltachse im Horizonte und die Sternbahnen sind auf dem Horizonte senkrecht.

Auf der südlichen Halbkugel ist der Polarstern nicht mehr sichtbar, der sichtbare Teil der Weltachse ist jetzt nach dem Südpol gerichtet; in geringer Entfernung vom Äquator bildet die Weltachse mit dem Horizonte noch einen kleinen Winkel, der sich immer mehr vergrößert, je weiter wir nach dem Südpole gehen. Am Südpol selbst steht die Weltachse wieder auf dem Horizonte senkrecht und die Sternbahnen sind dem Horizonte parallel.

Der Neigungswinkel der Weltachse gegen den Horizont ist stets gleich der geographischen Breite des Beobachtungsortes.

An den Polen sind alle Sterne der einen Hälfte der Weltkugel, am Nordpole die der nördlichen, am Südpole die der südlichen Halbkugel sichtbar. Alle sichtbaren Sterne sind stets in unveränderlicher Höhe über dem Horizonte. Je näher man dem Äquator kommt, um so kleiner wird die Zahl der Cirkumpolarsterne und um so größer die der Äquatorialzone, d. h. derjenigen, welche auf- und untergehen.

Am Äquator selbst ist für alle Fixsterne der Tagebogen gleich dem Nachtbogen.

Veranschaulichung mit Hilfe eines Himmelglobus, auf dessen Oberfläche die Sternbilder verzeichnet sind und der sich um eine verstellbare Achse drehen läßt; ebenso mit Hilfe einer Armillarsphäre, d. i. eines Ringsystemes, welches sich ebenfalls um eine verstellbare Achse drehen läßt.

b. Scheinbare Bewegung der Sonne.

§. 155. Tägliche und jährliche Bewegung der Sonne.

§. 155. Tägliche und jährliche Bewegung der Sonne. Die Sonne hat mit den Fixsternen gemein, daß sie täglich einen Umschwung um die Weltachse von Ost nach West macht; sie unterscheidet sich aber dadurch von ihnen, daß sie nicht ständig in demselben Kreise bleibt. Außerdem behält die Sonne ihre Lage gegen die Fixsterne nicht bei, wie dies bei den Fixsternen untereinander stattfindet; auch ist die Zeit zu einem Umschwunge um die Weltachse bei der Sonne etwas größer, als bei den Fixsternen.

Am 21. März geht die Sonne genau im Ostpunkte auf und beschreibt, über Süden gehend, wo sie ihre größte Höhe erreicht, einen Halbkreis, um genau im Westpunkt unterzugehen. Die Mittagshöhe ist gleich der Äquatorhöhe, in unseren Gegenden 40°; auch ist der Tagbogen gleich dem Nachtbogen; man nennt deshalb den 21. März die Zeit der Frühlingstagundnachtgleiche oder das Frühlingsäquinoktium. Der Aufgang der Sonne erfolgt morgens um 6 Uhr und der Untergang abends ebenfalls um 6 Uhr. Die Sonne bewegt sich am 21. März im Himmelsäquator.

An den folgenden Tagen geht die Sonne etwas mehr im Nordosten auf, erreicht um Mittag eine etwas größere Höhe und geht im Nordwesten unter. Die Strecke, um welche die Sonne nördlich vom Ostpunkte auf= und nördlich vom Westpunkte untergeht, nennt man bezüglich die nördliche Morgen= und Abendweite. Bis zum 21. Juni wächst die nördliche Morgen= und Abendweite, sowie die Höhe der Sonne um Mittag; die erste beträgt schließlich (in unsern Gegenden) ca. 39° und die letztere $40^{0} + 23^{1}/_{2} = 63^{1}/_{2}{}^{0}$. In Berlin, wo die geographische Breite und also auch die Polhöhe $52^{1}/_{2}$ und die Äquatorhöhe $37^{1}/_{2}{}^{0}$ beträgt, ist die nördliche Morgen= und Abendweite am 21. Juni 41° und die Höhe der Sonne $37^{1}/_{2} + 23^{1}/_{2} = 61^{0}$. Es wächst die Höhe der Sonne um Mittag überall auf der nördlichen Halbkugel vom 21. März bis 21. Juni um $23^{1}/_{2}{}^{0}$.

Während am 21. März die Sonne im Himmelsäquator geht, ihre Deklination also 0 ist, bewegt sie sich im nächsten Vierteljahre in immer nördlicheren Parallelkreisen, um schließlich am 21. Juni den Parallelkreis von $23^{1}/_{2}{}^{0}$ nördlicher Deklination zu durchlaufen.

Der Aufgang der Sonne erfolgt in Frankfurt a. M. um 4, in Berlin um $3^{3}/_{4}$ Uhr morgens und der Untergang um 8 Uhr, bezüglich $8^{1}/_{4}$ Uhr abends. Der Tag dauert am 21. Juni 16—$16^{1}/_{2}$ Stunden; die Nacht 8 bezügl. $7^{1}/_{2}$ Stunden; der Tagebogen beträgt 240 bezüglich 248° und der Nachtbogen 120, bezüglich 112°. Jedenfalls geht die Sonne vom 21. März bis 21. Juni von einem Parallelkreis allmählich in den anderen über, sie beschreibt also keine genauen Kreise, sondern eigentlich eine Schraubenlinie.

Vom 21. Juni an nimmt die nördliche Morgen= und Abendweite, sowie die Mittagshöhe wieder ab und am 23. September geht die Sonne wieder im Himmelsäquator — Herbsttagundnachtgleiche oder Herbstäquinoktium: Aufgang der Sonne um 6 Uhr morgens und Untergang um 6 Uhr abends. In dem folgenden Vierteljahre geht die Sonne immer mehr südlich auf und unter, sie erlangt eine immer größer werdende südliche Morgen= und Abendweite; die Höhe um Mittag verringert sich ebenfalls und am 21. Dezember beträgt die südliche Morgen= und Abendweite in Frankfurt a. M. 39, in Berlin 41 und die Mittagshöhe $40 - 23^{1}/_{2} = 16^{1}/_{2}$, bezüglich $37^{1}/_{2} - 23^{1}/_{2} = 14^{0}$. Die Mittagshöhe hat auf der ganzen nördlichen Halbkugel um $23^{1}/_{2}{}^{0}$ abgenommen.

Vom 21. Juni bis 21. Dezember hat sich also die Deklination der Sonne von $23^{1}/_{2}{}^{0}$ nördlich bis $23^{1}/_{2}{}^{0}$ südlich, d. h. um 47° verändert.

Vom 21. Dezember bis 21. März geht die Sonne von Tag zu Tag in in immer nördlicheren Parallelkreisen; sie bewegt sich bei abnehmender südlicher Morgen= und Abendweite und bei zunehmender Höhe in einer Schraubenlinie nach dem Himmelsäquator zurück.

Den Parallelkreis von $23^{1}/_{2}{}^{0}$ nördlich, welchen die Sonne am 21. Juni durchläuft, nennt man den nördlichen Wendekreis und den Parallelkreis von

$23^{1}/_{2}{}^{0}$ südlich, welcher am 21. Dezember durchlaufen wird, den **südlichen Wendekreis**. Da die Sonne an diesen beiden Tagen ihre Bewegung umkehrt und zugleich am wenigsten ihre Deklination verändert, so spricht man von **Sommer- und Wintersonnenwende — Sommer- und Wintersolstitium**.

§. 156. Bewegung der Sonne unter den Fixsternen — Ekliptik.

§. 156. Bewegung der Sonne unter den Fixsternen — Ekliptik. Die Sonne geht jeden Tag mit einem mehr östlich gelegenen Fixsterne auf; sie rückt also allmählich von West nach Ost unter den Fixsternen fort und durchwandert in einem Jahre den ganzen Fixsternhimmel, so daß sie das nächste Jahr an demselben Tage mit demselben Fixsterne wieder aufgeht.

Da die Sonne (am 21. Juni) bis zu $23^{1}/_{2}{}^{0}$ über den Äquator sich erhebt, und (am 21. Dezember) bis zu $23^{1}/_{2}{}^{0}$ unter denselben herabsinkt, während sie am 21. März und 23. September im Äquator sich befindet, so muß sie notwendig im Laufe eines Jahres einen größten Kreis am Himmel in der Richtung von West nach Ost durchlaufen, welcher mit dem Äquator einen Winkel von $23^{1}/_{2}{}^{0}$ bildet. Dieser Kreis heißt **Ekliptik** und der Winkel, unter dem er gegen den Äquator geneigt ist ($23^{1}/_{2}{}^{0}$), die **Schiefe** der Ekliptik. In diesem Kreise liegen 12 Sternbilder, jedes von ca. 30^{0} Länge, mit welchen die Sonne nach der Reihe im Laufe eines Jahres auf- und untergeht; sie bilden den sogen. **Tierkreis — Zodiakus**. — Übrigens ist es nicht ganz genau, wenn man sagt, in jedem Jahre ginge die Sonne an demselben Tage mit demselben Fixsterne auf; es hat im Laufe der Zeit eine Verrückung derart stattgefunden, daß, während vor 2 000 Jahren die Sonne am 21. März mit dem Sternbilde des Widders aufging, sie jetzt an demselben Tage mit dem der Fische aufgeht. Um aber die alten Bezeichnungen nicht ganz zu verlassen, sagt man, die Sonne ginge im Frühjahre mit dem **Zeichen** des Widders auf. Man hat also 12 „Zeichen“, welche den 12 „Sternbildern“ des Tierkreises derart entsprechen, daß jedes Zeichen dem Sternbilde, welches nach Osten hin auf es folgt, gleichnamig ist. Die 12 himmlischen Zeichen sind:

Widder,	Stier,	Zwillinge,	Krebs,	Löwe,	Jungfrau,	Wage,	Skorpion,
♈	♉	♊	♋	♌	♍	♎	♏

Schütze,	Steinbock,	Wassermann,	Fische.
♐	♑	♒	♓

Mit welchen Sternbildern fallen die Zeichen zusammen?

Die ersten 6 Zeichen heißen **nördliche**; sie zerfallen in die 3 **Frühlings-** und die 3 **Sommerszeichen**; die letzten 6 heißen **südliche** und zerfallen in die 3 **Herbst-** und die 3 **Winterzeichen**.

Die Sonne geht, vom 21. März an gerechnet, im Laufe des Jahres mit den 12 Zeichen in der Reihenfolge auf, wie sie oben aufgeführt sind.

Die Sonne vollführt also zwei Bewegungen, eine **tägliche** und eine **jährliche**; die erstere besteht in einer Umdrehung um die Weltachse je innerhalb

24 Stunden, welche sie mit allen Gestirnen gemein hat, die letztere in deren Gang um den ganzen Fixsternhimmel (im Tierkreise) im Laufe eines Jahres.

In welchem Zeichen steht die Sonne am 21. Juni, am 23. September und am 21. Dezember?

Zu welcher Zeit geht das Zeichen des Stieres, der Jungfrau und des Skorpions nachts um 12 Uhr durch den Meridian? Welche Sternbilder sind dies?

Der Unterschied zwischen Sonnen= und Sternzeit wird später angegeben werden.

c. Die scheinbare Bewegung der Planeten.

§. 157. Planeten; obere und untere. 1) Nicht alle Sterne behalten, wie die Fixsterne, stets ihre Lage gegen die übrigen bei. Die ihre Stellung gegen die übrigen Gestirne wechselnden Himmelskörper (mit Ausnahme der Sonne) zerfallen in Planeten und Kometen. Die ersteren haben ein ähnliches Aussehen wie die Fixsterne, sie erscheinen wie rundliche, leuchtende Punkte oder Scheiben; die letzteren, welche meist mit einem Schweife versehen sind, zeigen einen leuchtenden Stern, der von einer nebelartigen Masse umflossen ist. §. 157. Planeten, obere und untere.

Die Planeten unterscheiden sich ferner von den Fixsternen dadurch, daß sie durch das Fernrohr sich vergrößern lassen, teilweise Phasen zeigen ähnlich wie der Mond und kein eigenes Licht besitzen, sondern reflektiertes Sonnenlicht ausstrahlen; das Licht der Planeten zeigt vollständig oder annähernd dieselben Fraunhoferschen Linien wie das Sonnenlicht.

Ferner zeigen sich die Planeten meist abgeplattet, wie dies namentlich bei Jupiter deutlich hervortritt; man schließt daraus auf eine Achsendrehung (§. 36).

Mit bloßem Auge sind folgende Planeten sichtbar: Venus ♀, Mars ♂, Jupiter ♃, Saturn ♄ und einigermaßen noch Merkur ☿. Uranus ♅, Neptun ♃, sowie die kleineren sogenannten Planetoiden sind teleskopisch.

Der größte Teil ihrer scheinbaren Bahn (wie sie von der Erde aus erscheint) geht unter den Fixsternen von West nach Ost und heißt rechtläufig, der kleinere Teil geht von Ost nach West und heißt rückläufig. Wenn die eine Bewegung in die andere übergeht, so scheint der Planet eine Zeitlang seine Lage gegen die Fixsterne beizubehalten, er ist dann stationär. Beim Übergang aus der einen Bewegung in die andere beschreibt der Planet eine Art Schleife.

2) Denkt man sich von der Erde aus eine Linie nach der Sonne und eine nach einem Planeten gezogen, so nennt man den Winkel, welchen diese beiden Linien miteinander bilden, die Elongation des Planeten von der Sonne.

Bei einigen Planeten kann die Elongation eine gewisse Größe nicht übersteigen, bei Venus erreicht sie höchstens 48° und bei Merkur nur 28°. Diese Planeten entfernen sich also nie weit von der Sonne und werden untere genannt. Die übrigen können alle Winkelabstände von der Sonne erreichen und heißen obere. Die ersteren sind näher an der Erde als die Sonne, was schon daraus hervorgeht, daß sie zeitweise als dunkele Punkte vor der Sonnenscheibe hergehen — Durchgänge der Venus und des Merkur, während die anderen von der Sonne verdeckt werden können — Bedeckungen der oberen Planeten.

Die tägliche Bewegung, den Umschwung um die Weltachse innerhalb 24 Stunden, haben die Planeten und Kometen mit den Fixsternen gemein.

§. 158. Konjunktion, Opposition und Quadratur.

§. 158. Konjunktion, Opposition und Quadratur. Wenn ein Stern, welcher weiter von der Erde entfernt ist als die Sonne, z. B. ein oberer Planet, von der Erde aus gesehen mit ihr und der Sonne in derselben Meridianebene liegt, so befinden sich Sonne und Stern entweder auf derselben oder auf entgegengesetzter Seite von der Erde; sie gehen alsdann gleichzeitig auf derselben, bezüglich auf entgegengesetzter Seite durch den Meridian; im ersten Falle, wo die Elongation 0° ist, sagt man, Sonne und Stern seien in Konjunktion ☌; im anderen Falle, wo die Elongation 180° beträgt, sagt man, Sonne und Stern seien in Opposition ☍.

Ist ein Stern mit der Sonne in Konjunktion, so geht er mit ihr auf und unter, ist er mit ihr in Opposition, so geht er auf, wenn die Sonne untergeht.

Ist ein Stern näher an der Erde als die Sonne, z. B. ein unterer Planet, so kann sich die Erde nie zwischen ihm und der Sonne befinden; es giebt also keine Opposition, da ja der Planet auch die Elongation 180° nicht erreichen kann. Liegt der untere Planet mit Sonne und Erde in derselben Meridianebene, so befindet er sich entweder zwischen Erde und Sonne oder jenseits der Sonne; im ersten Falle spricht man von unterer, im anderen von oberer Konjunktion; die letztere entspricht der Konjunktion der oberen Planeten. Wenn die Elongation eines Sternes, z. B. eines oberen Planeten, 90° beträgt, so sagt man, er sei mit der Sonne in Quadratur (□); ein unterer Planet kann nie mit der Sonne in Quadratur kommen.

Fig. 224.

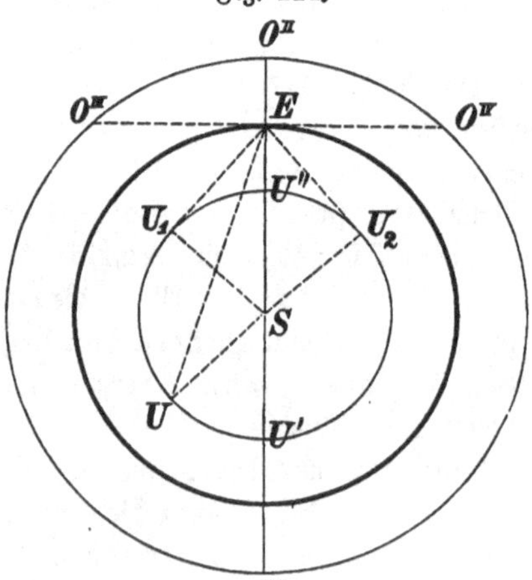

Elongation, Konjunktion und Opposition.

In Fig. 224 bedeutet S die Sonne, E die Erde, U einen unteren und O einen oberen Planeten. In der Lage U'' befindet sich der untere Planet in der unteren, in der Lage U' in der oberen Konjunktion; die größte Elongation hat derselbe in der Lage U_1 und U_2 ($\sphericalangle U_1 ES = \sphericalangle U_2 ES$). Ein oberer Planet ist in der Lage O^{I} in Konjunktion, in O^{II} in Opposition und in O^{III} und O^{IV} in Quadratur mit der Sonne.

Auch zwei beliebige Sterne können mit einander in Konjunktion, Opposition und Quadratur stehen, wenn ihr Winkelabstand von der Erde aus gesehen bezüglich 0°, 180° und 90° beträgt.

Wenn Sonne und Mond gleichzeitig miteinander durch den Meridian gehen (oder gleichzeitig miteinander aufgehen), so sind sie in Konjunktion; geht der eine Himmelskörper auf, während der andere untergeht, so sind sie in Opposition; steht der Mond im Süden, während die Sonne auf- oder untergeht, so sind sie in Quadratur.

§. 159. Scheinbare Bewegung des Mondes. Verschiedene Planeten werden von kleineren Himmelskörpern, welche man Nebenplaneten, Trabanten oder Monde nennt, umkreist. §. 159. Scheinbare Bewegung des Mondes.

Wir wollen vorerst die scheinbare Bewegung des unsere Erde umkreisenden Mondes betrachten.

Der Mond macht eine ähnliche Bewegung wie die Sonne; er schreitet ständig von West nach Ost unter den Fixsternen voran; während aber die Sonne täglich nur etwa um 1°, genauer $\frac{360^0}{365}$ zurücklegt, schreitet der Mond um 13,2° fort. Er braucht deshalb auch zu einem Umgang um den Fixsternhimmel nur 27 Tage 7 Stunden 43′ und 11,5″; man nennt dies die *siderische Umlaufszeit*.

Wenn die Sonne nicht ebenfalls unter den Fixsternen von West nach Ost vorrückte, so würde der Mond von einer Konjunktion mit der Sonne bis zur nächsten $27^t\ 7^h$ ... brauchen; so aber erreicht er die Sonne erst nach $29^t\ 12^h\ 44'\ 2{,}9''$ wieder. Die Zeit von einer Konjunktion des Mondes bis zur nächsten nennt man die *synodische Umlaufszeit*.

Fig. 225.

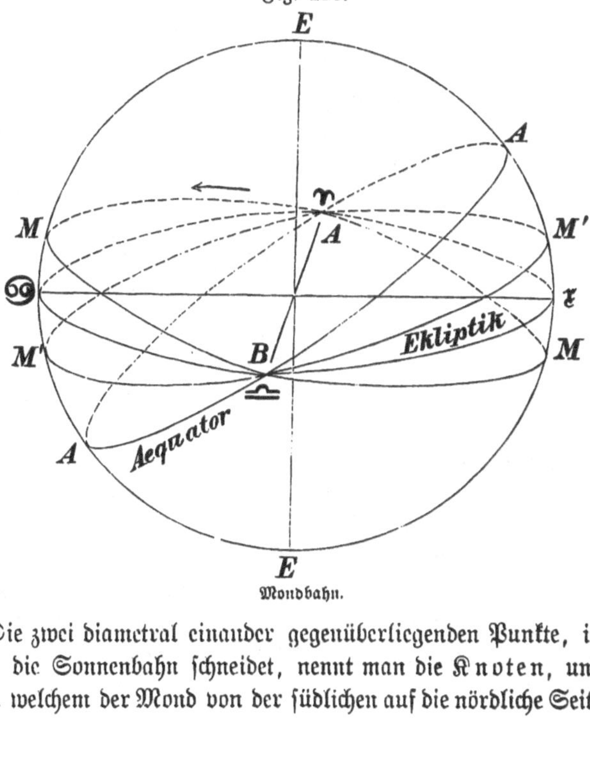

Mondbahn.

Die Bahn des Mondes unter den Fixsternen fällt nicht genau mit der der Sonne zusammen, sie bildet mit ihr einen Winkel von 5° 9′. Die zwei diametral einander gegenüberliegenden Punkte, in welchen die Mondbahn die Sonnenbahn schneidet, nennt man die *Knoten*, und zwar heißt derjenige, in welchem der Mond von der südlichen auf die nördliche Seite der Ekliptik übertritt, der **aufsteigende** und der andere der **absteigende** Knoten (☊, ☋). Es ist bemerkenswert, daß die Mondbahn die Ekliptik nicht immer in denselben Punkten schneidet; sie dreht sich ziemlich rasch, indem sie annähernd immer denselben Winkel mit der Ekliptik beibehält; die Knoten schreiten um ca. 19° in jedem Jahre gegen die Ordnung der Zeichen, also von Ost nach West, vor (die Verrückung der Knotenlinie ist rückläufig). Die Knotenlinie vollendet einen vollen Umlauf in 18 Jahren 219 Tagen. In Fig. 225 bedeutet **MM** die Mondbahn, deren Knotenlinie hier mit ♈ und ♎ zusammenfällt; ♈ ist der aufsteigende und ♎ der absteigende Knoten. Nach ca. $9^1/_2$ Jahren nimmt die Mondbahn die Lage **M′M′** ein; die Knotenlinie hat sich um 180° gedreht; ♈ ist jetzt der absteigende und ♎ der aufsteigende Knoten. In der Lage **MM** bildet die Mondbahn mit dem Äquator einen Winkel von $23^0\,28' + 5^0\,9' = 28^0\,37'$; in der Lage **M′M′** aber nur einen Winkel von $23^0\,28' - 5^0\,9' = 18^0\,19'$.

§. 160. Größe und Bahn des Mondes

§. 160. Größe und Bahn des Mondes. Der Mond erscheint nicht immer in derselben Größe; der scheinbare Durchmesser schwankt zwischen 29′ 22″ und 33′ 31″, was im Mittel 31′ 27″ ergiebt. Hieraus folgert man, daß die scheinbare Bahn des Mondes nicht kreisförmig, sondern elliptisch ist.

Wäre der Mond unendlich weit entfernt, so müßte er zwei Beobachtern, welche sich auf demselben Meridian befinden, welche also den Mond gleichzeitig durch den Meridian gehen sehen, an derselben Stelle des Himmels erscheinen, er müßte für sie gleiche Zenithdistanz haben. Dies ist aber nicht der Fall. Aus der Differenz der Zenithdistanzen nun läßt sich die Entfernung des Mondes berechnen.

Die mittlere Entfernung des Mondes beträgt 51 805 Meilen oder ca. 60 Erdhalbmesser; die kleinste Entfernung ist 49 000 und die größte 54 600 Meilen.

Aus der Entfernung und der scheinbaren Größe des Mondes läßt sich die wirkliche Größe berechnen; der Durchmesser des Mondes beträgt 472 Meilen = 0,2742 oder ca. $^3/_{11}$ Erddurchmesser. Die Oberfläche ist $^3/_{40}$ und das Volumen $^2/_{97}$ von dem der Erde.

Aus der Beobachtung der Flecken auf der Mondscheibe hat man den Schluß gezogen, daß wir immer im wesenlichen nur die eine Hälfte der Oberfläche sehen. Dies beweist, daß sich der Mond innerhalb seiner (siderischen) Umlaufszeit genau einmal um seine Achse dreht.

Doch aber sieht man bald etwas mehr von der westlichen und bald von der östlichen Seite, bald ist uns mehr der Nordpol, bald mehr der Südpol zugekehrt. Diese kleinen Schwankungen oder **Librationen** rühren daher, daß der Mond, wenn er der Erde näher ist, sich rascher, und wenn er ferner von ihr ist, sich schneller in seiner Bahn bewegt, während die Achsendrehung gleichförmig ist; außerdem kann auch die Achse des Mondes nicht auf der Ebene seiner Bahn senkrecht stehen; die Achse macht mit der Bahn einen Winkel von ca. $83^1/_2{}^0$.

§. 161. Die Phasen des Mondes. Wenn Sonne und Mond in Konjunktion sind, so ist es nicht notwendig, daß der Mond gerade vor der Sonne steht und dieselbe verdeckt; denn die Mondbahn bildet mit der Sonnenbahn einen Winkel, der Mond kann also etwas höher oder tiefer als die Sonne stehen; nur wenn der Mond sich in der Nähe eines seiner Knoten befindet, wird er die Sonne bei der Konjunktion ganz oder teilweise verdecken. Jedenfalls aber erscheint der Mond zur Zeit der Konjunktion wie eine dunkele Scheibe — Neumond. — Am folgenden Tage steht er schon 12^{0} östlicher als die Sonne; er geht etwas später auf und wir sehen nun ein kleines Stück der beleuchteten Mondhälfte östlich von der Sonne in Form einer Sichel, welche ihre Spitzen nach Osten wendet. Man könnte die Sichel ☽ zu einem ℨ vervollständigen — zunehmender Mond. Von Tag zu Tag verspätet sich der Aufgang des Mondes; es vergrößert sich sein Abstand von der Sonne und damit auch die helle Sichel, bis nach $7^{2}/_{5}$ Tagen Mond und Sonne in Quadratur stehen und wir die eine Hälfte der Mondscheibe beleuchtet sehen; erstes Viertel. Die konvexe Seite ist der Sonne zu-, die geradlinige der Sonne abgewandt. Der Mond geht jetzt 6 Stunden später auf als die Sonne, er geht abends ungefähr um 6 Uhr durch den Meridian. In den folgenden Tagen nimmt dies beleuchtete Stück der Mondscheibe noch zu, wobei sich immer die stärkere Krümmung nach der Sonne hinwendet, und nach $14^{3}/_{4}$ Tagen haben wir Vollmond; er geht alsdann auf, wenn die Sonne untergeht; Mond und Sonne sind in Opposition. In den folgenden Tagen geht der Mond etwas später unter als die Sonne aufgeht; der beleuchtete Teil ist wieder etwas kleiner, immer die stärkste Krümmung der Sonne zuwendend. Nach abermals $7^{2}/_{5}$ Tagen geht der Mond um 6 Uhr morgens durch den Meridian — letztes Viertel. Von Tag zu Tag nimmt die Sichel ab; ihre Form ☾ ist so, daß man ein 𝔞 daraus machen könnte — abnehmender Mond; dabei nähern sich die Aufgangszeiten, bezüglich die Zeiten des Meridiandurchganges von Sonne und Mond, bis nach Ablauf eines synodischen Monats Sonne und Mond wieder in Konjunktion sind. §.161. Die Phasen des Mondes.

Auch der nicht beleuchtete Teil des Mondes erscheint nicht absolut dunkel; er wird einigermaßen von den Strahlen erhellt, welche die Erde aussendet (aschgraues Licht). Die helle Sichel scheint einer größeren Kugel anzugehören, als der dunkele Teil des Mondes; helle Gegenstände erscheinen stets größer als dunkele.

§. 162. Mond- und Sonnenfinsternisse. 1) Wenn der Mond in der Nähe eines seiner Knotenpunkte und mit der Sonne in Opposition ist, so fällt der Schatten der Erde auf den Mond — es entsteht eine Mondfinsternis, die nach dem Gesagten nur zur Zeit des Vollmondes eintreten kann. §.162. Mond- und Sonnenfinsternisse.

Der kegelförmige Erdschatten ist 216 Erdhalbmesser lang und hat in der Entfernung des Mondes (60 Erdhalbmesser) noch einen Durchmesser von 2,9 Monddurchmessern. Außerdem ist er noch von einem breiten Halbschatten umgeben.

Eine Mondfinsternis kann nur **total** sein, wenn der Mond zur Zeit der Opposition sehr nahe an einem seiner Knotenpunkte oder in einem solchen sich befindet; im anderen Falle wird bloß ein Teil der Mondscheibe von dem Erdschatten getroffen und es entsteht eine **partielle** Mondfinsternis, oder der Erdschatten geht über oder unter dem Monde her.

Der Erdschatten bewegt sich von West nach Ost, wie die Sonne; da aber der Mond rascher nach Osten fortschreitet, so muß er auf der westlichen Seite in den Schatten ein= und auf der östlichen austreten. (Wir sehen dabei von der Drehung des Mondes und der Sonne um die Weltachse, da sie beiden gemein ist, ab.)

2) Wenn der Mond zur Zeit der Konjunktion in oder ganz in der Nähe eines seiner Knotenpunkte sich befindet, so wird die Sonne durch den Mond verdeckt, es entsteht eine **Sonnenbedeckung** durch den Mond oder eine **Sonnenfinsternis**. Steht der Mond genau in einem seiner Knotenpunkte, so entsteht eine **totale** oder eine **ringförmige** Sonnenfinsternis, freilich nur in dem Momente, wo das Auge des Beobachters, der Mittelpunkt des Mondes und der der Sonne genau in gerader Linie liegen. Sonne und Mond sind selbst zur Zeit der Konjunktion nicht immer gleichweit voneinander entfernt; ist der Mond zu dieser Zeit möglichst nahe an der Sonne, so wird die Finsternis ringförmig.

Befindet sich der Mond zur Zeit der Konjunktion nicht sehr nahe an einem seiner Knotenpunkte, so entsteht entweder gar keine Sonnenfinsternis oder eine partielle.

d. Die wirkliche Bewegung der Himmelskörper.

§. 163. Gestalt und Größe d. Erde.

§. 163. Gestalt und Größe der Erde. Die Erde hat, wie schon aus dem geographischen Unterrichte bekannt, die Gestalt einer an den Polen abgeplatteten Kugel. Die hauptsächlichsten Gründe dafür sind:

1) Der Horizont erscheint überall kreisförmig, namentlich auf dem Meere. Je höher man sich über die Erde erhebt, um so größer erscheint der Horizont.

2) Die östlichen Gegenden werden eher erleuchtet als die westlichen.

3) Von fernen Gegenständen sieht man nur die oberen Teile; von abfahrenden Schiffen verschwindet auf dem Meere zuerst der Rumpf und nach und nach auch die Masten.

4) In östlicheren Gegenden gehen die Gestirne früher auf als in westlichen. Dagegen sieht man an Orten, welche auf demselben Erdmeridian liegen, die Gestirne zu derselben Zeit aufgehen.

5) Der Sternhimmel ändert sich, wenn man von Norden noch Süden reist.

6) Alle Himmelskörper sind rund; ferner sieht man bei Mondfinsternissen, daß der Schatten der Erde rund ist.

7) Wenn man die Erde als Kugel annimmt, so läßt sich leicht erklären, warum der Winkel, den die Weltachse mit dem Horizonte bildet, gleich der geographischen Breite des Beobachtungsortes ist. Man muß jedoch dabei annehmen, daß die Erdachse mit der Weltachse und also auch die Ebene des Himmelsäquators mit der des Erdäquators zusammenfällt. Es sei NS (Fig. 226) die Achse der Erdkugel, AA′ der Äquatordurchmesser, O ein Ort auf der Erdoberfläche, HH′ der Horizont an diesem Orte und MOZ die Scheitellinie, so ist die Weltachse OP der Achse NS parallel. Nun ist Bogen OA oder Winkel OMA die geographische Breite des Ortes O und POH der Neigungswinkel der Weltachse gegen den Horizont. Es ist aber, wie leicht zu sehen, ∢OMA = ∢POH. Die Erde ist an den Polen abgeplattet; man hat dies dadurch festgestellt, daß man sowohl in der Nähe des Äquators, wie im hohen Norden größere Stücke von Meridiankreisen gemessen hat — Gradmessung. Man hat dabei gefunden, daß die Erde an den Polen stärker gekrümmt ist, als am Äquator, daß sie also dort einer kleineren Kugel angehört als hier.

Fig. 226.

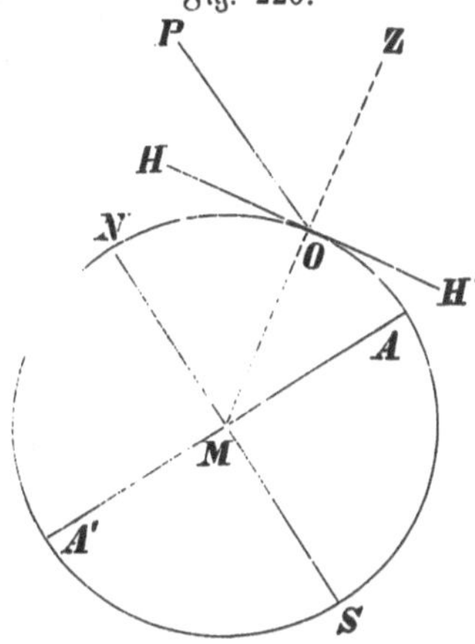

Lage der Weltachse.

Die Erde ist hiernach eine Art Ellipsoid (eiförmige Gestalt), dessen große Halbachse (am Äquator) 6 377 398 m = 1 719 geographische Meilen und deren kleine Halbachse (vom Mittelpunkte nach einem der Pole) 6 356 080 m = 1 712 geographische Meilen beträgt. Die Abplattung ist $\frac{1}{299}$. Der Meter ist dabei als der zehnmillionste Teil eines Erdmeridianquadranten genommen. Eine geographische Meile ist der 15. Teil eines Grades des Äquators; sie hat 7 420,4 m. Der Äquator hat 5 400 Meilen.

§. 164. Die Achsendrehung der Erde. Alle Fixsterne scheinen sich in 24 Stunden einmal um die verlängerte Erdachse in der Richtung von Ost nach West zu drehen. Übrigens würde man ganz denselben Anblick haben, wenn die Sterne stillständen und die Erde sich in 24 Stunden einmal in der Richtung von West nach Ost um ihre Achse drehte. Daß die Sterne sich drehen ist sehr unwahrscheinlich, denn es müßten sich alle Sterne mit Geschwindigkeiten bewegen, welche ihren Abständen von der Weltachse proportional wären; sie hätten also sehr verschiedene Geschwindigkeiten; diejenigen namentlich, welche sehr weit von der Erdachse entfernt sind, müßten sich mit ganz ungeheuren Geschwindigkeiten im Kreise drehen.

§. 164. Die Achsendrehung der Erde.

Zudem ist nicht anzunehmen, daß sich alle Sterne um die kleine Erde drehen sollten, namentlich die Sonne, welche einen 112mal größeren Durchmesser hat. Aus der Achsenumdrehung der Erde erklärt sich auch die Abplattung (siehe Fig. 59, S. 38).

Übrigens hat man auch die Achsendrehung durch den Foucaultschen Pendelversuch direkt nachgewiesen. Läßt man ein Pendel schwingen, so behält es vermöge der Trägheit seine Schwingungsebene bei, selbst wenn die Erde sich unter ihm dreht. Man kann dies sehr hübsch mit Hilfe der Schwungmaschine zeigen. Auf einer horizontalen Holzscheibe, welche auf eine Schwungmaschine gesetzt werden kann, steht ein Messingbogen M N (Fig. 227), in dessen Mitte ein Fadenpendel befestigt ist. Stößt man das Pendel nach irgend einer Richtung, z. B. längs der Linie A B an, so behält es diese Richtung, auch wenn die Schwungmaschine umgedreht wird und die auf das Grundbrett gezeichnete Linie A B allmählich in andere Lagen, z. B. in die C D, übergeht. Nach und nach bildet die Linie A B beim Drehen immer größere und größere Winkel mit der Schwingungsebene des Pendels, um schließlich, nachdem das Brett eine volle Umdrehung ausgeführt, wieder in dieselbe zu fallen.

Fig. 227.

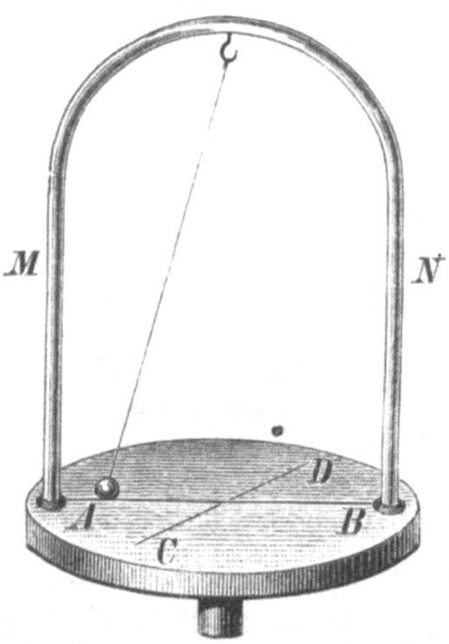

Scheinbare Drehung des Pendels.

Dieser Versuch versinnlicht genau die Erscheinung, wie sie am Pol stattfindet. Da wir die Drehung der Erde nicht beobachten können, so meinen wir, das Pendel drehe sich. Diese scheinbare Drehung erfolgt in der Richtung von Ost nach West, also muß die Erde sich umgekehrt, von West nach Ost drehen.

In niederen Breiten macht das Pendel innerhalb 24 Stunden keine volle Umdrehung, sie beträgt in der Stunde bei uns nur 11° statt 15°; es rührt dies daher, weil die Richtung des Pendelfadens nicht in die Erdachse fällt, sondern mit ihr einen Winkel bildet. Am Äquator, wo die Erdachse auf der Pendelrichtung senkrecht steht, scheint die Schwingungsebene des Pendels sich gar nicht zu drehen. Schwingt es einmal in der Richtung des Meridians, so behält es diese Richtung bei, und da am Äquator die Richtung des Meridians bei der Drehung stets sich selbst parallel bleibt, so muß sie auch mit der unveränderlichen Schwingungsebene des Pendels gleiche Richtung behalten.

§. 165. Die fortschreitende Bewegung der Erde.

§. 165. Die fortschreitende Bewegung der Erde. Die Achsendrehung der Erde erklärt wohl den scheinbaren täglichen Umschwung der Gestirne um die Weltachse, nicht aber die jährliche Bewegung der Sonne um den Fixsternhimmel, noch die bald recht-, bald rückläufige Bewegung der Planeten. Wenn man aber annimmt, daß die Sonne stillstehe und die Erde sich in der Ebene der Ekliptik von West nach Ost bewege, so läßt sich leicht die scheinbare, jährliche Bewegung der Sonne zu demonstrieren. Denkt man sich die Sonne S (Fig. 228) in die Mitte der Ekliptik gestellt und nehmen wir an, die Erde befinde

Fig. 228.

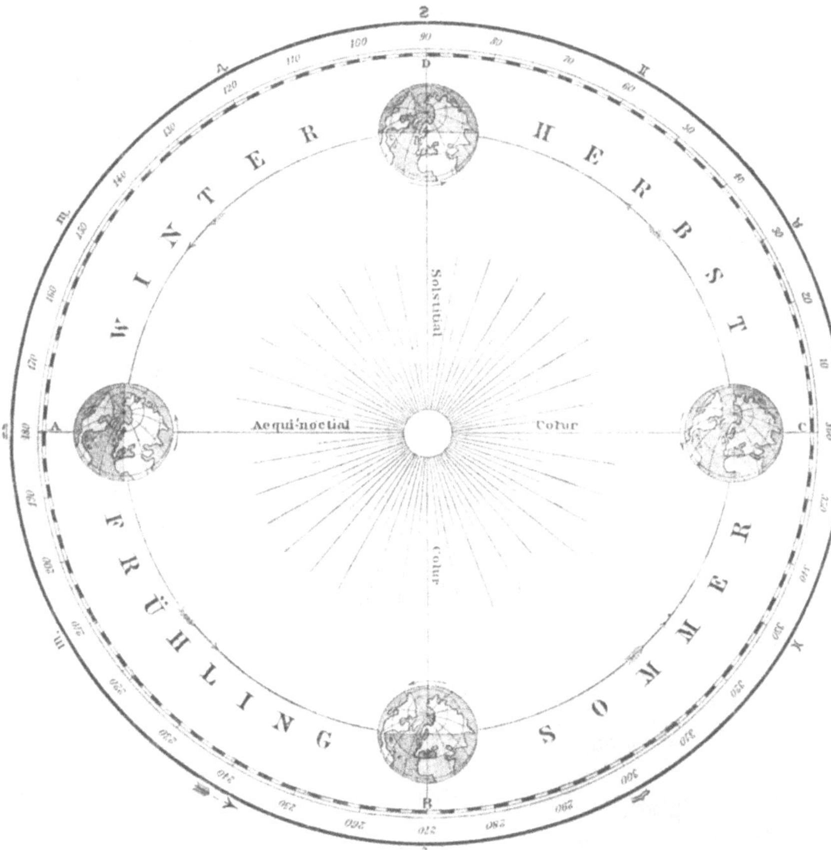

Fortschreitende Bewegung der Erde.

sich momentan an dem Punkte A ihrer Bahn, so daß man von ihr aus nach der Sonne sehend das Zeichen des Widders erblickt oder richtiger, daß das Zeichen des Widders gerade von der Sonne verdeckt ist, so muß, wenn die Erde von West nach Ost fortschreitet, nach und nach das Zeichen des Stieres, der Zwillinge ꝛc. verdeckt werden; d. h. es muß scheinen, als ob die Sonne den Tierkreis in der Richtung von West nach Ost durchwandere.

Hat die Erde bis zum 21. Juni ein Viertel ihrer Bahn durchlaufen, ist sie bis B gekommen, so steht die Sonne im Zeichen des Krebses; nach einem halben Jahre, wenn die Erde auf ihrer Bahn bis C gekommen ist, steht die Sonne im Zeichen der Wage ꝛc.

Aus dem Gesagten ist aber noch nicht ersichtlich, wie es kommt, daß die Sonne im Laufe des Jahres in verschiedenen Parallelkreisen sich bewegt. Wenn die Erdachse auf der Ekliptik senkrecht stände, so würde bei jeder Umdrehung der Erde um ihre Achse die Sonne sich im Äquator zu bewegen scheinen, sie würde außerdem ihre Strahlen stets senkrecht auf den Äquator schicken, was bekanntlich nicht der Fall ist. Nimmt man aber an, daß die Erdachse einen Winkel von $66^1/_2{}^0$, also der Erdäquator einen Winkel von $23^1/_2{}^0$ mit der Ekliptik bildet, so läßt sich auch der Umstand leicht erklären, daß die Sonne nicht immer in demselben Parallelkreis sich um die Erde schwingt.

Zunächst ist zu bemerken, daß ein Körper, welcher sich um eine Achse dreht, ohne daß seiner Bewegung irgend welche Hindernisse entgegenstehen, seine Drehungsebene vermöge der Trägheit unverändert beibehält; auch wenn der Körper sich im Raume bewegt, bleibt die Drehungsachse stets sich selbst parallel. Man kann dies mit Hilfe des Bohnenbergerschen Maschinchens (Fig. 229) leicht durch den Versuch nachweisen. Eine Kugel kann sich in drei Ringen frei drehen, so daß man der Achse jede beliebige Richtung geben kann. Versetzt man die Kugel in Rotation, indem man einen Faden um die Achse wickelt und dann denselben rasch abzieht, so behält die Achse die Richtung, welche man ihr giebt, unverändert bei, auch wenn man den Apparat auf eine Schwungmaschine stellt und dieselbe umdreht; der Apparat macht einen Umgang im Kreise und die Ringe drehen sich so, daß die Achse stets nach derselben Richtung hinweist.

Fig. 229.

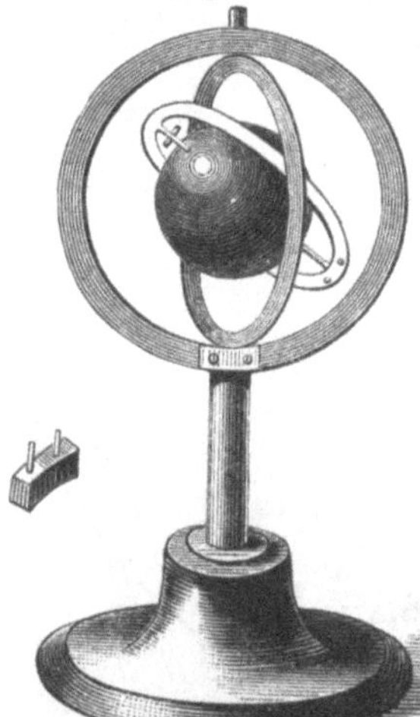

Bohnenbergers Maschinchen.

Da am 21. März und 23. September die Sonne im Himmelsäquator zu gehen scheint und ihre Strahlen senkrecht auf den Erdäquator schickt, so muß man annehmen, daß zu dieser Zeit (bei A und C) die Erdachse so stehe, daß, wenn man sie auf die Ekliptik niedersenkt (projiziert), sie auf der Verbindungslinie der Sonne mit der Erde (Äquinoktialkolur) senkrecht steht. In diesem Falle wirft die Sonne, wenn die Erde sich dreht, ihre Strahlen stets senkrecht auf den Erdäquator, oder mit anderen Worten, sie scheint sich im Himmelsäquator, der mit dem Erdäquator in einer Ebene liegt, zu drehen.

Wenn aber die Erde bei B steht (am 21. Juni), so ist jetzt der Nordpol der Erdachse, welche bei der Bewegung der Erde in der Ekliptik stets sich selbst parallel bleibt, der Sonne zugewandt, welche, während einer Umdrehung der Erde um ihre Achse, ihre Strahlen stets senkrecht auf den nördlichen Wendekreis schickt; die Sonne scheint sich also zu dieser Zeit in einem Parallelkreis von $23^1/_2{}^0$ nördlicher Deklination zu bewegen.

Ebenso leicht ist zu sehen, daß, wenn die Erde (am 21. Dezember) bei D steht, die Sonne ihre Strahlen stets senkrecht auf den südlichen Wendekreis wirft, sich also in einem Parallelkreise von $23^1/_2{}^0$ südlicher Deklination zu bewegen scheint.

In den Zwischenlagen scheint die Sonne sich nach und nach in allen Parallelkreisen von $23^1/_2$ südlicher bis $23^1/_2{}^0$ nördlicher Deklination zu drehen.

Hiermit ist der ganze scheinbare Lauf der Sonne erklärt.

Was aus dieser Bewegung in Bezug auf den Wechsel der Jahreszeiten 2c. folgt, setzen wir als aus der Geographie bekannt voraus.

§. 166. Das Weltsystem des Kopernikus, Kepler, Newton. Während man in den älteren Zeiten die Erde als ruhend betrachtete (System von Ptolemäus 150 n. Chr.), hat Kopernikus in Thorn (1543) die Ansicht aufgestellt, daß die Erde zweierlei Bewegung mache, eine tägliche, welche in einer Drehung um ihre Achse, und eine jährliche, welche in einem fortschreitenden, kreisähnlichen Umgange um die Sonne bestehe. Es schien ihm natürlicher, die kleineren Körper (die Erde und die übrigen Planeten) um den größten sich bewegen zu lassen, als umgekehrt. §. 166. Das Weltsystem des Kopernikus, Kepler, Newton.

Später (im Jahre 1610) hat Kepler aus sorgfältigen eigenen und fremden Beobachtungen, namentlich des Planeten Mars durch Tycho de Brahe, drei Gesetze aufgestellt, von denen wir hier nur eins anführen:

Alle Planeten bewegen sich in Ellipsen, in deren einem Brennpunkte die Sonne steht.

Daß die Erde sich nicht in einem Kreise bewegt, in dessen Mittelpunkte die Sonne steht, ersieht man schon daraus, daß der scheinbare Durchmesser der Sonne im Winter größer ist, als im Sommer, daß wir also im Winter der Sonne näher sind. (Daß es trotzdem im Sommer wärmer ist, rührt von der längeren Tageszeit und der größeren Höhe der Sonne her.)

Newton (1642—1727) suchte diese Erscheinung durch die Annahme zu erklären, daß alle Körper einander anzögen — Newtons Gravitationsgesetz (vergl. §. 36). Die Anziehung ist dem Produkte der Massen der beiden einander anziehenden Körper und dem Quadrat der Entfernung derselben voneinander umgekehrt proportional. In unserem Planetensystem überwiegt die Sonne dermaßen an Masse, daß man bloß von der Anziehung, welche sie auf die Planeten ausübt, zu reden braucht, ähnlich wie man auch bloß von der Anziehung der Erde auf einen in ihrer Nähe befindlichen Stein redet und die Anziehung von seiten des Steines außer Betracht läßt.

Wollte man aber bloß annehmen, die Sonne zöge einen der Planeten an, so würde derselbe in gerader Richtung auf die Sonne zulaufen; Newton fügte deshalb noch die Hypothese bei, daß jeder Planet von Anfang an zugleich eine Bewegung seitwärts (welche nicht nach der Sonne gerichtet sei) besitze. Dann läßt sich die elliptische Bewegung leicht erklären. Es sei A (Fig. 230) ein Planet und M die Sonne; ferner sei AB die Richtung und Größe der Geschwindigkeit, welche der Planet im Punkte A seiner Bahn besitze. Würde der Planet nur seiner Geschwindigkeit folgen, so legte er in einer Sekunde den Weg AB zurück; folgte er andererseits blos der Anziehung der Sonne, so würde er in einer Sekunde etwa bis C in der Richtung AM gelangen. Nun hat er aber beide Bewegungen und geht deshalb in der Diagonale AD des Parallelogramms, welches man aus AB und AC konstruieren kann. Wenn in der nächsten Sekunde die Sonne nicht zöge, so würde der Planet vermöge der Trägheit in der Richtung AD um die Strecke DE = AD weitergehen, und wenn die Sonne allein wirkte, so würde er sich von D bis F bewegen; er schlägt deshalb die Richtung der Diagonale DG des Parallelogramms DFGE ein. In der nächsten Sekunde geht er von G nach K ꝛc. So erhält man die gebrochene Bahn ADGK, welche, wenn man die Zeitteilchen recht klein annimmt, in eine krummlinige (elliptische) übergeht.

Fig. 230.

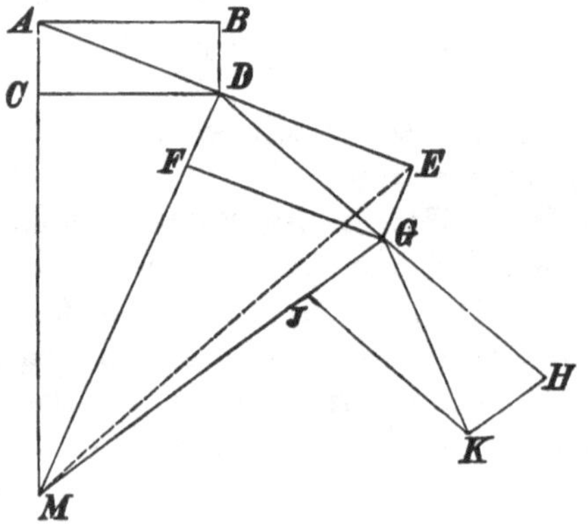

Centralbewegung.

Die Nebenplaneten, welche von der Sonne und ihren Hauptplaneten merklich angezogen werden, machen eine ziemlich komplizierte Bewegung im Raume; dagegen ist die scheinbare Bewegung z. B. unseres Mondes um die Erde wiederum eine Ellipse; von der Erde aus gesehen macht der Mond eine elliptische Centralbewegung um die Erde.

§. 167. Erklärung der scheinbaren Bewegung der Planeten.

§. 167. Erklärung der scheinbaren Bewegung der Planeten. Es sei S (Fig. 231) die Sonne, der kleinere Kreis die Bahn eines unteren Planeten, z. B. der Venus, und der größere die Bahn der Erde. Je näher ein Planet an der Sonne, um so stärker wird er angezogen, und um so rascher bewegt er sich auf seiner Bahn. Venus macht also einen Umlauf um die Sonne in kürzerer Zeit als die Erde. Ist nun die Erde in E′ und die Venus in V′, d. h. ist die Venus in ihrer oberen Konjunktion, so wird Venus nach einiger Zeit in V″ und Erde in E″ sein — alle Planeten gehen in der Richtung von West nach Ost um die Sonne. Zieht man von E″ eine Parallele E″O mit E′V′, so giebt dies die Richtung an, in der Venus erschien, als die Erde sich in E′ befand. Jetzt aber sieht man Venus in der Richtung E″V″. Sie hat sich also um den Winkel O E″V″ in derselben Richtung scheinbar, d. h. von der Erde aus gesehen, bewegt, in welcher sie sich wirklich bewegt hat; ihre scheinbare Bewegung geht also von Ost nach West — Venus ist rechtläufig.

Fig. 231.

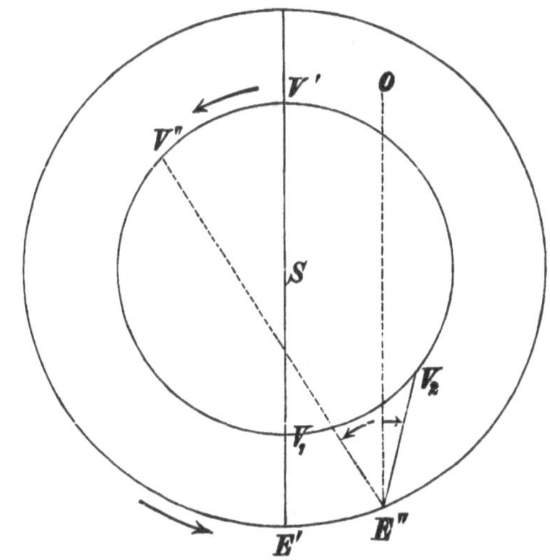

Recht- und rückläufige Bewegung.

Befindet sich aber Venus in V_1, während Erde in E′ ist, d. h. ist Venus in ihrer unteren Konjunktion, so befindet sie sich nach einiger Zeit in V_2, während Erde in E″ ist; dabei ist E′E″ ∠ $V_1 V_2$. Der Winkel O E″V_2 giebt an, um wieviel sich Venus scheinbar gedreht hat. Diese Bewegung erfolgt in einer Richtnng, welche der wirklichen entgegengesetzt ist; Venus scheint sich von Ost nach West zu bewegen, sie ist jetzt rückläufig.

In ähnlicher Weise läßt sich auch aus der wirklichen Bewegung die scheinbare bald recht-, bald rückläufige der oberen Planeten erklären.

§. 168. Die Planetenbahnen. Nachstehende Tabelle enthält die wichtigsten Angaben über die Planetenbahnen: §. 168. Die Planetenbahnen.

Name des Planeten	Mittlerer Abstand von der Sonne	Siderische Umlaufszeit			Synodische Umlaufszeit		Neigung der Bahn		Excentricität	Durchmesser des Planeten.
Merkur . .	0,3871	87ᵗ	23ʰ	16′	115ᵗ	21ʰ	7°	0,2′	0,206	650 Meilen
Venus . . .	0,7233	224	16	49	583	22	3	23,5	0,007	1717 „
Erde	1,0000	365	6	9	—	—	0	0	0,017	1719 „
Mars . . .	1,5237	686	23	30	780	0	1	51,1	0,093	900 „
Jupiter . .	5,2028	4332	14	2	398	22	1	18,7	0,048	20000 „
Saturn . .	9,5388	10759	5	16	378	2	2	29,5	0,056	16305 „

Unter mittlerem Abstand eines Planeten von der Sonne versteht man die große Halbachse seiner elliptischen Bahn. Sie ist in unserer Tabelle in mittleren Erdabständen von der Sonne angegeben (Abstand der Erde von der Sonne = 1).

Die siderische Umlaufszeit bedeutet einen vollen Umlauf um die Sonne (360°).

Die synodische Umlaufszeit ist die Zeit von einer gleichnamigen z. B. oberen Konjunktion bis zur nächsten. Stände die Erde still, so wäre siderische und synodische Umlaufszeit einerlei.

In Erdjahren ausgedrückt beträgt die siderische Umlaufszeit des Merkur 0,24, der Venus 0,61, des Mars 1,88, des Jupiter 11,87 und des Saturn 28,47 Jahre. Die Planetenbahnen bilden mit der Erdbahn (Ekliptik) verschiedene Winkel — Neigung der Bahn. Die Linien, in welchen die Planetenbahnen die Erdbahn schneiden, nennt man die Knotenlinien; auch unterscheidet man hier, wie beim Monde, einen aufsteigenden und einen absteigenden Knoten. Ebenso verrückt sich die Knotenlinie im Laufe der Zeit.

Unter Excentricität versteht man die Entfernung der Sonne von dem Mittelpunkte der elliptischen Bahn, gemessen durch den mittleren Abstand von der Sonne, d. i. durch die große Halbachse. Je kleiner die Excentricität, um so kreisähnlicher ist die Bahn. Hiernach nähert sich die Bahn der Venus dem Kreis am meisten.

Die Geschwindigkeit der Bewegung der Planeten in ihrer Bahn ist um so größer, je näher sie an der Sonne sind. In der Sekunde legen zurück: Merkur 6,7 Meilen; Venus 4,9; Erde 4,7; Mars 3,4; Jupiter 1,7; Saturn 1,3.

Die letzte Spalte der Tabelle giebt die Durchmesser der Planeten in Meilen an.

e. Näheres über die bekanntesten Himmelskörper.

§. 169. Größe, Entfernung und physische Beschaffenheit der Sonne.

§. 169. Größe, Entfernung und physische Beschaffenheit der Sonne.

1) Der mittlere scheinbare Durchmesser der Sonne beträgt 32′; ihr wirklicher Durchmesser ist 112 mal so groß als der Durchmesser der Erde (190 000 geogr. Meilen) und ihre Entfernung von der Erde nahe 20 Millionen geogr. Meilen. Das Volumen der Sonne ist 1 404 928 mal größer als das der Erde; die Dichtigkeit ist etwa $^1/_4$ von der der Erde, welche $5^1/_2$ beträgt, die also $5^1/_2$ mal schwerer ist, als eine gleichgroße Wasserkugel. Die Dichte der Sonne im Vergleich zum Wasser ist 1,38.

2) Die Sonne zeigt, wie man sich mit Hilfe eines Fernrohres überzeugen kann, sehr viele verschiedengestaltete dunkele Flecken, welche man Sonnenflecken nennt. Es giebt Zeiten, in welchen die Sonne mehr, andere, in denen sie weniger Flecken zeigt. Es scheint in dieser Beziehung eine Periode von $11^1/_2$ Jahren

zu herrschen. Man glaubt beobachtet zu haben, daß in Zeiten, wo die Sonne mehr Flecken zeigt, stärkere Schwankungen der Magnetnadel stattfinden als sonst.

Neben den Sonnenflecken findet man oft Stellen, welche heller sind, als der übrige Teil der hellen Sonnenscheibe und die man Sonnenfackeln genannt hat.

Aus dem Kommen und Verschwinden der Flecken hat man auf eine Achsendrehung der Sonne geschlossen, welche eine Dauer von $25^1/_2$ Tagen hat.

3) Nach Kirchhoff und Bunsen ist die Sonne in höchster Weißglut und von einer Dampfatmosphäre umgeben. Ein glühender Körper erzeugt ein vollständiges Spektrum ohne dunkele Linien; nun zeigt aber das Sonnenspektrum die bekannten Fraunhoferschen Linien (§. 141). Es rührt dies daher, daß die Dampfatmosphäre einzelne Farben absorbiert. Ein glühendes Glas oder ein glühender Dampf verschluckt diejenige Farbe, welche er selbst ausschickt; der gelbe Natriumdampf verschluckt z. B. gelbes Licht. Wenn nun das Licht des glühenden Sonnenkörpers durch die Sonnenatmosphäre strahlt und diese Natriumdampf enthält, so verschluckt derselbe mehr von dem gelben Lichte des Sonnenkörpers, als er selbst ausstrahlt; daher erscheint denn auch im Sonnenspektrum eine dunkle Linie im Gelben. Aus der Lage der dunkelen Linien läßt sich also ein Schluß ziehen, welche Metalle in der Sonnenatmosphäre und gleichfalls im Sonnenkörper enthalten sind; ein Metall, das dampfförmig helle Linien giebt, welche dieselbe Stellung im vollständigen Spektrum einnehmen, wie einzelne Fraunhofersche dunkele im Sonnenspektrum, ist jedenfalls im Sonnenkörper enthalten. Die Fraunhoferschen Linien geben uns also hinlänglichen Anhalt, einen Schluß auf die im Sonnenkörper enthaltenen Metalle zu machen. Auf diese Art hat man im Sonnenkörper Natrium, Magnesium, Kalium, Eisen, Zink, Silber und Kupfer nachgewiesen.

4) Bei totalen Sonnenfinsternissen beobachtet man innerhalb eines Strahlenkranzes — corona — welcher auf eine die Sonne umhüllende Atmosphäre hindeutet, Protuberanzen, deren Höhe bis zu 20 000 Meilen geschätzt wird. Das Spektrum derselben besteht aus einzelnen hellen Linien, welche denen des Wasserstoffes entsprechen (vergl. die Spektraltafel). Außerdem hat der Astronom Secchi erkannt, daß die Sonnenfackeln ebenfalls brennende Wasserstoffmassen sind.

§. 170. Physische Beschaffenheit des Mondes. Auf der Mondoberfläche erkennt man schon mit bloßem Auge dunkele Flecken, welche sich im Fernrohre als weite Ebenen ausweisen; man hielt sie früher für Meere und hat diesen Namen auch heute noch beibehalten. Außerdem erblickt man auf dem Monde eine große Zahl meist ringförmiger Gebilde, von denen die größeren Wallebenen und die kleineren Krater heißen. Gewisse längliche Gebilde, welche in der Mitte grubenartig eingeschnitten sind, nennt man Längskrater oder Rillen. Außerdem giebt es aber auch noch Gebirgssysteme, welche denen unserer Erde ähnlich sind. Die

§. 170. Physische Beschaffenheit des Mondes.

höchsten dieser zerstreuten Bergkegel sind kaum minder hoch als die höchsten Berge auf der Erde. Meist findet sich in der Mitte der größeren ringförmigen Gebirgsformationen (Wallebenen und Ringgebirge) eine vereinzelte Bergkuppe.

Man glaubt, daß die Gebirgsbildung auf dem Monde durch vulkanische Thätigkeit hervorgerufen worden sei. Übrigens sind auch im Laufe der Zeit Veränderungen in der Gebirgsformation eingetreten. Die Schatten der Gebirge sind sehr scharf und schwarz; Dämmerung giebt es auf dem Monde nicht; wo die Sonne nicht hinscheint, ist es absolut dunkel und daher ist man auch der Überzeugung, daß der Mond keine Atmosphäre und kein Wasser habe. Die Dämmerung, welche auf unserer Erde bekanntlich kurz vor Sonnenaufgang und nach Sonnenuntergang stattfindet, hat ihren Grund darin, daß die nicht sehr tief unter dem Horizonte befindliche Sonne ihre Strahlen in unsere Atmosphäre schickt; die Dunstteilchen und die Wolken werden dadurch beleuchtet und reflektieren auch wohl einen Teil des Lichtes nach der Erde hin. Hätte die Erde keine Atmosphäre, so würde nach Untergang der Sonne plötzlich volle Dunkelheit eintreten, wie es denn auch so lange vollständig finster wäre, bis die Sonne über den Horizont steige.

Da der Mond keine Atmosphäre hat, so kann auch von organischem Leben, wie auf der Erde, wohl nicht die Rede sein.

§. 171. Merkur u. Venus.

§. 171. Merkur und Venus. 1) In betreff des Merkur bemerken wir nur, daß er schwer sichtbar ist, teils wegen seiner Kleinheit, teils wegen der geringen Entfernung von der Sonne. Wenn er seine größte Elongation von der Sonne hat (28°), so ist er entweder kurz vor Sonnenaufgang am östlichen, oder kurz nach Sonnenuntergang am westlichen Himmel als rötlicher Punkt sichtbar. Durchgänge des Merkur kommen in jedem Jahrhundert 13 vor; die nächsten finden am 7. Nov. 1881, am 9. Mai 1891 und am 10. Nov. 1894 statt.

2) Venus ist der hellste und größte Stern (außer Mond und Sonne). Da sie sich nur höchstens 48° von der Sonne entfernen kann, so ist sie nicht immer sichtbar. Wenn ihre Elongation ziemlich groß ist, so erscheint sie entweder am östlichen Himmel vor Sonnenaufgang als Morgenstern oder am westlichen Himmel nach Sonnenuntergang als Abendstern.

Venus zeigt im Fernrohre wechselnde Phasen wie der Mond.

Die Durchgänge der Venus sind für die Astronomen deshalb besonders wichtig, weil sich hieraus die Entfernung der Sonne ꝛc. bestimmen läßt.

Die nächsten Durchgänge finden am 6. Dez. 1882, am 7. Juni 2004 und am 5. Juni 2012 statt.

§. 172. Mars, Jupiter und Saturn.

§. 172. Mars, Jupiter und Saturn. 1) Das Licht des Mars ist rötlich; seine Achsendrehung dauert, wie man aus der Bewegung der Flecken, die man an seiner Oberfläche bemerkt, folgern kann, 24 Stunden. An den Polen ist er deutlich abgeplattet und zeigt dort, namentlich zur Winterzeit, große weiße Flecken, welche man für Eismassen hält. Man schließt daraus, daß Mars einen Wechsel der

Jahreszeiten besitze, wie die Erde. Seine Achse bildet mit seiner Bahn ca. $28^1/_2{}^0$. Zur Zeit der Quadratur ist eine Abnahme der Marsscheibe an der der Sonne abgewendeten Seite zu bemerken.

2) Jupiter, der größte der Planeten, nächst Venus am hellsten strahlend, ist stark an den Polen abgeplattet und hat am Äquator eigentümliche Querstreifen. Seine Achsendrehung vollendet er in nicht ganz 10 Stunden.

Jupiter hat vier Monde.

Der erste, d. i. der nächste Mond hat für die Optik insofern eine Bedeutung erlangt, als Olaf Römer an ihm zuerst die Geschwindigkeit des Lichtes bestimmt hat. Der erste Trabant bleibt bei seinem Umgange um den Jupiter 42^h 28′ 26,7″ im Schatten, wenn die Erde sich währenddessen nicht wesentlich vom Jupiter entfernt (oder ihm nähert). Geht aber die Erde gerade vom Jupiter weg und zwar um 612 000, so bleibt der Mond scheinbar 42^h 28′ 39″ im Schatten. Wenn der Jupitermond eben in den Schatten seines Hauptplaneten tritt, so schickt er uns seinen letzten Strahl zu und es dauert einige Zeit, bis dieser Strahl zu uns gelangt; gesetzt, es seien x Sekunden; wir sehen dann den Trabanten noch x Sekunden lang, obwohl er bereits in den Schatten getreten ist. Wenn der Jupitermond wieder aus dem Schatten tritt, so schickt er uns seinen ersten Strahl, und falls die Erde vom Jupiter noch ebensoweit entfernt ist, so braucht der erste Strahl wiederum x Sekunden, bis er zu uns gelangt; wir sehen also den Austritt des Trabanten x Sekunden später als er wirklich stattgefunden. Im ganzen ist aber die scheinbare Dauer des Verweilens im Schatten so groß wie die wirkliche. Wenn aber die Erde sich vom Jupiter entfernt, während der Mond im Schatten ist, so braucht der erste Lichtstrahl nach dem Austritt mehr Zeit, um zu uns zu gelangen, als der letzte beim Eintritt.

Nach dem oben Angegebenen braucht das Licht 42^h 28′ 39″ — 42^h 28′ 26,7″ = 12,3″ um einen Weg von 612 000 Meilen zurückzulegen, was in einer Sekunde 49 700 Meilen macht. Mit Berücksichtigung verschiedener Umstände findet sich die richtigere Zahl 42 000 Meilen.

3) Der Planet Saturn zeichnet sich vor allen Planeten dadurch aus, daß er von einem freischwebenden Ringe umgeben ist. Dieser Ring, als welchen ihn Huyghens zuerst erkannte, hat, je nach der relativen Lage gegen uns, ein verschiedenes Aussehen.

Saturn dreht sich in ca. $10^1/_2{}^h$ einmal um seine Achse, daher ist er auch stark abgeplattet; die Abplattung ist $= \frac{1}{10}$. Saturn ist von 8 Monden begleitet.

§. 173. Uranus, Neptun und die Planetoiden. 1) Uranus wurde von Herschel 1781 entdeckt. Sein Durchmesser beträgt 7 466 Meilen, sein Abstand von der Sonne 366,5 Millionen Meilen und seine siderische Umlaufszeit ca. 84 Jahre. Uranus hat ebenfalls mehrere Trabanten. §. 173. Uranus, Neptun und die Planetoiden.

2) Neptun, seit 1846 bekannt, hat einen Durchmesser von 8 400 Meilen, eine Entfernung von 36 Erdweiten und eine Umlaufszeit von 217 Jahren. Er besitzt auch einen Trabanten.

Die Planeten werden allerdings im wesentlichen durch die Anziehungskraft der Sonne in elliptischer Bewegung erhalten; da aber die einzelnen doch nicht ganz ohne Einfluß aufeinander sind, so erleiden die elliptischen Bahnen derselben kleine

Veränderungen — Perturbationen oder Störungen. Aus den Störungen nun, welche die Bahn des Uranus erleidet, hat Leverrier den Ort des Neptun, welcher diese Störungen verursachte, berechnet, ohne ihn zuvor gesehen zu haben. Gall in Berlin fand den Planeten genau an der von Leverrier bezeichneten Stelle.

3) Zwischen Mars und Jupiter ist ein unverhältnismäßig großer Zwischenraum. Man vermutete deshalb schon in früherer Zeit, daß innerhalb dieser Lücke noch ein Planet sein müsse; man fand aber statt dessen über 200 kleine Planeten, sogenannte Planetoiden oder Asteroiden. Die größten sind: Ceres, Vesta, Pallas und Juno, die kleinsten Atalanta, Maja, Sappho und Clio; der Durchmesser der Ceres beträgt 46, der der Clio 3,9 Meilen.

§. 174. Kometen.

§. 174. Kometen. Die Kometen oder Haarsterne zeigen einen rundlichen, hellen Kern, der von einer nebelartigen Hülle, die sich meist in einen Schweif verlängert, umgeben ist. Bei einigen fehlt der Schweif, andere haben einen doppelten.

Die Bahn eines Kometen kann elliptisch, parabolisch oder hyperbolisch sein; in den beiden letzten Fällen kann ein Komet nur einmal bei uns erscheinen, um dann für immer aus unserem Gesichtskreise zu kommen. So hat z. B. der Donatische Komet, welcher 1858 sichtbar war, ebenso wie der große Komet von 1861 eine parabolische Bahn.

Wiederkehrende Kometen (mit elliptischer Bahn) sind u. a. der Bielasche, Halleysche und Enckesche. Die Umlaufszeit des letzteren scheint sich allmählich zu verkleinern, woraus man auf einen Widerstand schließt, welche die sehr dünne Masse der Kometen durch den Äther erfährt. Zöllner hält die Kerne der Kometen für tropfbarflüssig, etwa von der Beschaffenheit des Petroleums, welche in der Nähe der Sonne ins Sieden geraten; hierdurch wird die Masse zerstäubt und zugleich elektrisch. Diese elektrischen Dunstteilchen werden von der gleichnamigen Elektricität der Sonne abgestoßen, woher es kommt, daß die Kometenschweife stets von der Sonne abgewandt sind.

§. 175. Meteorsteine.

§. 175. Meteorsteine (Aerolithen). Von Zeit zu Zeit fahren kleine Himmelskörper durch unsere Atmosphäre, welche wahrscheinlich durch Reibung an der Luft glühend werden und nicht selten auf die Erde niederfallen, obwohl man dies eine zeitlang bezweifelt hat. Schon im Altertume hat man solche Meteorsteinfälle beobachtet, aber außer Zweifel wurde die Sache durch die neueren Meteorsteinfälle gesetzt; 1803 fielen zu l'Aigle in Frankreich mehr als 2000 Steine, von denen der größte 9 kg wog; 1807 fiel zu Smolensk ein 70 kg schwerer Stein und 1835 wurde im Departement Ain ein Haus durch einen Aerolithen entzündet.

Es giebt Eisen- und Steinmeteorite. Die ersten enthalten neben gediegenem Eisen Eisenoxydduloxyd und sind magnetisch (§. 85), die letzteren enthalten neben gediegenem Eisen größtenteils kieselsaure Salze (Silikate).

Die Feuerkugeln sind wahrscheinlich dasselbe wie die Meorite, nur daß sie lebhafter glühen. Auch die Sternschnuppen sind dasselbe. Man nennt feurige Meteore von erheblicher Größe Feuerkugeln, die kleineren Sternschnuppen.

Die Erscheinung der letzteren erfolgt periodisch Mitte August und November. Der Novemberschwarm ist der stärkere und scheint vom großen Löwen auszugehen. Der Augustschwarm nimmt nach Heis seinen Ausgangspunkt aus dem Sternbilde Perseus.

f. Einiges aus der Zeitrechnung.

§. 176. Wahre und mittlere Sonnenzeit; Sternzeit. Wir nennen die Zeit von einer oberen Kulmination der Sonne bis zur nächsten einen Tag oder genauer einen wahren Sonnentag. Die wahre Sonnenzeit findet man mittels der Sonnenuhr, welche gewöhnlich aus einem Stabe besteht, der die Richtung der Weltachse hat und an einer genau nach Süden stehenden, d. h. auf dem Meridian senkrechten Wand angebracht ist. Geht die Sonne durch den Meridian, so fällt der Schatten des Stabes mit seiner Vertikalprojektion auf die Wand zusammen. Nun ist aber ein Sonnentag aus verschiedenen Gründen nicht gleich dem anderen; die Sonne geht nicht im Äquator, nicht senkrecht zur Weltachse, um welche die Drehung erfolgt, sondern in der Ekliptik, und außerdem ist ihre Geschwindigkeit zur Zeit der Äquinoktien größer als zu der der Solstitien. Man könnte sich nun vorstellen, die Sonne bewegte sich stets mit gleicher Geschwindigkeit im Äquator, so daß alle Tage gleich wären; man spricht insofern von „mittlerer Sonne" und „mittlerem Sonnentag". Die wahre und die mittlere Sonne kulminieren zusammen am 15. April, 15. Juni, 1. September und 25. Dezember. Unsere Uhren gehen nach der mittleren Zeit. Der Unterschied zwischen der mittleren und wahren Zeit heißt die Zeitgleichung. Am 10. Februar geht die Sonne durch den Meridian, wenn unsere Uhren bereits 12 Uhr 14′ 31″ zeigen: am ersten November dagegen zeigt die Uhr erst 11 Uhr 43′ 44″, wenn die Sonne durch den Meridian geht. §. 176. Wahre und mittlere Sonnenzeit.

2) Es ist schon bemerkt worden, daß die Sonne jeden Tag mit einem mehr östlich gelegenen Sterne aufgeht; es muß also ein Sterntag kürzer als ein Sonnentag sein. Da die Fixsterne eine Umdrehung im Jahre mehr machen, als die Sonne, so hat ein Sterntag $\frac{365}{366}$ von einem mittleren Sonnentage $= 23^h\, 56'\, 4{,}09''$ mittlerer Sonnenzeit.

Unter einem siderischen Jahre versteht man die Zeit von einer oberen Kulmination eines Fixsternes mit der Sonne bis zur nächsten. Das siderische Jahr hat $365^t\, 6^h\, 9'\, 10'' = 365{,}2564^t$.

§. 177. Das tropische Jahr und der Kalender. Unter dem tropischen Jahre versteht man die Zeit von einer Frühlingstagundnachtgleiche bis zur nächsten. Man würde nun glauben, das siderische Jahr müßte mit dem tro- §. 177. Das tropische Jahr und der Kalender.

pischen einerlei sein und dies wäre auch der Fall, wenn die früher aufgestellte Behauptung, daß die Welt- bezüglich Erdachse stets ihre Richtung im Raume behielte. Wäre die Erde eine vollkommene Kugel, so würde die Anziehung der Sonne keinen Einfluß auf die Drehungsachse ausüben; sie behielte dann stets ihre Richtung im Raume vermöge der Trägheit bei. Nun ist aber die Erde abgeplattet, und dies, zusammen mit der schiefen Stellung der Achse bewirkt, daß sich dieselbe, wie sich aus einer genaueren Betrachtung des Rotationsphänomens ergiebt, allmählich von Ost nach West umdreht. Es ist schon gesagt worden, daß früher der Frühlingspunkt im Sternbild des Widders lag. Es schreiten also die Äquinoktien in der Art vor, daß die Tagundnachtgleiche allmählich etwas früher eintritt, als das geschehen würde, wenn die Erdachse sich genau parallel bliebe. Das tropische Jahr ist demnach etwas kürzer als das siderische, es beträgt $365^t\ 5^h\ 48'\ 46{,}8'' = 365{,}24224^t$.

Die bürgerliche Zeitrechnung richtet sich nach den Jahreszeiten, nach der Tagundnachtgleiche, also nach dem tropischen und nicht nach dem siderischen Jahre.

Da das tropische Jahr keine *ganze* Zahl von Tagen beträgt, so ist die bürgerliche Zeitrechnung einigermaßen kompliziert. Man nimmt das Jahr zu 365 Tagen, setzt aber alle 4 Jahre einen „Schalttag" (29. Februar) zu. Jedes Jahr ist Schaltjahr, dessen Zahl durch 4 teilbar ist.

Der Zusatz von einem Tage in je vier Jahren ist aber zuviel und daher läßt man im ersten Jahre aller Jahrhunderte, deren Hundertzahl nicht ohne Rest durch 4 teilbar ist, den Schalttag ausfallen; es fällt deshalb der Schalttag z. B. im Jahre 1900, 2100, 2200, 2300, nicht aber im Jahre 2000, 2400 aus.

Über weitere Korrektionen hat man sich noch nicht geeinigt.

Die alten Römer rechneten das Jahr einfach zu 365 Tagen und waren zu Julius Cäsars Zeit um 67 Tage vorausgekommen. Cäsar vermehrte nun das Jahr 46 um 2 Schaltmonate und setzte fest, daß jedes 4. Jahr ein Schaltjahr von 366 Tagen sein sollte — *Julianischer Kalender* (Kalender alten Stiles). Dadurch aber blieb man hinter der wahren Zeit zurück und zwar bis ins 16. Jahrhundert um 10 Tage. Gregor XIII. verkürzte darauf das Jahr 1582 um 10 Tage und ordnete an, daß alle 400 Jahre 3 Schalttage ausfallen sollten — *Gregorianischer Kalender* (Kalender des neuen Stiles). Diese Zeitrechnung ist bis auf die Griechen und Russen, welche jetzt 12 Tage hinter der wahren Zeit zurück sind, von allen civilisierten Völkern angenommen worden.

Spe

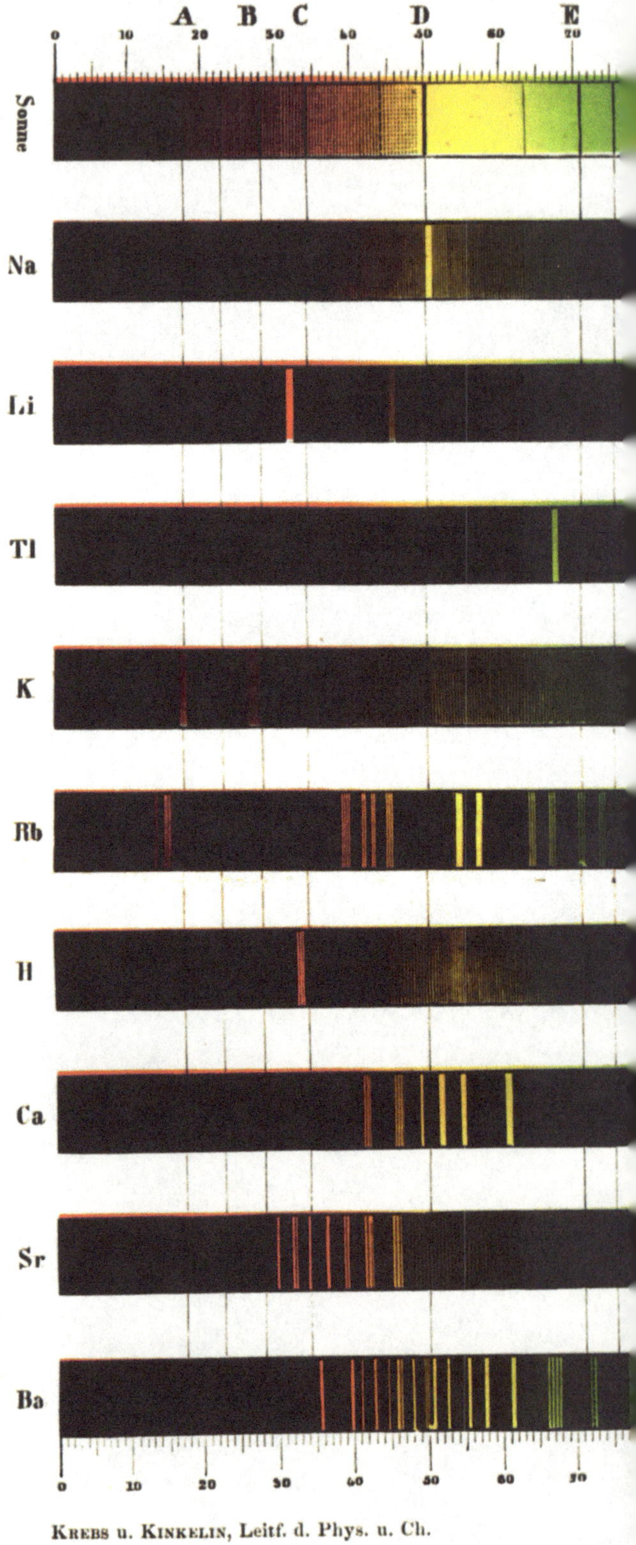

Krebs u. Kinkelin, Leitf. d. Phys. u. Ch.

afel.

Leipzig bei Veit & Comp.

FSC
www.fsc.org
MIX
Papier | Fördert
gute Waldnutzung
FSC® C083411

Zeitfracht Medien GmbH
Ferdinand-Jühlke-Straße 7
99095 Erfurt, Deutschland
produktsicherheit@kolibri360.de